国家自然科学基金资助项目：西北地区中小城市「生长型」规划方法研究
项目批准号：50678147

A+U高校建筑学与城市规划专业教材

生长型规划布局

——西北地区中小城市总体规划方法研究

黄明华 著

中国建筑工业出版社

图书在版编目(CIP)数据

生长型规划布局——西北地区中小城市总体规划方法研究／黄明华著．—北京：中国建筑工业出版社，2008
A+U高校建筑学与城市规划专业教材
ISBN 978-7-112-09856-9

Ⅰ．生… Ⅱ．黄… Ⅲ．中小城市－城市规划－西北地区－高等学校－教材 Ⅳ．TU984.2

中国版本图书馆CIP数据核字（2008）第061617号

责任编辑：杨 虹
责任设计：董建平
责任校对：王雪竹 安 东

国家自然科学基金资助项目：西北地区中小城市「生长型」规划方法研究
项目批准号：50678147

A+U高校建筑学与城市规划专业教材
生长型规划布局
——西北地区中小城市总体规划方法研究
黄明华 著
*
中国建筑工业出版社出版、发行（北京西郊百万庄）
各地新华书店、建筑书店经销
北京嘉泰利德公司制版
北京云浩印刷有限责任公司印刷
*
开本：787×1092毫米 1/16 印张：12¼ 字数：295千字
2008年7月第一版 2008年7月第一次印刷
印数：1—3000册 定价：38.00元
ISBN 978-7-112-09856-9
(16560)

（邮政编码 100037）

提 要

在第一部分，本书通过对多方面背景的阐述，指出了我国、尤其是西北地区目前城市规划与建设中存在的问题，并希望通过研究，探索一种符合西北地区中小城市现实情况和发展可能的，具有操作性的，能使城市从小到大均衡、健康发展的，同时具有生态和动态特点的“生长型规划布局”理念及方法。随后，研究回顾了与生长型规划布局相关的规划理论的发展历程，提出了研究的目标、方法及框架。

第二部分从自然、经济、社会方面阐述、分析、研究了西北地区的基本状况，以及与全国平均水平的差距后指出：中小城市的发展是形成未来西北地区东部，即陕、甘、宁三省区区域城镇体系的重中之重。而对于即将面临快速发展的中小城市，城市规划是保证其健康、均衡、合理发展的关键所在；研究阐述了与生长型规划布局相关的规划理论的基本内容。这些理论包括规划布局的结构理论、形态理论、生态理论和动态理论。在此基础上提出了“生长型规划布局”理念。研究认为城市的生长型规划布局最终体现在形态上，这个形态不但充分反映了布局的结构，而且体现出结构及其形态自身由小到大的发展变化过程。而无论是形态、结构，还是它们的发展变化过程，都应该体现出生态对它们的作用。

在对西北地区中小城市发展的基本状况进行剖析之后，研究得出以下结论：一方面，三省区中小城市发展建设明显低于全国平均水平，而绝大部分城市经济增长率缓慢，也未达到全国平均水平；另一方面，经济发达的珠三角某些地区其快速发展也只是近十年的事。而西北地区由于发展缓慢，城市周边的农田、林木等自然生态得以保存，尚未遭到破坏，这为未来城市的生长、可持续发展提供了一个良好的前提条件，也为西北地区中小城市的城市发展规划布局带来了“后发”优势。

本书在笔者所经历的四十多个城市总体规划的基础上，以近年主持完成的西北地区和珠三角地区几个城市的总体规划为典型实例，从六个方面进行了深入剖析。这六个方面包括城市布局的自组织生长与规划干预、规划中的布局结构生长、规划中的城市布局形态变化、规划布局的动态生长、规划布局生长过程中的生态导向以及对城市规划实施效果的回访。

在经过问题展示、理论回顾、理念提出、实践剖析之后，本书从八个方面总结了西北地区中小城市“生长型规划布局”的基本方法。即，区域定位、城市性质、城市规模、用地发展分析、城市发展综合评价、总体结构与形态、结构要素和分阶段布局。

Abstract

The author elaborates the backgrounds of the research and indexes many problems in the fields of city planning and construction nowadays. In accordance with these problems, the author presents the dissertation title and explains it detailedly. To do this the author tries to probe a new type of planning method—Urban Growth Planning, which suits for the conditions and development probabilities of middle and small cities in the northwest China.

The method should be exercisable, dynamic and ecological, and also should be helpful to the healthy and balanced growth of these cities. After that, the author retrospects the development courses of the planning theories related with urban growth, setting up the goal and frame of the dissertation.

In the dissertation the author studies the basic situations of northwest region from aspects of nature, economy and society. After comparing with average standards of the country, the author points out that middle and small cities will play the most important roles in the urban systems of Shanxi, Gansu and Ningxia in the future. Urban planning will be the key factors in the healthy, harmonious and reasonable development of these cities, which will be confronted with rapid evolution impendly; Also the author elaborates the basic theories related with urban growth planning, which contain construction theory, form theory, ecology theory and dynamic theory. On the base of these analyses, the author elicits the concept—"Growth Planning Layout". The author considers that the concept should be materialized in the urban form finally, and the form should be the reflection of urban construction. Moreover the form should reflect the growth and developing process of the construction and the form themselves. And most important, in the course of the urban growth, the ecology should play an active role.

After the studies and the analyses about the basic situation of middle and small cities in the northwest region, the author draws his conclusion: on one side, the construction lever of these cities is lower than the country average level, and their economy grows slowly, which is also lower than the country average level; on the other side, some developed regions such as Pearl-River-Delta just made their progresses in recent years. Thanks to the slow development, there are many forests and farms in the outskirts of the northwest cities, and the ecosystem of these has have not been destroyed yet. All of these will be the favorable presuppositions for the cities' growth and their sustainable development.

On the base of more than forty cities' master planning practices and instancing several master plans in the northwest region and in Pearl-River-Delta that masterminded by the author in recent years, the author lucubrates urban planning layout from six sides. These sides include self-organization of urban layout and plan intervention, the construction growth of urban planning layout, the form variation of urban planning layout, the dynamic growth of urban planning layout, the ecological guidance in the process of urban planning layout growth and the investigation to the implementary effection of the urban plan.

The author summarizes the methods of urban growth planning layout of middle cities and small cities in the northwest region from eight sides after revealing the problems, retrospecting the theories, posing the conception and analyzing the practice. These sides are regional location, urban quality, urban scale, analysis of urban developmental land, compositive valuation of urban development, construction and form of the whole city, construction element and phasein planning layout.

目　录

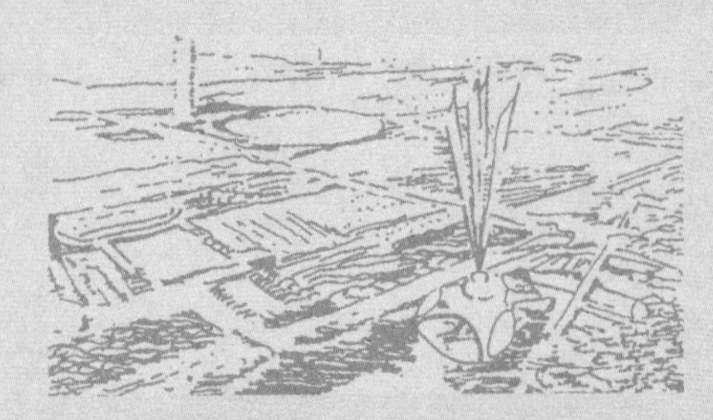

1 绪论

1.1 研究的背景

改革开放以来的二十多年，我国的社会、经济、文化等各个方面发生了根本的变化。在这二十多年里，我国经济发展保持了一个持续的高速度，平均增长率超过了8%，[1]居同期世界各国和地区之首，综合国力显著提高，提前达到了国民生产总值翻两番、人均GDP800美元的发展目标。然而，从发展的实际情况来看，在改革开放初期，由于经济基础、发展条件和政策环境的差异形成的我国经济发展的"梯次格局"显示越来越明显，东部、中部、西部的发展很不平衡。1978年，国内人均生产总值东部为460.6元，中部为310.5元，西部为255元，而到了实施"西部大开发"以前的1998年，国内人均生产总值东部为11466元，中部为5400元，西部为4231元，分别比1978年增长了23.9倍、16.5倍、16.6倍，中、西部差距越拉越大；[2]西部地区国土面积占全国的56%，人口占全国的23%，而1998年的国内生产总值只占全国的15%，[3]与改革开放前的1978年相比还降低了1个多百分点，经济发展进程缓慢，水平严重滞后。在城市发展建设方面，1998年，全国共有设市城市608个，其中东部为300个，占总数的45%，中部247个，占总数的37%，西部121个，占总数的18%；城市化水平全国为25.1%，西部为19.1%。[4]而在1988年，东部、中部、西部的城市总数占全国城市总数的比例分别为37%、42%、21%，[5]城市化水平全国平均为20.5%，西部为16%。这些数据表明，西部的城市发展同西部的经济发展类似，原本就在全国处于落后水平，而改革开放以来其发展速度又跟不上全国的步伐，因此，进一步加大了落后的差距。

20世纪90年代初以来，在全球范围内，可持续发展的思想正在成为世界各国与各地区经济、社会和环境发展的指导思想，人类对于自身与其生存环境相协调发展的研究也达到了一个新的高度。如何在发展经济、推动社会进步的过程中保护环境，与环境共生共荣，已成为人们普遍关注的问题。自1992年联合国环境发展大会以来，中国积极有效地实施了可持续发展战略，在各个领域都取得了显著的成就。在经济、社会全面发展和人民生活水平不断提高的同时，控制了人口的快速增长，加强了生态的保护和恢复，并使得绝大多数地区和城市的环境有了改善。而在西部，尤其在西北地区，由于经济发展水平的落后和生态环境的脆弱，使得可持续发展的成效大打折扣。水资源短缺与浪费并存，森林和草地植被锐减使得土地流失日趋严重以及开发不当导致土地风蚀沙化是西北地区生态存在着的三个主要问题。这也使得西北地区在实施经济发展、城市发展的同时比其他地区又多了一个沉重的负担：一方面要依靠本不雄厚的财力来发展经济，另一方面还要再分出一些来改善生态环境。

长期以来，我国的城市规划编制理念及其方法相对稳定。按照我国现行的城市总体规划编制办法，总体布局一般是以远期为限，分近期五年、远期二十年两个阶段。[6]这是具有法律效益的规定（另外还有不具有法律效益的"对远景进行展望"以及今年提出的"战略规划"等）。虽然这种方法在我国的规划实施中取得了一定的成绩并处于"正统"地位，但其局限性也是一目了然的。首先，它具有较明显的计划经济特征，人为地规定五年、二十年城市发展到什么程度，是一个什么模样，而没有充分考虑城市在发展过程中的多变性、不确定性；其次，它是一种“终极蓝图”式的规划，只考虑了以远期布局为重点的总体布局的合理，尽管有近期的规划，但对近期到远期的十五年里怎么发展没有一个总体的考虑；第三，按理说近期规划应该充分体现出城市近五年的一个相对合理的布局，但目前的做法总体来说更注重在现状基础上的近期建设项目的安排，对城市整体布局结构的关注不够；第四，对“远景”的规定不甚明了，远景究竟是远期以后若干年还是按已有资料分析出的城市最大可能规模没有规定，对“远景”应该考虑哪些内容也没有规定，远景成为可有可无的具有相当大水分和弹性的、用以掩盖远期布局不完整的托词；第五，作为与详细规划相对应的一个规划层级，总体规划的近期、远期和远景的规定内容显示深度不一。总之，目前的规划编制办法没有从编制机制上对“规划是一个过程”提供方法上的可能，所形成的总体规划缺乏对城市发展过程的应对。它使得城市布局长期处于一种“不合理”的状态，直接或间接地导致了规划管理无“章”可循、城市建设的四面出击、市政设施的长期欠缺或低效使用以及新一轮规划对原有规划的大量“修正”。

20 世纪 80 年代初以来，我国的城市发展建设经历了三次“突变”。第一次是在 80 年代中期，以深圳、珠海为代表的经济特区的崛起加快了我国整体水平很低的城市化步伐；第二次是在 90 年代初期，“南巡”讲话的发表带动了我国东南沿海的城市化高速发展，尽管这一阶段的发展不乏“泡沫”成份，但“泡沫”过后，东南沿海的社会经济水平、城市化水平毕竟大大地上了一个台阶；第三次是在 90 年代末，国家实施西部大开发战略，使得西部城市进入快速发展阶段。尽管这一阶段将是一个漫长的阶段，但通过这一阶段，将会彻底改变我国社会经济大格局和自然生态状况，城市化水平将更上一层楼，使我国的经济发展、社会进步、生态状况趋于均衡，形成可持续态势。

经过十年的发展，东南沿海的城市与社会、经济发展一样，整体水准有了质的变化。这主要反映在对城市的管理、经营和建设水平上。然而，在规划方面，尤其是在城市的总体规划和布局方面仍然存在着一些问题。20 世纪 90 年代初期“大跃进”式的规划“成果”，“炒地皮”造成了大量农田荒芜，天女散花式的城市布局造成的城市设施和土地利用效益低下，为满足“三通一平”填河推山、毁田砍树所造成的对生态的破坏，使得至今、也许在相当长的一段时间里都抹消不了对很多城市自身和它周边环境的创伤。而西北地区，由于国家的政策和自身的发展潜力，其城市发展速度可能会在一个不算长的时间里完成一次跨越。但如果不认真汲取东南沿海城市发展的经验与教训，就会付出更惨重的代价，进而反过来影响城市乃至经济的发展。

80 年代中期以来，随着我国对外开放大门的打开，随着我国经济社会及城市的快速发展，随着人们对生态问题认识的日益加深，随着经济体制由计划经济向社会主义市场经济的转移，我国规划界一直在寻求着如何使城市规划更好地服务于经济发展、指导城市发展建设的理论与方法。近年来提出的概念规划、战略规划、远景规划、动态规划、生态规划以及对近期规划的重视，都充分反映了我国城市规划专业人士的追求，也在某些方面获得了成功，提升了我国城市规划理念与方法的总体水准。然而，就目前的研究及实践状况来看，还存在着一些不足。一是各种研究之间没有很好地整合，本来完全可能形成一股"合力"的研究，现在看起来却联系不够；二是还缺乏对于规划的"过程"的描述，远景规划也仅是从过去的近期、远期二段式变为三段式；三是，现有的实践偏重于"研究"，没有从规划编制的办法上得到认可，因而没有法律的保证，因此在实践中就可能大打折扣；第四，目前的研究与规划实践大多是以东南沿海经济较为发达、生态环境优良的地区和城市为主，对于西部，尤其是生态环境脆弱的西北地区的绝大多数城市很少涉及，而西北地区的"区情"，决定了其城市的发展及其规划势必会与东部发达地区的城市及其规划有所不同。

90 年代以来，与我国社会经济的持续高速发展相比，我国的城市发展已明显落到了后面，并且有可能反过来阻碍经济的进一步发展。尽管到 2002 年，我国的城市化水平已经达到 39.1%，[7] 但仍低于世界平均水平近十个百分点，而且与我国工业化程度的 54% 相比，也相差了近十五个百分点。城市化程度远低于工业化程度。这与历史上发达国家和目前一些发展中国家的情况恰好相反，目前的发达国家在其经历的城市化进程中，一直是工业化程度低于城市化程度。导致这一结果的主要原因是在改革开放初期的计划经济时代，我国农村发展大量的工业化。近几年我国城市化水平提升的加速，与国家实施的西部大开发战略有很大关系。据国家统计局公布的 2002 年统计数据显示[8]，农业、工业和第三产业在国民生产总值中的比重分别为 14.53%、51.74% 和 33.73%。而目前农业从业人员占到了全国劳动人口的一半左右，工业占 22.5%，第三产业为 27.5%。在西方发达国家，第三产业比重达到 80%，城市化水平也达到 80% 以上，即使在一些发展中国家，第三产业比重和城市化水平也比中国要高十个百分点左右。我国第三产业生产总值比例以及从业人口比例的偏低带来的第三产业发展的滞后，是影响我国城市化水平的重要因素，这与我国长期只重视城市的生产功能而忽视城市的消费功能的观念有很大关系，这种现象在城市规划中也经常可以看到。

1.2 目前城市规划与建设中存在的问题

近十年来，我国的城市规划与建设得到了很大的发展，也取得了很大的成绩。但由于经济发展的迅猛和城市规划与管理体制的不健全、不协调，使之出现了许多问题，这些问题已经受到各级政府以及专业人士的高度重视。多年以来的规划建设经验和教训，尤其是东部沿海地区城市规划建设的实践，对于西北地区城市的规划与建设有着非常重要的借鉴作用。

目前，我国城市规划建设中的问题主要表现在以下几个方面。

1.2.1 多学科的融合不够

随着人类科技的发展和文明的进步，多学科的融合与交叉成为各个学科发展的必然趋势，这已在世界范围内得到广泛的认同。近年来，学术界也对此做了大量的研究并取得了相当的成果，但在我国城市规划与建设实践工作中尚未得到真正的发挥和应用。

城市规划与建设是关系到人类社会经济发展的战略性实践活动，其涉及到人类科学的诸多方面，具有很强的综合性、交叉性与复杂性。对此，我国城市规划学术界已达成了共识，也进行了大量的理论研究工作。但可惜的是，在实际工作中，却未能充分地应用这些成果。目前许多城市规划与建设工作仍处于经济专家谈经济，社会学家研究社会，生态学家强调生态，规划只管用地及空间形象的各自为政的单一学科分别工作状态。这其中有从理论应用到实际工作的转化适应的方法问题，但更主要的是城市规划学科尚未从其他相关学科中提炼出属于、能够服务于自身的规划理论；另外，多年来形成的封闭的专业教育体制的影响，造成实际工作者缺乏全面的专业素质和学科协作能力，使其只能从所从事的专业角度出发去解决所遇到的复杂问题，因此其结果必然是片面的，不能真正实现城市的综合、平衡发展，也更谈不上建构保障城市持续发展的规划与建设良性循环机制。

多学科的融合与交叉是一项复杂而艰苦的工作，不仅需要各学科自身的不断完善与充实，而且更需要城市规划学科在“拿来”的基础上形成真正属于自己的理论。只有各学科的共同发展与提高，才能保障有机的、富有生命力的规划理论与方法的建立。

1.2.2 “终极蓝图”式的规划方式不适应城市动态发展

城市是一个不断发展的、变化的、动态的生态系统，它受到经济、社会、自然、政治等许多因素的影响与制约。城市的发展与建设必须综合考虑这些因素的作用，并保持运行过程中的合理、平衡发展。因此，城市规划应该兼顾近远期发展目标与动态发展过程的合理性要求。

目前我国的城市规划编制办法规定城市总体规划分为近期和远期两个发展阶段，大量工作内容主要针对远期发展目标来进行。虽然近几年加强了对近期建设规划的要求，但总体来说还是一种终极蓝图式的规划方式。规划编制体系缺少对城市发展、建设过程的动态调控与指导，使得远期规划目标成为一种很难得以实现的城市理想。

所谓可持续发展，实际上是强调一个良好的、稳定的、动态平衡的发展过程，所要实现的是协调共生、持续发展的战略目标。具体到城市规划与建设，就是要保障城市这个有机体具有一个完整的生态系统的有序、稳定、和谐、高效的发展过程。忽视这一点也就丧失了实现远期发展目标的基础。人们关注的只能是其所能预见的、能获得的切身利益，关注的是如何从现在开始，一步一步地朝着理想的目标前进。没有良好的发展环境和稳定的生活环境，就没有谋求进一步发展的动力和希望；没有一个循序渐进的发展计划，就谈不上为了一个几十年以后才有可能看到的东西而努力奋斗。因此，城市规划必须重视城市的建设发展过程，注意建立良好的动态发展机制，加强对建设、发展过程的调控与引导，按照城市生态系统的生长运行特性，建立不断发展的、良性的、有机平衡的规划体系与建设体系，实现持续发展。

1.2.3 缺乏对于环境的重视，生态受到破坏

由于经济发展的落后和环境保护意识的淡薄，我国城市规划与建设一直缺乏对环境的重视，造成了对生态的破坏。近年来城市人口迅速膨胀使得公共基础设施，特别是涉及环境保护的基础设施欠账较多，一些城市供热、煤气、排水、污水、垃圾等污染问题没有得到解决，现在仍有大量城市居民直接燃用原煤，大多数城市还没有污水处理厂或由于经济原因有了污水厂却因运营成本过大而无法正常运营；一些城市总体规划缺乏周密性和预见性，不能适应人口和经济快速增长的冲击，致使城市功能分区混乱而造成不必要的环境污染问题。如后一轮规划的工业区建在前一轮规划城市的上风向，使城市受到工业废气的严重污染；有的城市领导无视总体规划，一朝"天子"一轮规划，也带来了许多人为的破坏；还有的打着美化环境的旗号，将大片已成材的树木砍倒，种上大面积的草坪，严重破坏了城市生态的多样性构成；一些规划无视环境容量、资源容量与生态阈值的限定，按照主观推断确定人口规模和建设容量，使得城市生态系统超值运转，不堪重负；更有甚者，将城市中已有的生态要素如河沟、水道、林地等统统移做他用，造成对环境更为严重的破坏。

西北地区城市生态环境本已日趋恶化，如果在经济与城市发展的快速启动时期，不认真汲取这些经验教训，再走所谓"先发展，后治理"的路子，势必会造成更为严重的后果。

1.2.4 城市用地盲目扩大，土地资源浪费严重，城市设施利用效率低

城市作为人类文明与社会、经济的载体，其最大优势就在于集约化发展，能够有效、节约地利用土地和其他资源。衡量城市规划、城市建设发展的成败，一个很重要的因素，就是是否充分发挥了这一优势。我国是一个人口大国，土地资源占有量与世界大多数国家相比处于较低的水平，因此更要注意对于土地的合理开发和利用。

相对而言，我国城市建设与发展总体水平仍较为落后，城市的集约效应还没有很好地发挥出来。在城市规划与建设中本应该通过加强对于现状土地利用的调整来充分发挥城市用地的集约功效，但面对经济发展和人口膨胀的压力，许多城市都采取了不断扩充用地，不断加大规模的发展方式，形成了松散的城市布局，使得一方面城市新建地区基础设施迟迟无法配套上马，另一方面原有市政、公共设

施又无法发挥最大效用的矛盾，同时也直接导致了城市用地组织混乱、生态环境恶化问题的不断加剧。

西北地区土地资源相对丰富，但经济发展落后。因此，在城市规划与建设中，需要更加注重对于土地资源的合理开发和利用，注重城市各类设施的高效利用，充分发挥城市的集约作用。这本身也有利于城市的高效、快速发展。

1.2.5 城市建设缺乏具有指导意义的规划

城市的建设发展是一个漫长的过程，其影响因素几乎涉及人们生活的各个方面。城市是一个有机的大系统，其运行、发展需要有一个总体的战略与指导思想。而在每一个发展阶段，都会有相应的发展方式和空间形态与之配合。城市规划在很大程度上就是制定城市某一阶段的发展战略，并确定相应的空间布局形态和发展步骤。这也是进行城市规划工作的一个重要目的。即科学、合理地安排城市土地开发和使用强度，明确城市在一定阶段内的发展方向和建设目标，避免无序、混乱地发展。

很长时间以来，城市规划工作在我国的城市建设中未得到充分重视，以至于出现“规划规划，墙上挂挂”的尴尬局面。这其中有“长官意志”原因，有城市建设和管理人员规划意识淡薄、自身素质有待提高的原因，但传统的规划侧重于描绘宏伟蓝图、忽视城市的动态发展过程也是重要原因之一。这种方式使得城市建设者、管理者以及广大市民无法去理解规划中所制定的发展目标与方法，从而也无法积极去落实和实施。近十年以来，这种局面随着法制的建立与健全、经济实力的提高与人们对规划认识的加强有所好转，但规划方法与理念却改观不大，制约了城市的建设水平。

1.3 对本书书名的释义

本书的书名为“生长型规划布局——西北地区中小城市总体规划方法研究”。

西北地区国土占全国的32%，国民生产总值占全国的5.34%，人口占全国的7.22%，城市占全国的9%，地广人稀、经济发展落后、城市效率低，有很大的发展空间。

西部大开发战略对于生态脆弱的西北大部分地区，对于经济水平、城市化水平处于落后地位的整个西北地区，对于目睹了二十年东南沿海地区高速发展的西北人，是诱惑、是机遇、也更是挑战。一方面，由于国家的政策和西北地区的潜在发展能力，西北地区的经济和城市可能会在一个不长的时间里完成一次跨越。而另一方面，这种跨越也许是以西北地区原本就很脆弱的生态环境作为代价实现的。这决不是危言耸听。看看西北地区一年重似一年的沙尘暴，以及沿海地区20世纪90年代初“开发热”时期对生态的破坏，这些已经和正在发生的事情，应该引起每一个地处西北的城市规划专业人士的高度重视。

在中国的城市中，特大城市和大城市仅占总数的12.7%，而中小城市却占到总数的87.3%，从人口方面来说，特大城市、大城市的非农业人口总数与中、小城市的非农业人口总数接近，为51.6%和48.4%，与之对应的特大城市和大城市总人口以及中、小城市的总人口分别占到了我国城市总人口的30%和70%。在西北地区，特大城市和大城市只占到城市总数的约10%，而中、小城市占到了总数的90%以上；在人口方面，特大城市和大城市非农业人口占到非农业人口总数的45%，中小城市占到了55%，与之对应的特大城市和大城市总人口，以及中小城市总人口分别占西北地区城市总人口的30%和70%。[9] 以上情况说明，无论是在整个国家还是在西北地区，中小城市的发展都是不容忽视的，有着极为重要代表意义的，也是极具发展潜力的。从某种角度上说，中小城市发展的好坏，将直接影响到我国的城市化水平、城市化质量。

西北地区的中、小城市分布可分为三大片。一片是陕、甘、宁地区。这里人口密度较大，城市分布相对集中、均匀，交通便利，经济结构、发展水平、生活习惯较为接近，相互联系较为密切，城市发展面临的问题也有较多的共同之处。另一片分布在新疆中西部，这些城市以少数民族为主，城市间距离相对较远，与其他城市的联系相对偏少，经济结构、人们的生活习惯也与西北地区东部差异较大；而东西两片之间的中片地区是甘肃中、西部及青海省的城市，这个片区的城市兼有东、西片区的特点，即在经济结构、人们生活习惯及生态状况方面与东片接近，而在城市分布、交通状况方面与西片接近。本书将把研究重点放在西北地区东部的中小城市（图1-1）。

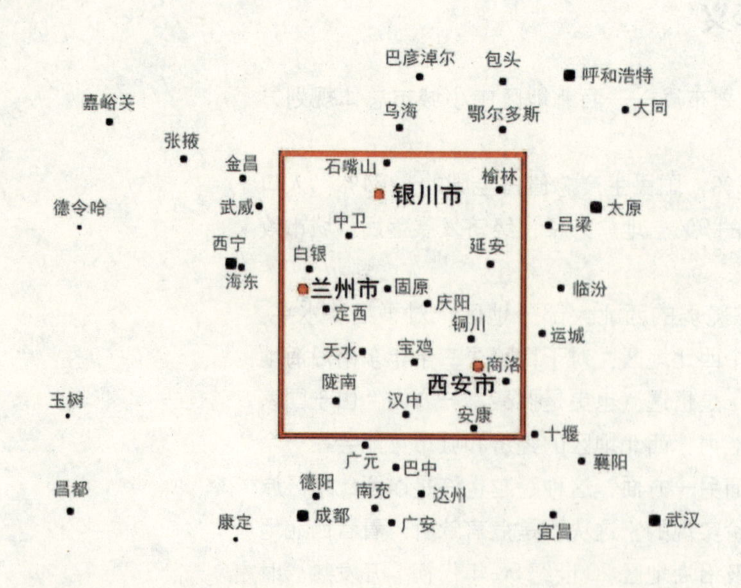

图1-1 论文研究对象地理位置示意图
（资料来源：根据 www.globenet.cn 资料绘制）

本书的"中小城市"有以下的含义：一是目前即为中小城市，而以后（即规划期末）其中的个别城市可能发展为大城市的；二是目前为中小城市，以后仍为中小城市的；三是目前尚未设市，但根据对其发展潜力的分析，以后能发展为小城市乃至中等城市的城镇。

总体规划中的总体布局问题是编者长期以来一直关注的问题。在我国的规划编制体系及我国城市目前所处的发展阶段中，物质形体规划，或曰城市的总体布局规划无疑是规划的核心内容之一：它既是经济发展、人口增长、土地扩展、市政建设的"因"和"果"，又是城市管理、项目实施的依据。它的合理与否将直接影响到城市效能的发挥、城市居民的生活质量以及城市未来的发展前景。正如前面提到，目前我国尤其是西北地区的城市建设及其规划都存在着一些问题，这些问题有理念方面的，也有方法方面的，有资金方面的，也有管理方面的。本研究试图从理念入手，寻找一种适合于西北地区中小城市总体布局的方法、模式，以解决目前规划中存在的一些问题。

按照《辞海》对"生长"一词的解释，"生长"意为"生物体或细胞从小到大的过程"，[10]而归纳按照目前城市规划编制办法的指导思想所形成的城市总体布局规划（即近、远期规划图），可以发现其只能是仅有结果、缺乏过程的"拼图"，即这种规划方案在完成实现之后有可能是一张美好图画，但在完成之前它却肯定是残缺不全的。它缺乏有机体的生长特点，即再小也是相对完整的，其发育生长过程应该是针对这个"生命"整体而言均衡进行的，每一个阶段都相对独立、相对完整，并且又都是上一个阶段的继续。另一方面，尽管现在越来越多的专业人士都认识到了生态对于城市、对于规划的重要性，但又认为这是生态学家或生态专业人士的事，只要由专业人士对城市编制一个生态专项规划即可，或是用目前的绿化规划取代生态规划。忽略了在城市规划，尤其是在城市总体规划的空间布局中对生态问题的关注，以致在目前的规划布局及建设中经常可以看到把绿地当作城市布局的"边角料"、推山填河、砍树毁林以及随意侵占农田、果园等破坏城市内部及周边生态环境的现象。没有认识到城市及其周边的生态环境也是城市"生长"过程中必不可少的重要因素。以上两种意义上的"生长"，都是目前的城市建设及其规划中十分缺乏的，而这正是本书研究关注的核心。即通过研究，探索一种符合西北地区中小城市现实情况和发展可能的、具有操作性的、能使城市从小到大均衡、健康发展的、同时具有生态和动态特点的"生长型规划布局"理念及方法。

1.4 研究的目标、方法及框架

1.4.1 研究目标

通过对西北地区生态脆弱环境下的中小城市及其规划的调查、分析，借鉴国内外城市规划的相关理论及实践成果，探索符合西北生态环境脆弱地区中小城市发展建设实际情况的、有利于西部大开发战略实施的、能够体现城市“生长”特点的西北地区中小城市总体规划布局的方法。具体分为以下几个方面：

——西北地区城市发展现状及其与经济、社会、环境的关系；

——西北地区中小城市发展与其总体规划的关系；

——东部地区城市发展与其总体规划的关系；

——通过对东、西部社会经济发展与城市发展的比较指出其异同性；

——研究与生长型规划布局相关的国内外城市规划理论；

——提出生长型规划理念；

——在生长型规划理念的原则下，探索生长型规划布局的方法。

1.4.2 拟解决的关键问题

如前所述，目前的总体规划缺乏对“过程”的描述，导致这一现象的原因有很多，但从根本上说是由于对规划的认识或由理念造成的，而本书的研究结果既要转变这种理念，还要使得具体方法具有较强的可操作性，符合目前《城市规划编制办法》对规划编制文件程序、内容及深度的要求。这是本研究要解决的关键所在。简言之，要用新的观念、新的方法来适应现有的规定。从本质上来说这是矛盾的，正是由于这种看起来是针锋相对的矛盾，构成了本研究的最大难点，也是最大的突破点。以下是拟解决的几个主要方面的问题。

(1) 针对西北地区即将到来的城市快速发展有可能形成的城市摊子铺得过大，无法保证城市布局合理、高效运转的情况，从总体规划的编制方法角度提出解决问题的办法。

(2) 针对城市发展导致城市内部及周边生态环境变化的状况，从总体规划层面提出解决问题的方法。

(3) 针对目前总体规划编制办法对城市发展阶段的划分，导致规划管理缺乏对空间和时间的实施步骤的状况，从总体规划角度提出解决问题的方法。

(4) 通过对城市结构、城市形态的研究，提出符合西北地区城市未来发展的城市结构与形态模式。

(5) 通过对西北地区生态脆弱环境下的中小城市的深入研究和国外相关规划理论与实践的借鉴，提出城市总体规划的生长型布局理念和方法。

1.4.3 研究方法

城市规划涉及到城市的方方面面。城市的总体布局虽然只是城市总体规划里的一个部分，但却是最重要的一个部分，它体现了社会、经济、文化、政治、环境的综合作用，是城市未来相当长一段时间发展建设的纲领性文件，是城市这个复杂的巨系统中的重要一环。因此，作为研究来说，需要用多种方法展开分析研究。本书的研究方法主要包括以下几方面：

1) 系统研究方法。系统研究方法以系统论的观点为指导，通过对研究对象进行群体与个体、总体与局部、外部与内部之间的相互关联、相互作用、相互制约的研究，达到对系统的全面认识，并提出改进对策。西北地区的城市总体发展缓慢是由方方面面的因素构成的，而它未来的发展同样取决于各种各样的因素，对于城市的发展是如此，对于城市的规划同样如此。

2）调查研究方法。调查研究方法包括实地调查、现场问卷和项目回访三种。实地调查意为对研究对象从实地踏勘、文字资料、座谈访问角度进行的较为专业的认识、了解方法；现场问卷意为通过根据特殊需要设计的问卷或调查表格来向研究对象的普通市民进行调查，以获得有关资料；项目回访意为对研究对象中原已完成的规划在实施过程中的情况了解，通过问访了解规划的实施情况、存在的问题、问题的原因。

3）实证研究方法。实证研究方法以客观的研究对象为主体，使理论研究与现实的城市及其规划保持一种良好的互相参照关系。对所选定的典型城市及规划实例，通过各种资料分析研究，找出其中个性与共性的东西，并总结出其规律性。

4）比较研究方法。比较研究方法又可分为纵向比较和横向比较两种。纵向比较意为对研究对象的城市发展和规划建设从过去、现在和将来的角度进行分析研究，而横向比较则意为对研究对象中东部与西部的中小城市的发展建设及规划状况进行对比、研究。当然，在研究过程中很多时候是"纵横交错"——即纵向比较和横向比较同时存在的情况。

5）理论、文献研究方法。理论、文献研究方法意为对"生长规划"相关的国内外城市规划、生态规划理论的研究，以及对各种相关文献、期刊、资料的分析而采取的研究方法。对于进行某一方面系统研究来说，对已有理论、文献的了解，掌握是必需的，也只有这样，才能为新观念的提出打下坚实的理论基础。

1.4.4 研究框架（见下页图 1-2）

注释

[1] 世界银行对 1978 年到 2001 年间的统计数字为 8%，我国统计公布的数字为 9.3%。参考：中国互联网新闻中心 www.china.org.cn 及政府网经济信息 www.xz.gov.cn

[2] 杜平等著．西部开发论．重庆：重庆出版社，2000.6.

[3] 国家统计局．1999 年中国统计年鉴．北京：中国统计出版社，1999.

[4] 建设部城乡规划司．1998 年全国设市城市及人口统计资料．

[5] 杜平等著．西部开发论．重庆：重庆出版社，2000.6.

[6] 建设部．城市规划编制办法．1991.9.

[7] 国家统计局．2002 年国民经济和社会发展统计公报．2003.2，www.stats.gov.cn.

[8] 国家统计局．2002年国民经济和社会发展统计公报．2003.2，www.stats.gov.cn.

[9] 根据建设部城市规划司《2002年全国设市城市及人口统计资料》整理。

[10] 辞海编辑委员会编，辞海（1989年）版，上海：上海辞书出版社，1990.12.，P1944。

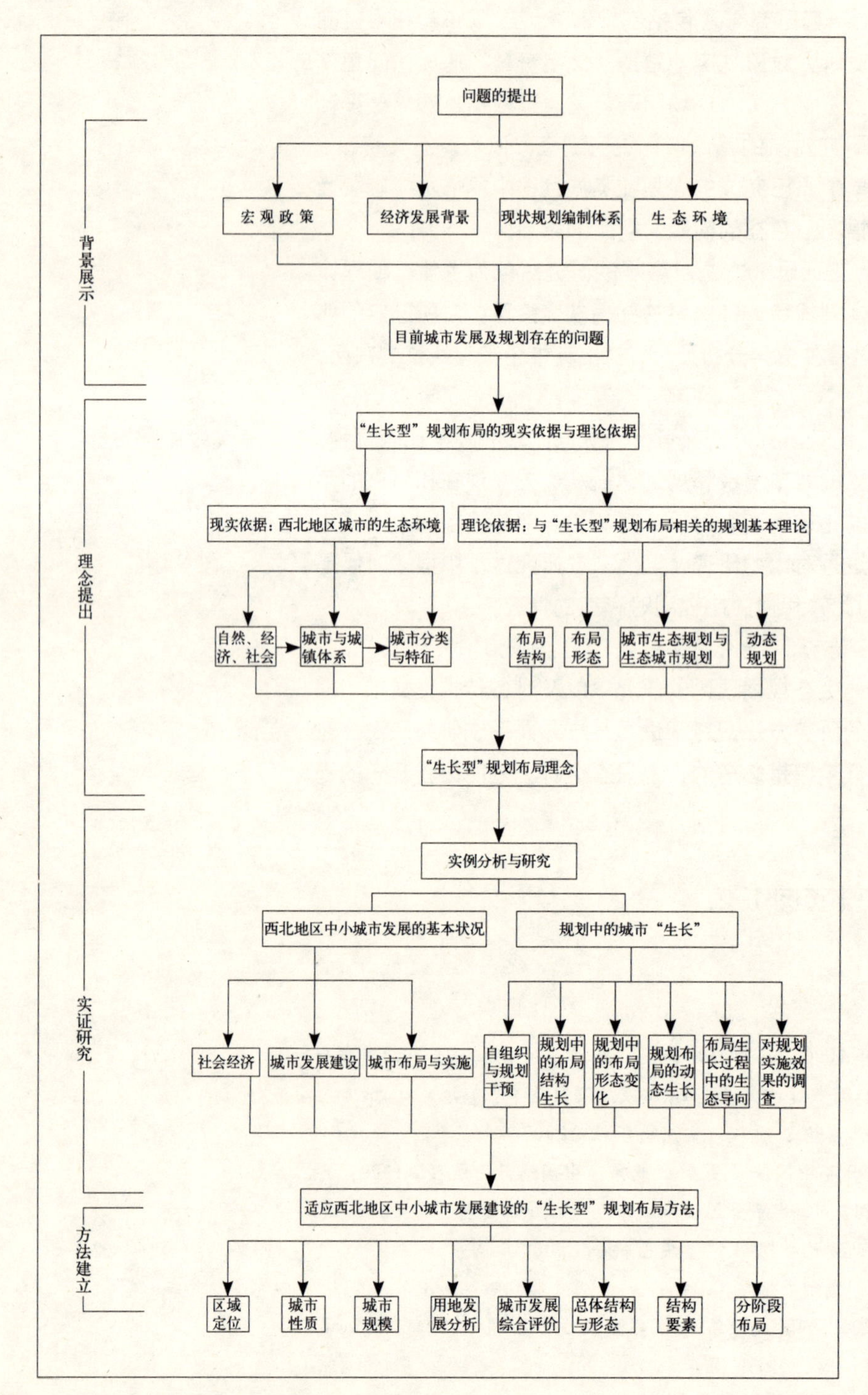

图1-2　研究框架

2 西北地区城市的生长环境及特征

对城市所进行规划的动因是由于其社会经济的发展，希望达到的目标是社会经济自然的可持续发展。城市的发展与其社会、经济、自然是密不可分的，本章将通过对西北地区经济、自然、社会以及城市状况的研究为后面的城市空间布局研究打下基础。

经过二十多年的改革开放，西北地区社会、经济总体水平有了很大的提高，但从横向上比较，与东部地区的差距却比改革开放以前更大了。而在环境方面，由于西北地区的生态原本就十分脆弱，再加上长期以来对环境、对生态认识的不足造成的建设性破坏，以及片面追求粮食生产而垦荒造田所导致的生态状况每况愈下，使得西北地区的社会、经济发展要付出比东部地区更大的代价。这个结果明显地反映在城市的发展和建设过程中。

2.1 自然、经济、社会

2.1.1 自然

西北地区国土总面积为309.3万km^2。在总面积中，山地、丘陵的总面积达到了59.8%，平地为40.2%，接近于我国东部地区（数字分别为59.5%，40.5%）。人均耕地为0.155hm^2/人，是东部地区的两倍。但西北的干旱、风沙、盐碱、水土流失，使西北地区的土地质量总体来说较差。据《中国1：100万土地资源图》评价结果，西北地区一、二、三等及应退耕的耕地分别占到耕地总面积的29.9%、28.3%、34.0%和7.8%，而东部地区相应的数字为50.2%、34.3%、13.0%和2.5%。[1]好地少，差地多，应退耕还林草的地多是西北地区耕地的"地情"。西北地区的林地占土地总面积的8.4%，占全国林地总面积的18.2%，草地面积占土地总面积的40.8%，占全国草地总面积的58.3%。[2]西北地区属于中国的贫水区，水资源总量只占全国的10%，[3]但由于地广人稀，所以人均占有水量略高于全国人均水量（2275m^3），为2463m^3。在西北诸省区中，青海和新疆的水量较为丰富，其水资源总量占到西北全区的55%，而西北大部分地区属一级干旱区，除黄土高原有较多旱作农业外，其余大多是依赖灌溉的绿洲农业区，农业生产对灌溉的依赖程度远远高于国内其他地区。从土地和水资源的总体情况来看，它们与西北地区脆弱的自然生态环境互为因果。

西北地区自然生态环境的脆弱与恶化主要体现在以下方面：

（1）缺少植被

森林不仅能提供木材和各种林产品，更重要的它还能调节气候，保持水土，防风固沙，保护野生动物，保障农牧业生产，是具有多种功能的资源。西北地区森林资源对改善当地的生态环境、繁荣农村经济具有直接重要作用，但其森林覆盖率很低。甘肃、青海、宁夏、新疆的森林覆盖率分别只有4.33%，0.35%，1.54%和0.99%，[4]整个西北干旱地区森林覆盖率不到1.0%，且年均降水少于400mm，只适合灌木林生长。因受多种自然条件和人为因素的制约，西北地区森林资源少且分布极不均衡。

(2) 水土流失

植被的减少，造成严重的水土流失和山地灾害。中国是世界上水土流失最严重的国家之一，也是山地灾害发生频率相当高的国家之一。全国水土流失面积为 179 万 km^2，占全国陆地面积的 18.65%，以四川、内蒙古、云南、陕西、新疆、山西、甘肃等最严重，流失面积均超过 10 万 km^2。全国每年平均水土流失量约为 48.5 亿 t，其中 33 亿 t 为耕地土壤，以陕西、甘肃等省最为严重，每年平均流失量均超过 5 亿 t，陕西、甘肃、宁夏的水土流失率高出全国平均值的 1 ~ 3 倍，见表 2-1。[5]

西北地区水土流失状况 **表 2-1**

地 区	水土流失面积 (km^2) ①	水土流失率 (100%) ②	地 区	水土流失面积 (km^2) ①	水土流失率 (100%) ②
陕 西	120404	66.87	宁 夏	22897	69.94
甘 肃	106936	37.95	新 疆	113843	0.07
青 海	40060	3.61	全 国	1790000	16.98

资料来源：①陆大道等著 . 1999 中国区域发展报告 . 北京：商务印书馆，2000：209。

②中国科学院可持续发展研究小组 . 1999 中国可持续发展战略报告 . 北京：科学出版社，1999：30。

(3) 荒漠化

荒漠化指由于气候变异和人类不合理行为所造成的干旱、半干旱和半湿润地区的土地退化——土地沙漠化、土壤次生盐渍化及石质荒漠化。全球荒漠化面积 3600 万 km^2，占全球陆地面积的 1/4，被称为地球的"癌症"。中国是荒漠化面积大、分布广、危害重的国家之一，而且荒漠化程度越来越严重。20 世纪 50 ~ 70 年代，全国荒漠化面积每年增加 1560km^2，70 ~ 80 年代每年增加 2100km^2，目前每年增加到 2460km^2，全国荒漠化土地 262.2 万 km^2，占全国国土面积的 27.3%。其中，西北地区为荒漠化最严重的地区，荒漠化面积 188 万 km^2，占全国荒漠化面积的 71.7%。陕西、甘肃、青海、宁夏、新疆等荒漠化率分别达到 15.96%，50.62%，33.06%，75.98% 和 86.0%。不少地区已形成沙进人退、耕地和草原被侵吞的境况。[6]

西北地区沙漠化土地和潜在沙漠土地的主要类型有两种：

1) 半干旱地带沙漠化土地。主要分布在内蒙古东部和中部，陕西及宁夏的东南部的干草和荒漠草原范围内，约占中国沙漠化土地总面积的 65% 以上。半干旱地带沙漠化土地的形成和发展，主要是土地利用强度大、干旱多风的气候条件以及沙质地表土相互作用的结果。特别是在农牧交错区，由于过度农业垦殖、放牧和采樵，使沙质草原和固定沙地生态失去平衡，植被破坏，出现流沙并逐渐扩大，形成流沙和半固定沙丘，这是沙漠化发展的重要原因。

2）干旱荒漠地带的沙漠化土地。主要分布在狼山—贺兰山—乌鞘岭以西的广大干旱荒漠地带，集中分布在一些大沙漠的边缘，如塔克拉玛干沙漠南部及北部边缘的古丝绸之路沿线，弱水下游、塔里木河下游及一些绿洲的周围。干旱荒漠地带的沙漠化土地面积约占沙漠化土地面积的 1/3 左右，其发生和发展的原因主要与内陆河流变迁、上中游水资源过度利用以及绿洲边缘过度采樵破坏等因素有关。西北地区的半干旱地带沙漠化由于水分和植被条件稍好，尚可适度利用，年降水量在 250 ~ 500mm 之间地区，在消除人为干扰后，有自我逆转的可能。

(4) 草原退化

中国草地资源十分丰富，北方草原面积在 2.67 亿 hm^2 以上，南方草山草坡有 0.67 亿 hm^2，滩涂草地约为 0.13 亿 hm^2，草地总面积约占国土面积的 38.0% 左右。合理开发利用和保护好草地资源，对牧业的发展、防治水土流失和土地沙化均具有十分重要的作用。

目前西北地区的草原存在相当严重的退化问题。陕西、甘肃、青海和宁夏的草原退化率分别达 58.15%、45.17%、15.30% 和 97.37%，而新疆的退化草地面积达 800 多万 hm[7]。

开垦草原破坏植被，造成了草地资源破坏、土地沙化，使得草原退化、沙化、碱化面积日趋扩大，干旱和沙暴灾害增加，中药材数量大幅度下降，野生动物日渐减少，甚至濒临灭绝，生物资源遭到严重破坏，自然生态失去平衡。

(5) 江河断流，湖泊干涸[8]

由于中上游的植被破坏、人为对水资源开发不当及气候变异，出现了江河断流，湖泊萎缩等严重生态问题。1972 年黄河开始出现断流，二十多年来，断流频率越来越高，断流天数越来越多，断流距离越来越长，见表 2-2（20 世纪 70 年代断流年份最长 21d；1981 年断流 128d，断流距离 622km；1996 年断流 150d，断流距离 700km；1997 年断流 226d，断流距离 704km），且出现断流后复流又断流的反复现象。被誉为新疆母亲河的中国最大内陆河塔里木河下游末端已干涸近 300km。新疆地区 20 世纪 50 年代湖泊总面积为 $9700km^2$，现在仅有 $4748km^2$，减少 51.1%。继罗布泊和艾丁湖相继干涸后，又一个大型湖泊艾比湖也在不断萎缩。艾比湖位于准噶尔盆地的西南缘，新疆精河县境，紧邻阿拉山口，系新亚欧大陆桥中国段西端的最大咸水湖，湖面海拔 189m，为准噶尔盆地的最低处，是奎屯河、古尔图河、精河、阿卡尔河、大河沿子河和博乐河等支系的归宿地，流域面积达 5.06 万 km^2。1950 年时湖泊水域面积为 $1070km^2$，湖周区基本为林草植被覆盖，其中

黄河下游断流统计（山东利津站） **表 2-2**

项目	20 世纪 70 年代	20 世纪 80 年代	1991 ~ 1996 年	1995 年	1996 年	1997 年	1998 年
断流长度（km）	135	179	296	683		704	
断流时间（d）	9	11	71	121	133	226	137
年内断流起止月份	5 ~ 6 月		2 ~ 10 月				

资料来源：陆大道、刘毅等 . 1999 中国区域发展报告 . 北京：商务印书馆，2000：第 157。

芦苇地就达 47 万 km^2，区域生态处于良性循环状态。但其后的几十年内，由于对该流域水土资源开发过度以及人口猛增几十倍，致使入湖的奎屯河、四棵树河、古尔图河等相继断流，导致艾比湖湖面不断缩小，至 1987 年，测量湖面面积仅为 520km^2，较 1950 年减少 53.0%。由于湖水水位的不断下降，湖周植被随之退化，芦苇地减少了 33.3 万 km^2，胡杨等天然林面积减少 70% 以上，大面积的湖面变为荒漠，生态环境严重恶化。黄河源头第一县——青海玛多县，原有湖泊 4077 个，但目前已有 2000 多个干涸。青海作为黄河流域的最大产流区和水源涵养区，其径流量占黄河总径流量近半，但在 20 世纪 80 年代以来，径流量不断减少，1997 年 1 月～1997 年 3 月减少 23%，降到历史最低点，源头首次出现断流。

2.1.2 经济

西北地区目前的经济实力和发展水平在全国的六大区中排到最后。土地面积最大（309.3 万 km^2，占全国的 32.2%），人口最少（2002 年总人口为 9272 万人，占全国的 7.22%[9]），人口密度最低（29.98 人 /km^2），经济实力最弱（2002 年 GDP 总值是 5466 亿元，占全国 GDP 总值的 5.34%[10]），但有丰富的自然和矿产资源，经济发展潜力巨大。

西北地区是我国重要的工业生产基础：以电力、石油化工、有色金属、机械、纺织为主。西北地区有丰富的石油、天然气、煤炭、水力和矿产资源，能源基地的作用日益重要。石油开采和石油化工的前景非常广阔，黄河上游呈梯级形式开发建设了十多座大型水电站。

西北地区是全国重要的农业生产基地，棉花、畜牧业在全国占有比较重要的地位。

西北地区是全国重要的商贸和科教中心，拥有西安、兰州、乌鲁木齐、银川、西宁五座中心城市和科教文中心。其中陕西关中地区城市较为密集，西安是最大的经济中心和科教文中心，文化科技教育较为发达，在全国处于较为领先水平。

1999 年，为加快我国西部发展，逐渐缩小地区间的发展差距，最终实现地区经济普遍繁荣和人民共同富裕，中央政府提出了实施西部大开发的国家发展战略。随着西部大开发的实施，西北丰富的自然资源将得到大规模的开发利用：连云港—鹿特丹的新亚欧大陆桥的综合效能将逐渐发挥和提高；亚太经济协作的进一步加强将促进西北沿陇海、兰新交通走廊沿线地区经济的发展，再现昔日“丝绸之路”的商贸繁荣景象；随着“西气东输”、“西电东送”等国家重点战略工程的开展，西北地区将进入经济快速启动期。作为不同区域经济中心的西北地区各级城市，将会面临巨大的发展机遇和挑战。因此，科学合理地进行城市规划，将成为保障经济快速健康发展的关键工作。

以下是西北地区的经济发展在实施西部大开发以前的基本状况。[11]

1998 年，西北地区国内生产总值为 3815.6 亿万元，比上年增长 8.62%，占全国的 4.82%。

西北地区全年粮食总产量为 3434.8 万 t，棉花总产量为 148.4 万 t，占全国总产量的 32.9%。全年油料产量 148.1 万 t，占全国总产量的 6.4%。茶叶和水果产量分别达到 6507t 和 681 万 t，分别占全国的 0.98% 和 12.5%。

西北地区工业增加值为 844.7 亿元，占全国工业增加值的 4.35%。国有工业企业及年产品销售收入 500 万元以上的非国有工业企业产值为 2526.3 亿元。其中国有及国有控股企业为 2084.86 亿元，占全国的 6.2%；集体企业为 212.62 亿元，占全国的 1.6%；股份制企业达 132.09 亿元，占全国的 3.05%；外商及港澳台商投资企业为 185.54 亿元，占全国的 1.11%。

西北地区工业产品销售率为 95.83%，比全国低 0.66 个百分点。工业经济有所下滑，全年工业企业实现销售收入 2232 亿元，占全国的 3.5%，实现利润 -50.2 亿元，五省区实现利润均为负数。亏损企业亏损额达 119.7 亿元，占全国的 7.7%。工业企业经济效益综合指数 54.46%，比全国平均数低 36.49 个百分点。

西北地区全年固定资产投资达 1288.3 亿元，比上年增长 28.24%，比全国高 8.76 个百分点，其中建设投资为 850.4 亿元，增长 29.99%，更新改造投资为 267.7 亿元，增长 18.77%，房地产开发投资为 101.2 亿元，增长 37.5%。

从各省区的个体发展来看，西北地区五个省区之间有较大差距。

新疆维吾尔族自治区目前的经济发展水平在西北地区是比较高的。全自治区 1998 年总人口为 1747 万人，占全国的 1.4%；GDP 达 1116.67 亿元，占全国的 1.41%；三大产业比重为 26.0：38.6：35.4；人均 GDP 为 6229 元，居全国第 13 位；工业总产值为 707.8 亿元，占全国的 0.59%；农业总产值为 498.41 亿元，占全国的 2.03%；财政收入为 65.39 亿元，占全国的 0.66%；固定资产投资总额为 514.77 亿元，占全国的 1.81%；商品零售总额为 327.5 亿元，占全国的 1.12%；进出口总值 15.25 亿元，占全国的 0.47%。

甘肃省 1998 年总人口达 2519 万人，占全国的 2.02%；GDP 达 869.75 亿元，占全国的 1.1%；人均 GDP 为 3456 元，在全国倒数第二；工业总产值为 1081.39 亿元，占全国的 0.91%；农业总产值为 335.79 亿元，占全国的 1.37%；财政收入为 54.03 亿元，占全国的 0.55%；固定资产投资总额为 301.45 亿元，占全国的 1.06%；商品零售总额达 303.7 亿元，占全国的 1.04%，进出口总值为 4.48 亿元，占全国的 0.14%。

青海省 1998 年总人口仅有 503 万人，占全国的 0.4%，是人口密度最低的地区之一；GDP 达 220.16 亿元，占全国的 0.28%；三大产业比重为 18.9：40.2：40.9；人均 GDP 为 4367 元，居全国第 25 位；工业总产值为 181.52 亿元，占全国的 0.15%；农业总产值为 60.78 亿元，占全国的 0.25%；财政收入为 12.77 亿元，占全国的 0.13%；固定资产投资总额为 108.7 亿元，占全国的 0.38%；商品零售总额达 70.6 亿元，占全国的 0.24%；进出口总值为 1.78 亿元，占全国的 0.055%。

宁夏回族自治区1998年总人口仅有538万人，占全国的0.43%；GDP达227.46亿元，占全国的0.29%；三大产业比重为21.4：41.3：37.3；人均GDP为4270元，居全国第26位；工业总产值为228.45亿元，占全国的0.19%；农业总产值为78.76亿元，占全国的0.32%；财政收入为17.75亿元，占全国的0.18%；固定资产投资总额为106.75亿元，占全国的0.38%；商品零售总额为77.1亿元，占全国的0.26%；进出口总值为2.39亿元，占全国的0.07%。

陕西省1998年总人口有3596万人，占全国的2.88%；GDP达1381.53亿元，占全国的1.74%；三大产业比重为20.5：41.1：38.4；人均GDP为3834元，居全国第28位；工业总产值为1295.05亿元，占全国的1.09%；农业总产值为479.36亿元，占全国的1.96%；财政收入为93.33亿元，占全国的1.87%；固定资产投资总额为517.57亿元，占全国的1.82%；商品零售总额为518.8亿元，占全国的1.78%，进出口总值达20.52亿元，占全国的0.63%。

以上情况表明，西北地区的经济发展除新疆位于全国中游水平外，其他省区都排在全国的第25位以后，而新疆的"高水平"，也主要体现在农业上，这与新疆有广博的土地资源及军垦农场有直接的关系。作为体现城市及地区经济发展主体的工业和第三产业，西北地区则十分落后，人均工业产值只有全国平均水平的38%～45%，第三产业比重总体又低于工业（第二产业）。因此无论从人均产值上说，还是从经济结构上说，西北地区经济发展的未来之路任重而道远。而与此同时，由于有丰富的资源和广阔的地域，西北地区的发展又大有潜力。

2.1.3 社会

改革开放以来，西北地区的主要社会发展指标如人口、教育、卫生、文化等均有明显进步，社会发展水平与经济发展水平基本相适应，部分省区，如新疆、陕西的社会发展水平相对较高。与经济发展相比较，社会发展与东部发达地区的差距相对较小，详见表2-3。

西北地区社会发展与经济发展对比（1999年）　　表2-3

地　区	经济发展		社会发展	
	人均GDP（元）	相当于全国（%）	社会发展指数	相当于全国（%）
陕西	4107	62.74	32.6	90.8
甘肃	3595	54.92	24.7	68.8
青海	4707	71.91	21.4	59.6
宁夏	4477	68.39	27.8	77.4
新疆	6653	101.63	47.2	131.5
西北平均	4708	71.92	30.7	85.5
全国	6546	100	35.9	100

资料来源：陆大道等.1999中国区域发展报告，北京：商务印书馆，2000.根据相关表格整理。

目前，西北地区社会发展存在的主要问题有：[12]①科技教育现状不能满足西部大开发的需要；②人口数量大，素质较差，增长过快；③医疗卫生条件较差，人类健康长寿受到一定威胁；④现代化信息交流能力弱，不能满足信息时代发展的要求；⑤城乡差距大，社会不公平现象突出。

同经济、自然状况一样，一个城市、地区乃至国家的社会发展状况及潜力也直接影响到其未来的基于"可持续"基础上的发展。西北地区的社会发展总体水平在全国也同样处于落后的地位，仅比西南地区略高。

按照中国科学院可持续发展研究组对中国社会未来可持续发展能力的研究，中国可持续发展总体能力由生存支持系统、发展支持系统、环境支持系统、智力支持系统和社会支持系统五部分组成。[13]在社会支持系统中，包括了社会发展水平、社会安全水平和社会进步动力三个大的方面。社会发展水平从全社会（城市、农村人口）角度考察研究人口发展（预期寿命、自然增长率、文盲率）、社会结构（城市化率、三人户率、第三产业人数率）、生活质量（居民生活条件、消费水平、恩格尔系数、文化消费支出）；社会安全水平主要考察研究社会公平问题（城乡收入水平差异、就业公平度、受教育公平度）、社会安全问题（城镇失业率、贫困发生率、通货膨胀率）和社会保障问题（社保覆盖率、赡养比）；而社会进步动力则主要考察研究社会潜在效能问题（劳动者的文盲、小学、中学、大学程度人口比例）和社会创造能力问题（欠教育人口、第二产业人口以及科学家、工程师人口的参与比）。

表2–4是西北地区各省区的社会发展水平、能力及可持续发展总体能力在全国的排列情况。从该表格中可以得出如下结论：

1）西北地区的社会发展总体状况与其可持续发展的总体能力大致相当，其总体水平排在全国的后面，与西南地区相似。这也充分说明了实施"西部大开发"战略的必要性和重要性。

2）对于西北地区来讲，相对水平较高的是新疆和陕西，但它们按照可持续发展总体能力和社会发展支持水平在全国的排序也仅仅是第19、20名和第16、18名，处于中档的末尾处，而甘肃、宁夏、青海的这些指标都排在全国最后几名。

3）进一步分析研究，就会发现西北地区的总体社会支持系统的排序要高于总体能力的排序。而在社会支持系统中，社会发展水平和社会安全情况接近，社会进步动力排序一项则普遍要高，其中新疆、陕西的该项排序分列第9和第12名，处于中档的前列。这说明西北地区目前的整体社会发展状况和社会安全状况还很不理想，它们给未来地区的社会经济的可持续发展会带来不利的影响；而西北地区由于有丰富的自然资源广阔的地域空间和较为雄厚的科技教育实力，因此具有较高的社会潜在效能和社会创造能力，它们所体现出来的社会进步动力将会为西北地区未来的社会经济发展提供有力支持。

中国区域可持续发展总能力排序　　表 2-4

地区	总体能力排序	社会支持系统			
		排序	社会发展水平排序	社会安全水平排序	社会进步动力排序
上海	1	1	1	1	1
北京	2	2	2	2	2
天津	3	3	3	3	3
广东	4	5	7	4	7
浙江	5	8	4	9	15
江苏	6	9	6	14	10
山东	7	13	9	12	17
福建	8	14	11	11	20
辽宁	9	4	5	6	4
黑龙江	10	7	10	5	8
湖北	11	12	12	10	13
吉林	12	6	8	7	5
湖南	13	15	15	16	14
河北	14	10	14	8	11
海南	15	24	24	25	22
河南	16	20	23	21	16
安徽	17	23	21	17	26
四川	18	22	19	27	24
新疆	19	16	27	13	9
陕西	20	18	18	23	12
重庆	21	19	16	20	23
内蒙古	22	17	13	18	19
广西	23	25	20	28	21
江西	24	21	22	19	18
云南	25	28	28	22	29
甘肃	26	27	26	29	27
山西	27	11	17	15	6
宁夏	28	26	25	24	25
青海	29	29	29	26	28
贵州	30	30	30	30	30
西藏	31	31	31	31	31

资料来源：中国科学院可持续发展研究组 . 2003 中国可持续发展战略报告 . 北京：科学出版社，2003. 据有关表格整理。

2.2　西北地区的城市与城镇体系

改革开放 20 年来，西北地区城市发展无论是城市数量、还是城市化水平都取得了长足进步，经济发展水平也有很大提高。但由于自然生态环境退化严重，许多城市机制单一（依托资源），缺乏政策和资金支持，与中国东部地区发展的差距越来越大。

1998年底，西北地区共有城市54座，占全国城市总数的8.0%。以城镇非农业人口占总人口比率来衡量城市化水平，西北地区落后于全国平均水平3个百分点，但青海、宁夏、新疆则分别超过全国平均水平0.5、2、7个百分点，见表2–5。

西北各省区城市个数及城市化水平 **表2–5**

	城市个数	以城镇非农人口衡量的城市化水平（%）
陕西	13	21.09
甘肃	14	17.52
青海	3	24.44
宁夏	5	26.83
新疆	19	30.89
西北地区	54	20.90
西部地区	121	17.90
全国	668	23.90

资料来源：建设部城乡规划司.1998年全国设市城市及人口统计资料。

西北地区的城市体系呈现出超大城市及小城市比重高，而大中城市比重低的格局。1998年，在西北地区的54座城市中，特大城市有3座，大城市有1座，中等城市有16座，小城市有34座，与东部、中部及全国水平相比，西北地区小城市比重分别高出7.7，8.8，6.6个百分点，而中等城市的比重分别低于东部、中部及全国平均水平1.0，2.0及0.9个百分点，大城市比重则分别低5.8，7.4和5.1个百分点。这从青海、陕西、甘肃等省的较高的城市首位度指标中也能得到充分的体现（表2–6）。

我国各省区城市首位度比较（1997年） **表2–6**

京津冀	1.33	安徽	1.19	川渝	1.38	河北	1.09
福建	1.81	四川	4.39	山西	1.94	江西	2.57
贵州	2.69	内蒙古	1.48	山东	1.00	云南	5.35
辽宁	1.98	河南	1.46	西藏	4.47	吉林	1.75
湖北	5.88	陕西	5.04	黑龙江	2.29	湖南	2.00
甘肃	4.74	沪苏	3.70	广东	3.85	青海	8.39
江苏	2.29	广西	1.20	宁夏	1.46	浙江	1.95
海南	2.06	新疆	3.76				

资料来源：沈迟.走出“首位度”的误区.城市规划，1999（2）。

西北五省区中，宁夏城市化的发展速度及城市化水平均高于全国水平，青海省及新疆的城市化水平也高于全国平均水平，见表2–7。形成这种现象的原因很复杂，大体可归结为：一是这些地区地广人稀，自然资源条件使得农业以畜牧业及林业为主，种植业不发达，使得农业人口的规模和相对比重与一般农业以种植业占绝对优势的地区相比相对较低；二是人口大多数集聚在自然条件特别是水资

西部地区各省区以城镇非农业人口衡量的城市化水平比较　表 2–7

	1988 年	1998 年	发展速度
重庆	—	19.68	—
四川	12.23	16.80	1.37
贵州	9.50	13.72	4.22
云南	10.18	12.92	2.74
西藏	8.95	9.76	0.81
陕西	16.83	21.09	4.26
甘肃	14.88	17.52	2.64
青海	23.82	24.44	0.62
宁夏	21.21	26.83	5.62
新疆	28.00	30.89	2.89
西部地区	13.60	17.90	4.30
全国	18.48	23.90	5.42

注：1988 年时重庆包括在四川省内计算，故 1998 年四川省与 1988 年时数据不具可比性。

资料来源：建设部城乡规划司 . 1988 年及 1998 年全国设市城市及其人口统计资料。

源条件较好的地区，农业及工业也基本布局于此，有利于城市的形成和发展；三是新中国成立以后，国家加大了对这些地区资源开发的力度和工业项目布局的倾斜，使得这些地区成为建国以来前 30 年中工业化发展较快的地区；四是建国后的前 30 年，在支援这些地区建设的过程中，有大量的城市人口迁入；五是地广人稀的边远地区，交通线很长，交通运输部门的职工比重相对较高。

由于自然环境、经济发展及人口分布等原因，西北地区的城镇发展情况差异较大。本节的研究重点将放在西北地区东部，即陕西、宁夏及甘肃的城镇体系上。

2.2.1　陕西

1999 年，陕西全省有西安、铜川、宝鸡、咸阳、渭南、汉中、延安、榆林等 8 个地级市，商州、安康两个地区和一个杨凌农业示范区，有商州、安康、韩城、兴平、华阴 5 个县级市。在 13 个设市城市中，西安属特大城市；宝鸡和咸阳城市非农业人口大于 50 万，为大城市；铜川、渭南、汉中、安康城市非农业人口在 20 ~ 50 万之间，为中等城市；而延安、榆林、商州、韩城、兴平、华阴的非农业人口在 20 万以下，为小城市。在整个城镇体系当中，中、小城市发展不足，数量相对较少，城镇规模等级体系首位分布明显。这种情况使得省内城镇间物质、能量、信息的交流及相互作用力的传递受到影响，不利于城镇的增长和区域社会经济的发展。

陕西的城镇体系分布差异明显。关中地区形成了以铁路为轴线，以西安、宝鸡、咸阳、渭南为各级中心，分布较为集中的城镇带。由此向南、向北，城镇密度渐趋稀疏，规模变小。陕南的汉中、安康地区城镇主要分布在汉江河谷盆地，沿汉江及阳安铁路呈串珠分布，形成了以汉中市为中心的相对比较集中的城镇群；陕北的主要城镇沿西包公路（210国道）分布，以密度小和分布散为主要特征。

陕西城镇体系地域空间结构显著不平衡，表现为城镇在地域空间上长期集聚发展是由"点"到"轴"，再到"片"的集中过程。相对来说，关中城镇体系发育较为成熟，城镇化水平高，城镇系统类型处于轴带体系向城镇群演替的过渡阶段。以西安为中心的陇海铁路沿线城镇带东西长约为350km，连接宝鸡、兴平、咸阳、西安、渭南、华阴6座城市，非农业人口2000年达到428.55万人，占总人口的34.5%，远远高于全省22.2%的水平，[14]成为陕西乃至西北地区最大的城镇集中分布带；陕南、陕北还未形成体系，其中陕南城镇化总体水平较低，受山地及铁路交通线影响，形成典型的点——轴类型；陕北城镇化水平最低，城镇零散分布，城镇系统处于发展的初级阶段，城镇等级低，中心作用不强，城镇之间、城镇与区域之间联系极为松散。

陕西城镇规模等级结构主要存在以下特点及问题：

①城市首位度过高，具有显著的单极核式结构特征。西安由于历史及近代国内外政治环境影响而成为内陆地区的重点发展城市，到了现代，作为陕西乃至西北地区的"增长极"，优先发展成为必然。而陕西其他城镇由于交通、经济及西安辐射区域的影响，发展较为缓慢。②城镇规模等级结构不完善，没有100～200万人口规模等级的特大城市，这使得区域发展缺少大的中心城市的带动。③中等城市比重高于全国，而小城市比重低于全国。前者说明陕西省中等城市向大城市发展的速度较慢，折射出发展水平较低的特点；后者说明县城城镇化速度慢，新城市设置过缓，很大程度上限制了小城市对全省城镇化进程的推动作用。④建制镇规模偏小，绝大多数建制镇非农业人口规模在1万人以下。非农业人口规模的大小反映了建制镇的农业产业的发展水平，因此，这说明全省的小城镇整体发展水平很低，也是全省新城市设置迟缓、小城市比重低的主要原因。总体来说，陕西省城镇的整体发展水平相对落后，限制了其作为各级区域中心作用的发挥，从而很大程度上影响了全省区域社会经济快速、健康的发展。今后应在加强大城市的发展力度的同时，积极发展中小城市和重点建制镇，使全省的城镇发展和城市化进程进入快速稳定的发展时期。

陕西城镇分布于五个生态区，即长城沿线生态区，陕北黄土高原生态区，渭北台塬生态区，关中平原生态区和秦巴山地生态区。总体来说这五个生态区的生态环境都比较脆弱，但表现形式却又各不相同。长城沿线生态区的突出特点是土地沙漠化，其面积达到总土地面积的42%；陕北黄土高原生态区和渭北台塬生态区的突出特点是资源性缺水和严重的水土流失；关中平原生态区的主要问题是开发建设造成的水资源和环境污染以及水土流失；秦巴山地生态区的主要问题是由肆意砍伐林木造成的植被破坏，水土流失加剧和洪涝、泥石流、滑坡的频繁发生。

按照《陕西省城镇体系规划》，[15]陕西省的城镇化水平将从2000年的32.3%

发展到2020年的52%，城镇人口将从1164万人发展到2340万人，城镇将分为五片，即关中城镇群、陕北北部城镇群、陕北南部城镇群、陕南东部城镇群和陕南西部城镇群，省域城市呈“王”字形分布。

关中城镇群由一个巨型城市（西安—咸阳）、一个特大城市（宝鸡）、6个中等城市（渭南、兴平、杨凌、韩城、商州、铜川）、14个小城市（华阴、岐山、凤翔、大荔、礼泉、乾州、西户、凤州、陇州、彬州、三原、蒲城、洛南、丹凤）及数十个县城建制镇组成（表2-8）。

陕西省城镇规模发展一览表（2020年）　　表2-8

规　模	数量（个）	城镇（万人）
特大城市（>100万人）	2	西安—咸阳（中心主城600）、宝鸡（100）
大城市(50～100万人)	3	汉中（80）、榆林（50）、安康（50）
中等城市(20～50万人)	8	渭南（40）、铜川（38）、延安（22）、兴平（30）、韩城（25）、商州（22）、神木（20）、杨凌（25）
小城市（8～20万人）	24	华阴、蒲城、略阳、洋县、凤翔、凤县、陇县、乾县、三原、石泉、洛川、彬县、丹凤、洛南、靖边、绥德、定边、府谷、黄陵、岐山、大荔、西乡、旬阳、子长
大型城镇（1～8万人）	约200	51个县城关镇及148个大型城镇
一般城镇（<1万人）	795	农村地区小型中心镇

资料来源：西北大学城市建设与区域规划研究中心，陕西省城乡规划设计研究院．陕西省城镇体系规划（2000～2020年）.2001。

陕北北部城镇群由一个大城市（榆林）、一个中等城市（神木）、四个小城市（府谷、靖边、定边、绥德）、数十个县城及建制镇组成。

陕北南部城镇群由一个中等城市（延安）、三个小城市（子长、洛川、黄陵）以及县城、建制镇组成。陕南东部城镇群由一个大城市（安康）、两个小城市（石泉、旬阳）以及县城、建制镇组成。陕南西部城镇群由一个大城市都市区（汉中—南郑—城固—勉州）、三个小城市（西乡、略阳、洋州）以及县城、建制镇组成。

2.2.2 宁夏[16]

2001年，宁夏回族自治区共有设市城市六个，其中地级市四个：银川、石嘴山、吴忠、固原，县级市两个：青铜峡和灵武。在六个设市城市中，银川为大城市，石嘴山为中等城市，吴忠、固原、青铜峡和灵武为小城市。另有建制镇67个。城镇非农业人口比例为27.14%，实际城市化水平为35.1%。在整个城镇体系当中，有五个城市集中在位于宁夏北部的黄河灌区，这里是宁夏自然环境、交通区位和生产条件最好的地区。而在宁夏的中部和南部，仅有固原一座城市于2001年设市。

目前宁夏城镇体系有以下的特征：①城镇在全区社会经济中的龙头

作用十分突出。2000年北部五市国内生产总值占全区的62.3%，人均国内生产总值为9314元，为全区人均值的近2倍，财政收入占全区的53.3%；②北部黄河灌区初步形成了带动全区发展的城镇群体。五座城市与县城、建制镇相互间距离较近，经济互补性强，主要经济指标占到全区的1/2～2/3；③城镇沿交通线发展的特征十分明显。宁夏城镇主要是沿包兰铁路、109国道、中宝铁路沿线发展，3条交通线两侧的市镇非农业人口占到全区非农业人口的80%以上；④城市化水平较高。目前宁夏的城市化水平在全国排第12名。处于全国31个省、市、自治区的中前列；⑤由于总人口的原因，多数城镇的规模偏小。除设市城市人口规模偏小以外，非农业人口1万人以上的建制镇数量全区仅有13个；⑥首位城市作用不突出。银川作为宁夏自治区的中心城市，2000年人均工业总产值在全区仅列第4位，人均农业产值列第12位，国内生产总值只占全区的28.5%，带动全区经济发展的龙头作用不突出；⑦自治区政府正在实施对南部山区农民的"吊庄"北迁计划，这一战略举措将给宁夏城镇的空间布局带来深远影响。

宁夏城镇所处的生态环境有很大的地域差异。北部平原地区相对较好，但盐渍化问题突出，总面积接近7万hm^2，南部山区较为脆弱。垦荒种地造成的对植被的破坏导致了水土流失，土地荒漠化，全区水土流失总面积为1.78万km^2，占国土面积的27%，荒漠化土地面积为3.77万km^2，占国土面积的57%，全区受沙质荒漠化直接危害的城镇有67个，沙漠化导致沙尘暴时有发生。

根据宁夏自治区城镇体系规划，[17]宁夏的城镇化水平在远期（2020年）将达到55%～58%，比2000年提高20%，城镇人口将从2000年的192.5万人上升到380～400万人。

在远期，全区的城镇分布将分为4个片区。它们为：以特大城市银川为中心，以大城市吴忠（含青铜峡）为副中心，包括盐池、灵武两个小城市以及贺兰、永宁二区的城市片区；以大城市石嘴山为中心（分大武口、石嘴山、平罗三区），包括惠农、陶乐两县城的城市片区；以中等城市中卫为中心，包括小城市同心、县城中宁以及红寺堡农业开发区的城市片区；以中等城市固原为中心，包括海原、西吉、隆德、泾源、彭阳五县城的城市片区。全区城市总数达到8个，建制镇总数达到八十八个，形成"一核四级"的城镇网络（见表2-9）。银川—吴忠、石嘴

宁夏回族自治区城镇等级一览表（2020年） **表2-9**

等级	类别	数量（个）	城镇
一级中心	特大、大、中城市	5	银川—吴忠、石嘴山、中卫、固原
二级中心	小城市、县城、区	14	灵武、盐池、同心、陶乐、红寺堡、海原、西吉、隆德、泾源、彭阳、惠农、贺兰、永宁、平罗
三级中心	重点建制镇	16	望远、李峻、姚伏、宝丰、红果子、金积、峡口、崇兴、鸣沙、宣和、镇罗、大水坑、韦州、三营、兴隆、沙塘
四级中心	一般建制镇	61	农村地区小型中心镇

资料来源：根据陕西省城乡规划设计研究院.宁夏回族自治区城镇体系规划（2002～2020年）整理。

山两个片区采取“强化中心、加速群体、提高山区、外向发展”的战略，中卫、固原两个征区采取“以点带线，以线带面，优化环境，发挥特色”的发展战略。

2.2.3 甘肃

1999年，甘肃省共有十四个城市，其中地级市5个：兰州、天水、嘉峪关、金昌、白银；县级市9个：玉门、酒泉、张掖、武威、敦煌、西峰、平凉、临夏、合作；县城59个；建制镇121个。在14个城市当中，兰州为特大城市，天水、白银为中等城市，其他11个城市为小城市。全省城镇体系属于典型的单核式城镇体系，首位度为4.7，城市规模相差悬殊，体系发育不完善，缺少50～100万人的大城市（见表2-10）。这些现象导致城市只能在较小的范围内发挥辐射作用，没有形成有效的等级扩散效应。甘肃省的城镇分布主要集中在河西、中部地区，密度由河西—中部—陇东—陇南—民族地区逐个递减。

甘肃省的城镇体系有以下特征：[18] ①位于我国陆域几何地理中心，也是新疆、西藏、内蒙、宁夏、青海五大民族省区的连接部，处于汉族和少数民族经济、文化的交汇点；②城镇周边的能源矿产资源储量大，具有很大的发展潜力，目前已形成了一些矿产资源指向型的城市，但城市职能分工不协调，城市产业结构趋同；③城镇化发展明显落后于工业化。1999年全省城镇化水平为24.07%，工业化水平为45%，二者相差21个百分点，城镇化的滞后影响了经济发展；④城市化水平较低。1998年按城镇非农业人口统计的城市化水平在31个省、市、自治区中排列第25位；⑤城镇分布不均。设市城市主要集中在中部及其以西，而东部，尤其是东南部城市较少；⑥目前的城镇体系没有大城市，中小城市规模偏小，建制镇平均人口较少，实力很弱，上下级城镇的生产力水平呈明显的梯度分布，纵向依赖关系较强，城市间距离相对较远，高一级城镇功能服务半径较小；⑦城镇发展呈沿交通干线（陇海—兰新铁路、109国道、包兰—兰青公路）和主要河流（黄河、湟河、渭河、大夏河）分布的“斜十字”形城镇空间格局。

甘肃的生态环境十分脆弱，已成为制约全省经济水平、城市发展进一步提高的主要因素之一。干旱、半干旱地区面积占全省面积的75%，是全国水土流失、荒漠化最严重的地区之一；森林覆盖率低，且森林质量由于人为原因不断下降；人均水资源占有径流量为1176m^3，只相当于全国平均数的52.6%，且分布不均：黄河流域集中了全省约70%的人口和耕地，只拥有全省河川径流总量的45%，而长江流域人口为全省的10%，耕地为全省的12%，却占有全省河川径流总量的36%。

在远期，[19] 甘肃省城镇体系将分为省域中心城市、省域次中心城市、地区中心城市、县级市和县城、中心镇五级。这五级为：省域中心城市（一级）兰州是特大城市；省城次中心城市（二级）天水、酒嘉（酒泉、嘉峪关合并后的城市），大城市；地区中心城市（三级）有白银、金昌、武威、张掖、平凉、西峰、临夏为中等城市，玉门、合作、敦煌、定西、成县为小城市，县级市和县城（四级）共有63个，其中县级市有武都、秦安、临洮、永靖、永登、靖远、甘谷、安西、山丹、泾川、陇西共11个；中心镇（五级）即重点镇，全省共有220个。远期甘肃省的城镇总人口将由2000年的603万达到1140万，城镇化水平将达到40%。

在远期，甘肃省的城镇体系根据经济发展和地理位置因素分为五个区。它们是：兰白区，全省的核心区，包括兰州、白银、临夏、定西、临洮、永靖、靖远、永登等特大、大、中、小城市；陇南区，包括天水、成县、甘谷、秦安、陇西、武都等中小城市；陇东区包括平凉、西峰、泾川等中小城市；河西区包括酒嘉、武威、张掖、金昌、敦煌、玉门、安西、山丹等大、中、小城市；甘南区为藏族地区，中心城市合作为小城市。全省城镇体系在远期将形成“一圈两翼五轴”状空间布局形态，其中“一圈”指以兰州为核心的城镇群，“两翼”指以天水和酒嘉两大城市形成的东、西部次中心，“五轴”中的主轴为陇海、兰新城镇发展轴，次轴以国道213、212、312、109线为依托，以兰州为中心向四周放射延伸，带动各地区城镇沿轴带梯次推进。

甘肃省城镇人口规模等级一览表（2020年） **表2–10**

规模等级（万人）	数量（个）	城　　镇
＞100	1	兰州市
50～100	3	酒嘉市、天水市、白银市
20～50	6	金昌、武威、张掖、平凉、临夏、西峰
10～20	12	玉门、定西、敦煌、成县、合作、靖边、甘谷、秦安、永登、西和、武都、临洮
5～10	25	临夏、皋兰、山丹、岷县、古浪、卓尼、临泽、民勤、徽县、金塔、静宁、康乐、东乡、镇原、宁县、庄浪、泾川、礼县、通渭、天祝、安西、景泰、永昌、榆中、武山
＜5	31	清水、张家川、会宁、民乐、高台、肃南、肃北、阿克塞、灵台、崇信、正宁、华池、合水、环县、陇西、漳县、崇信、渭源、两当、康县、文县、宕昌、广河、永靖、和政、积石山、夏河、玛曲、碌曲、迭部、临潭、舟曲

资料来源：甘肃省城乡规划设计研究院.甘肃省城镇体系规划纲要（2001～2020年）。

2.3 城市分类与特征

通过上一节对西北地区的陕、甘、宁三省区城镇体系的论述，现已经对三省区城镇发展的现状、总体水准、其周边的生态状况以及未来发展格局规模等有了较为清楚的认识。本节将在上一节的基础上继续探讨，对三省区的城市从不同角度进行分类，从而进一步加深对西北地区的现况和未来的认识。

2.3.1 按规模分类

目前陕、甘、宁三省区的城镇发展总体水准较低（表 2–11）。宁夏虽然城市化水平要高于全国平均水平，但如前所述是由一些特殊原因造成的，除此以外的其他情况与陕、甘两省类似。2000 年三省区的特大城市有两个，大城市 3 个，中等城市 8 个，小城市 22 个。城市化水平低，直接导致了城市的规模小、数量少。而目前的一些城市设置还明显受过去计划经济时代的影响，即国家从政治、经济乃至军事角度考虑城市的设置以及城市产业的类型，这种人为的结果虽然曾经有效地促进了这类城市的发展，但它毕竟不是市场需求带动的结果，因此就形成了目前城市体系发育不完整，特大、大、中、小城市发展不成比例，进而使得城镇体系不能形成有效的等级扩散效应的局面。另外，三省区的城市与经济发展还有一个奇怪现象，一方面，城市化程度明显低于工业化程度，显现出城市化的发展潜力较大；而另一方面，低等级规模的城镇（即小城镇、建制镇）规模小、数量少，又似乎表明城市发展的“后备力量”不足。造成这种现象的原因与西北地区经济长期落后所导致的观念落后，以及改革开放初期我国的三农政策、户籍政策有直接的关系，要彻底解决这些问题还需假以时日。

在远期，陕、甘、宁三省区的城镇发展将形成一个比较完整的体系，特大、大、中、小城市都比现状有了几何级数的增长，形成了按地域梯次分布的城市布局。在这个布局中，陕西、宁夏以及甘肃兰州周边以东地区的城市占到了 87% 以上，而与“中、小”城市相关的城市达到了城市总数的 94% 以上（图 2–1）。

陕、甘、宁三省区城市规模结构一览表 **表 2–11**

规模	数量（现状）	城市名	数量（远期）	城市名
特大城市（> 100 万人）	2	西安、兰州	4	西安—咸阳、宝鸡、兰州、银川
大城市（50 ~ 100 万人）	3	银川、宝鸡、咸阳	8	汉中、榆林、安康、酒泉—嘉峪关、天水、白银、石嘴山、吴忠
中等城市（20 ~ 50 万人）	6	汉中、渭南、铜川、天水、白银、石嘴山	16	渭南、铜川、延安、兴平、韩城、商州、神木、杨凌、金昌、武威、张掖、平凉、临夏、西峰、中卫、固原
小城市（< 20 万人）	22	延安、榆林、安康、华阴、兴平、商州、韩城、嘉峪关、武威、金昌、玉门、平凉、张掖、临夏、酒泉、西峰、敦煌、合作、吴忠、青铜峡、灵武、固原	43	华阴、蒲城、略阳、洋县、凤翔、凤县、陇县、乾县、三原、石泉、洛川、彬县、丹凤、洛南、靖边、绥德、定边、府谷、黄陵、岐山、大荔、西乡、旬阳、子长、合作、敦煌、武都、玉门、秦安、临洮、永靖、永登、靖远、甘谷、安西、山丹、泾川、陇西、定西、成县、灵武、盐池、同心

资料来源：根据三省区城镇体系规划自制。

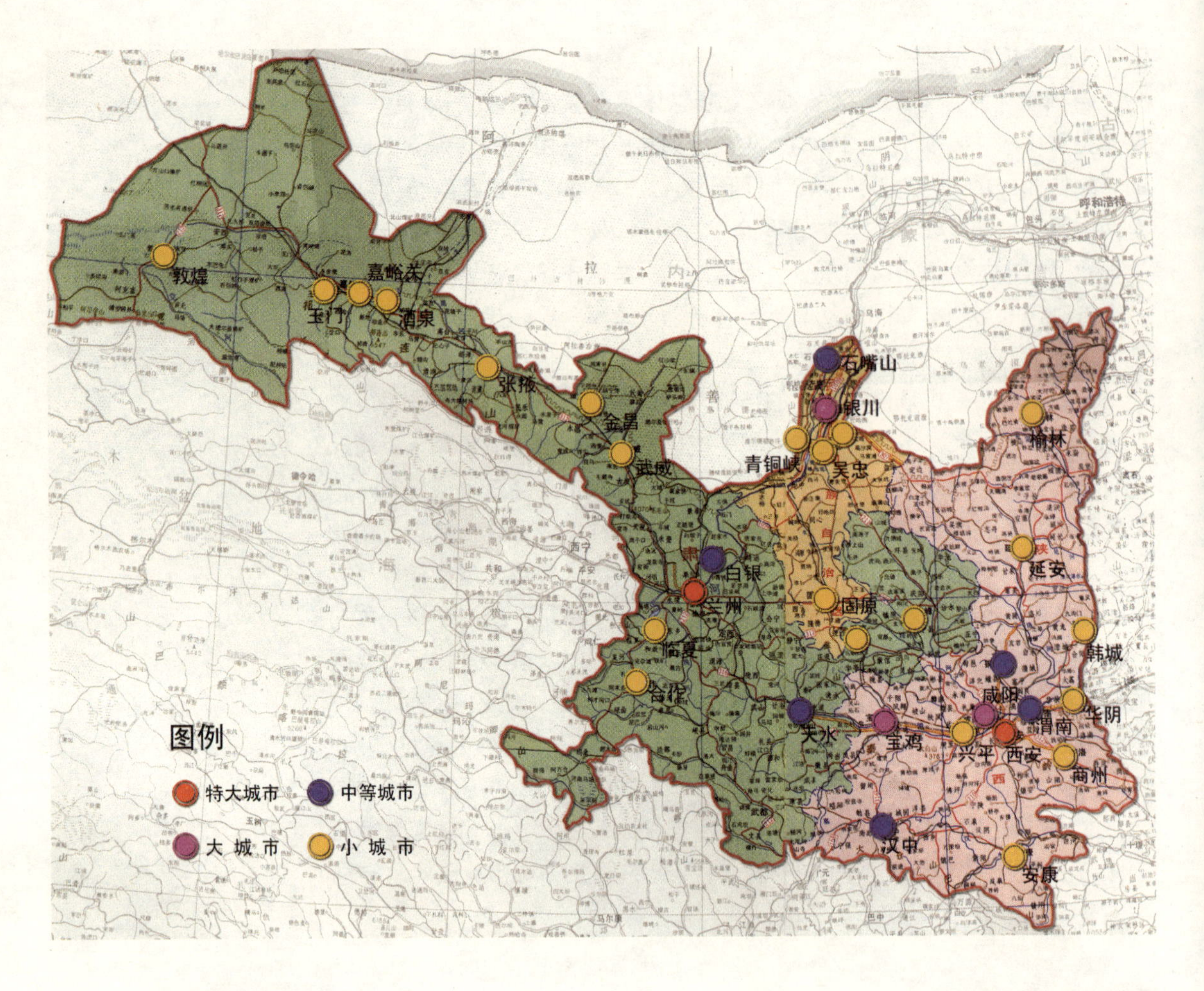

图 2-1 陕、甘、宁三省区城市分布图
（资料来源：根据三省区城镇体系规划资料绘制.）

2.3.2 按性质分类

在不同规模等级的城市当中，通常城市都是其所在地区的政治、经济、文化中心。虽然也偶有例外，如只占三项中的一项或两项，但对于绝大数城市来说这一特点不会改变。而在城市的特色及主导产业方面，由于历史文化、社会经济、资源环境及发展潜力的不同，各城市间的差异十分明显。具体来说，陕、甘、宁三省区的城市可分为以下几个大类。

1）历史文化名城类城市。全国共有历史文化名城 99 个，陕甘宁三省区此类城市共有 11 个，它们为：西安、延安、咸阳、榆林、汉中、韩城、天水、武威、敦煌、张掖、银川。虽都是文化名城，但特点各不相同：有封建帝王都城（西安、咸阳），有少数民族城市（银川），有边塞城（榆林），有丝绸重镇（天水、武威、张掖、敦煌），有革命圣地（延安）。这类城市往往又具有很明显的旅游功能。

2）区域中心类城市。每一个城市都是其所在不同区域的中心，这里所指的区域是从全国以及省（区）域的角度来确定的中心城市。西安同时为西北地区的中心城市和陕西省的中心城市，兰州、银川分别是甘肃和宁夏的中心城市，陕西的榆林、汉中分别是陕北和陕南的中心城市，甘肃的天水、酒嘉（酒泉—嘉峪关）分别是甘肃东部和西部的中心城市，宁夏的固原是宁夏南部的中心城市。

3）以科研、教育以及高新技术产业为主的城市，如西安、杨凌。

4）工业城市。这类城市又可分为偏重工业、偏轻工业类型以及均衡型的城市。偏向能源、冶金、化工等重工业类型的城市有兰州、榆林、石嘴山、玉门、白银、金昌、酒嘉等城市；偏向电子、机械、烟草、食品等轻工业类型的城市有天水、安康、咸阳等城市;均衡综合型的城市有宝鸡、汉中、吴忠、渭南等城市。

5）商贸及农副产品加工类城市。在发达国家和地区的城市里，以商贸业为主的第三产业往往占到了国内生产总值的2/3以上,从这个角度讲，这些城市都可以称为"商贸型城市"。但在我国，尤其是西北地区，却有完全不同的含义。在西北地区，商贸型、农副产品加工型城市通常指的是那些城市设置处于初始阶段或尚未设市，工业发展刚刚起步、除了依托农业外尚未找到产业发展方向的经济水平、潜力相对较差，为数众多的小城市和县城。这类城市主要靠其行政中心的地位来吸引比其更落后的周边乡镇。随着我国社会经济的整体发展及区域、城市经济实力的不断增强，商贸类、农副产品加工类城市将真正体现出其产业特色之所在，而不存在任何发展档次的含义。

2.3.3 按城市所处环境分类

(1) 按地形地貌分类

陕、甘、宁三省区的城市按所处的自然环境大致可分为三类：一类是处在平原的城市。第二类是位于山地（包括塬）边上或上面，但其发展建设都在平地上的城市。第三类城市的发展与周边的山体有着密不可分的关系。

平原型城市主要分布在陕西的关中地区和宁夏的中、北部地区。这些地区地势平坦，所集中的城市较多，其经济和城市的总量都占到了所在省区的50%以上，城市规模相对较大，城市分布较集中，未来的发展潜力很大。除此之外，这个地区的农业发展条件也是所在省区中最好的，因此城市的发展与农业"争地"的现象十分严重，进而导致城市建设人均用地指标要反复斟酌，严加控制。处于这个地区的主要城市有西安、咸阳、渭南、兴平、华阴、银川、吴忠等。

山地周边型城市所占比例较高。这类城市又可分为"远周边型"和"近周边型"两类。远周边型城市意为虽处在山地周边，但距离山地尚有一定距离，城市的发展建设不会因山地而产生影响，未来城市发展的用地潜力较大，因此其状况与平原型城市较为类似。这一类型城市的主要代表有汉中、石嘴山（大武口）、平凉、张掖、武威等。近周边型城市意指紧靠山地发展的城市。这一类型的城市又有两种情况，一种是虽紧靠山地，但城市发展却并不上山或基本上不上山，如兰州、宝鸡、固原等；第二种城市看起来是在平地上，但却是在平坦的塬上发展，这类城市有铜川（新市区）、西峰等。总体来说，近周边型城市的用地对其未来发展的制约较为严重。

山地城市故名思意，指的是城市发展无地可用，只好“借”山发展，与山融为一体的城市，如安康、延安等。

（2）按水资源的分布分类

陕、甘、宁三省区普遍缺水，但若按水资源的分布情况来看，各地区的状况却各不相同。总体来说，陕、甘二省的长江流域地区水资源相对丰富，这部分的人口分别占到全省的24%和10%，水资源占到各自省的29%和36%。[20]处在长江流域的主要城市有汉中、安康、商州、武都、成县。宁夏北部黄河河套地区面积只占全区的不足13%，却分布着全区90%的地下水总量，[21]这里的主要城市有银川、吴忠、石嘴山。

从缺水程度上看，陕西的关中地区集中了全省人口数量的60%以上，总可供水量占到全省的63%，但由于工业相对发达，国民经济总产值占到全省的3/4，因此表现出来的缺水状况在全省是最严重的，缺口达到了25.7%；而陕西北部地区的水资源绝对拥有量很小，总可供水量不到全省的9%，人口却占全省的14.5%。因此，除解决生活用水及农业用水外，可供发展工业的用水十分有限。甘肃的黄河流域集中了全省约70%的人口，却只拥有全省境内河川径流总量的45%，其地下水资源总量只占到全区的2%，是全国地下水最贫乏的地区之一。

2.3.4 按区域经济格局分类[22]

受自然环境、自然资源和历史基础等因素的影响，陕甘宁地区经济发展及其结构差别很大。既有人均收入水平很高的地区，也有极端贫困的地区；既有工业化程度很高的地区，也有传统农业地区。为综合反映三省区经济发展的区域格局，首先根据人均GDP划分不同的收入组，然后利用第二产业比重、种植业依赖程度、人均粮食、重工业比重等指标反映不同收入组的结构类型。

三省的经济区域格局划分如下：

高收入组

兰州、嘉峪关、金昌、酒泉、银川（资源型工业化地区）、西安（综合型工业化地区）；

较高收入组

石嘴山（资源型工业化地区）、宝鸡（综合型工业化地区）、张掖（种植农区）；

中等收入组

铜川、咸阳、白银（资源型工业化地区）、延安、吴忠（资源型半工业化地区）；

较低收入组

汉中（资源型工业化地区）、渭南、天水（资源型半工业化地区）、安康、武威、平凉（种植农区）；

低收入组

庆阳（资源型工业化地区）、榆林（资源型半工业化地区）、商洛、定西、陇南、临夏、固原（种植农区）、甘南（牧／林区）。

■ 本章小结

本章通过对西北地区在实施西部大开发之前的自然、经济、社会、城市的总体状况的描述与分析研究表明，西北地区目前的总体发展状况排在全国的末尾，且可持续发展的总体能力也处在中、后位置。虽然陕西具有全国为数众多、实力强大的高校及科研力量，虽然西北大多数省区具有丰富的能源、矿产资源，但由于经济水平与东部地区的巨大差距，由于西北地区整体恶劣的生态环境，以及水资源的缺乏，因此未来的社会经济和城市发展之路任重而道远。

从城镇体系的发展来说，应摆清位置，抓住关键，突出特色，注重平衡，扬长避短，抓大不放中小，从而实现以点带线，以线及面。最终在形成完整城市体系的同时，使经济发展和生态的恢复与改善实现双赢，进入良性循环。

中小城市的发展是形成未来陕、甘、宁三省区区域城镇体系的重中之重。而对于即将面临快速发展的中小城市来说，城市规划是保证其健康、平衡、合理发展的关键所在。因此，针对不同条件、不同特点的城市，为其制定既易于操作实施，又能把握关键、体现差异的城市总体布局方法模式是十分紧迫的。

注释

[1] 姚建华．西部资源潜力与可持续发展．武汉：湖北科学技术出版社，2000．22．

[2] 姚建华．西部资源潜力与可持续发展．武汉：湖北科学技术出版社，2000．20．

[3] 水利部．中国水资源评价．北京：水力电力出版社，1987．

[4] 摘自林业部．全国森林资源统计（1991～1993年）．

[5] 陆大道等著．2000中国区域发展报告．北京：商务印书馆，2001，3：209～212．

[6] 陆大道等著．2000中国区域发展报告．北京：商务印书馆，2001，3：210～212．

[7] 姚建华主编．西部资源潜力与可持续发展．武汉：湖北科学技术出版社，2000，7：46～48．

[8] 陆大道等．1999年中国区域发展报告．北京：商务印书馆，2000．

[9] 国家统计局．全国年度统计公报，地方年度统计报告（2002）．有关资料整理，www.stats.gov.cn．

[10] 同 [9].

[11] 本节从此处到最后的所有数据依据 1998 年全国及陕、甘、宁、新、青五省区的国民经济和社会发展统计报告整理而成， www.stats.gov.cn.

[12] 陆大道等．2000 中国区域发展报告．北京：商务印书馆，2001：第 209 ~ 212.

[13] 中国科学院可持续发展研究组．2003 年中国可持续发展战略报告．北京：科学出版社，2003.

[14] 西北大学城市建设与区域规划研究中心，陕西省城乡规划设计院．陕西省城镇体系规划（2000 ~ 2020 年），2001.

[15] 西北大学城市建设与区域规划研究中心，陕西省城乡规划设计院．陕西省城镇体系规划（2000 ~ 2020 年）. 2001.

[16] 根据陕西省城乡规划设计研究院编制的《宁夏回族自治区城镇体系规划(2002 ~ 2020 年)》有关内容整理．

[17] 陕西省城乡规划设计研究院．宁夏回族自治区城镇体系规划（2002 ~ 2020 年）. 2002.

[18] 甘肃省城乡规划设计研究院．甘肃省城镇体系规划纲要．2001.

[19] 甘肃省城乡规划设计研究院．甘肃省城镇体系规划纲要．2001.

[20] 西北大学城市建设与区域规划研究中心，陕西省城乡规划设计院．陕西省城镇体系规划（2000 ~ 2020 年）．2001. 甘肃省城乡规划设计研究院，甘肃省城镇体系规划纲要,2001。陕西省城乡规划设计研究院,宁夏回族自治区城镇体系规划(2002 ~ 2020 年). 2002.

[21] 陕西省城乡规划设计研究院．宁夏回族自治区城镇体系规划（2002 ~ 2020 年）. 2002.

[22] 陆大道等．2000 中国区域发展报告．北京：商务印书馆．2001，第 45 ~ 47.

3 与生长型规划布局相关的规划基本理论

本章对与城市总体空间布局相关的规划理论——结构、形态、生态、动态等基本理论展开研究。通过对这些已有的相关理论的研究，将归纳、总结出城市结构、形态形成发展的一般规律，生态因素对规划布局的影响，以及动态规划的核心要点，以对后面将要提出的"生长型规划布局"提供理论上的支持。

3.1 城市布局结构理论

3.1.1 城市布局结构

结构，意指"物质系统的各组成要素之间的相互联系、相互作用的方式，"。[1] 在城市规划中，结构与功能、形态有着密不可分的联系。从词意上说，功能指物质系统所具有的作用、能力和功效等，[2] 而形态指事物在一定条件下的表现形式。[3] 它们三者的关系在城市规划中可以用表 3–1 来显示。

城市结构的涵盖面较为宽泛，总体来说，它可以分为显性和隐性两个大的方面。其中，城市显性结构是指城市物质形体所显现出的概括性的相互关系，这些物质形体包括建筑、道路、绿化以及它们所围合的空间等人工建造的设施、场所。而城市隐性结构主要是指城市的政治、经济、文化、社会等隐性因素的概括性分布及其相互关系。在城市发展过程中，前者是后者的外在表现，后者是前者的生成依据。本书所关注的城市布局结构与城市结构相比，前者在包含后者所关注的一般问题的同时，一是更为强调未来，二是更为强调显性。

在城市规划学及城市地理学领域，城市结构，尤其是城市空间结构问题是研究城市空间问题的核心内容之一。如果说，城市结构（Urban structure）的实质是城市形态和城市相互作用网络在理性的组织原理下的表达方式的话，那么，城市空间结构（Urban Spatial Structure）则主要是从空间角度探索城市形态和城市相互作用网络在理性的组织原理下的表达方式。也就是说，在城市结构的基础上增加了空间维的描述。[4]

城市功能、结构与形态相关性 **表 3–1**

	功　能	结　构	形　态
表征	城市发展的动力	城市增长的活力	城市形象的魅力
涵义	· 城市存在的本质特征 · 系统对外部作用的秩序和能力 · 功能缔造结构	· 城市问题的本质性根源 · 城市功能活动的内在联系 · 结构的影响更为深远	· 城市功能与结构的高度概括 · 映射城市发展的持续与继承 · 鲜明的城市个性与景观特色
相关的影响因素	· 社会和科技的进步和发展 · 城市经济的增长 · 政府的决策	· 功能变异的推动 · 城市自身的成长与更新 · 土地利用的经济规律	· 政府的决策 · 功能的体现 · 市民价值观的变化
基本构成内容	· 城市发展的目标进取 · 发展预测 · 战略目标	· 城市增长方法与手段的制定 · 空间、土地、产业、社会结构的整合	· 人与自然的和谐 · 传统与现代共存 · 物质与精神文明并进 · 城市设计的成果

资料来源：李德华．城市规划原理．北京：中国建筑工业出版社，2001。

本章所关注的城市布局结构，由于它将为后面提出的城市总体规划的"布局方法模式"提供理论依据，因此将更多地从城市的显性特征方面进行研究。在这里，城市布局结构大致等同于城市显性结构，即在前面所谈显性结构的基础上增加地域环境空间等自然因素。当然，由于显性结构与隐性结构的关系，研究中不可避免地要涉及城市的社会、政治、经济、文化等方面的内容，而这又恰恰与城市空间结构的研究极为类似。因此，作为对城市布局结构理论的支撑与阐释，城市空间结构将是本章研究的重点。

3.1.2 城市空间结构理论研究发展回顾

城市是人类社会发展的产物。随着城市的从无到有，从小到大，从少到多，城市功能的从简单到复杂，人们对城市空间结构的研究也走过了漫长的道路，形成了与城市发展相适应的具有鲜明时代特点和研究重点的城市空间结构研究方法。

(1) 静态、规整化的城市空间结构

公元前 5 世纪，享有"城市规划之父"之誉的古希腊建筑师希波丹姆(Hippodamus)按照古希腊哲学追求秩序和美的原则，提出了一种以棋盘式路网为基本骨架，其间穿插城市广场和公共建筑的布局结构模式。这类城市中最有代表性的是古希腊的米利都城（图 3–1）。公元前 1 世纪，古罗马的维特鲁威（Vitruvius）在《建筑十书》中构想了一种有利于军事防御的类似蛛网的八角形的城市布局结构（图 3–2）。此后直至文艺复兴时期，西方学者如阿尔伯蒂（Alberti）、帕拉第奥（Palladio）、斯卡莫齐（Scamozzi）也陆续提出了自认为是理想的城市布局结构模式。在中国，同样在公元前 5 世纪的春秋、战国时期前后，也已出现了如《周礼 · 考工记》中对城市营造"方九里，旁三门……"的布局模式（图 3–3）。这个时期的城市空间结构大都呈现出一种规整的构图美，等级划分严格，以宗祠、王府、市场等为核心，反映出"凡士皆近宫，不化与耕者近门，工贾近市"的结构特征，体现了统治者不可侵犯的神权、君权思想。

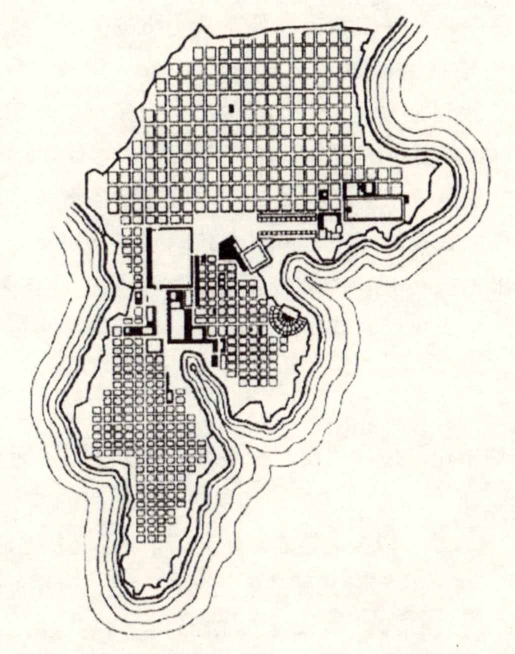

图 3–1　古希腊米利都城

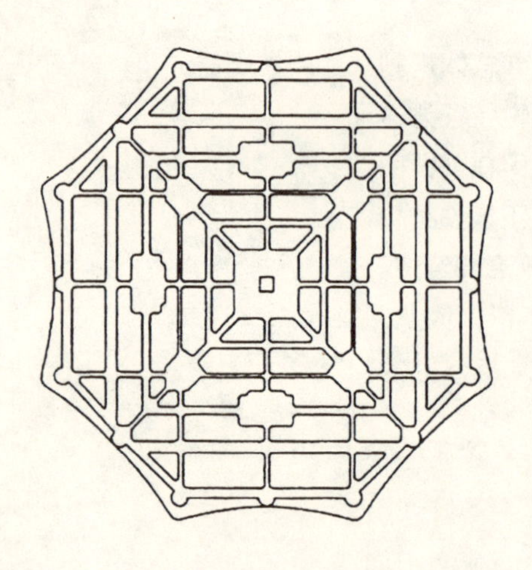

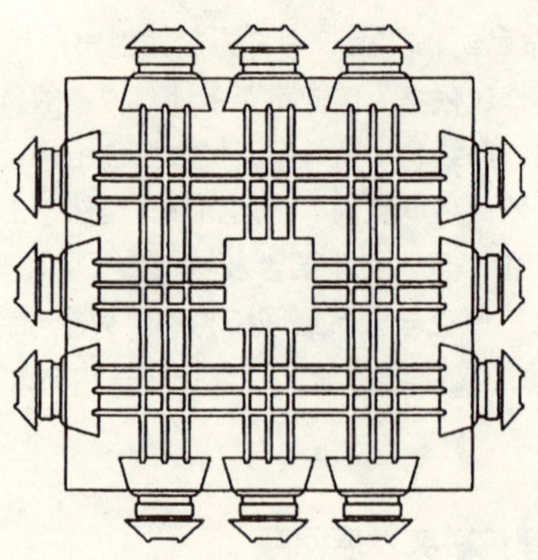

（左）图 3–2 古罗马八角形城市

（右）图 3–3 《周礼·考工记》布局结构模式

（2）形体化、艺术化的城市空间结构

随着工业革命的发展，欧洲城市的发展也进入了一个新的阶段。工业化导致了欧洲的城市化。工业化带来的城市功能的多样化，伴随着城市、社会、经济结构的复杂化，在使城市发展充满生机的同时，也使得城市的环境日益恶化。一些社会改良主义者如欧文（R·Owen）、傅立叶（C·Fourier）提出了能相对独立、自给自足的新型市镇模式，但由于这种模式忽视了大工业对城市发展的根本影响，因此是完全不切实际的。而这一时期较有代表性的欧美城市规划实践是针对城市物质形体空间所倡导的城市结构宏伟、形体壮美的城市形体规划结构模式，以及维也纳建筑师西特（Sitte）提出的城市空间的规划视觉艺术原则。总体来说，这些实践与研究并没有完全解决当时城市所面临的根本问题，不能顺应时代的需求和发展。

（3）功能化的城市空间结构

19 世纪以来，欧洲城市化的发展引发了大量城市规划实践，使人们对城市空间结构的研究有了新的突破性进展。如果说在这之前的城市空间结构研究主要放在形式或感观上，较为注重表象研究的话，那么从这时起，人们关注的重点则开始向城市的内涵因素即功能上转移。这一时期的代表理论甚至到今天还为人们所津津乐道。马塔（Y·Mata）的线形城市（1882 年），霍华德（E·Howard）的田园城市（1898 年）和戛涅（T·Garnier）的工业城市（1902 年）等三个在现代城市规划史上具有划时代意义的城市空间布局结构模式理论，对现代社会中的城市空间结构理论发展与演进起到了里程碑式的作用。三个理论虽然关注的重点各有侧重，且表现出来的结构及形态模式也大相径庭，但研究思路有很多相像之处，即都是从工业社会给城市带来的弊病及功能复杂化入手，希望通过合理的功能布局来提高城市的效率，改善城市居民的生活环境（图 3–4、图 3–5、图 3–6）。1915 年，格迪斯（P·Geddes）在《进化中的城市》一书中提出了“调查——分析——规划”的规划程序模式，强调了规划与包括城市自身及其周边区

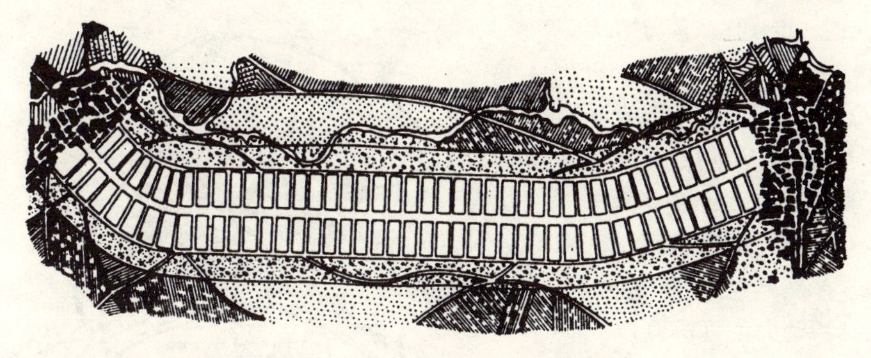

图 3-4 马塔的线形城市方案

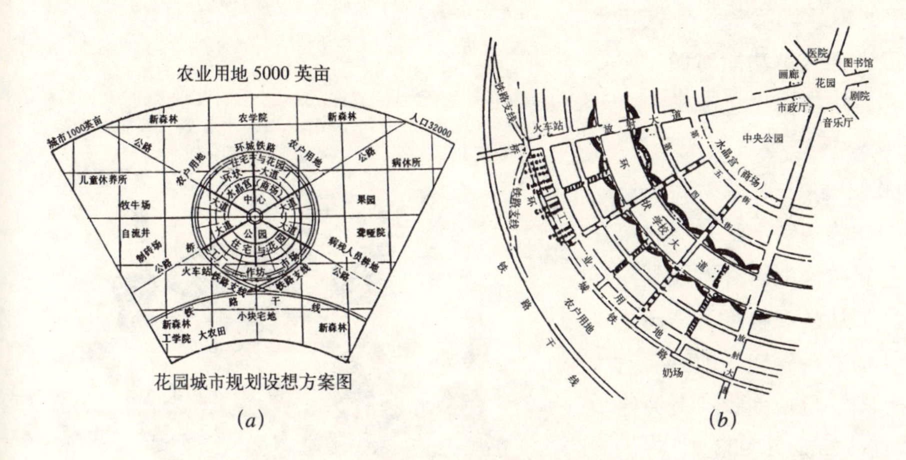

无贫民窟、无污染城市群

(c)

图 3-5 霍华德的田园城市图解

域宏观现实的关系问题，进一步强化了从城市功能角度研究城市空间结构的影响。

1920年代前后开始，一大批建筑师参与到对城市规划理论和实践的研究中。沙里宁(E·Saarinen)的有机疏散模式和大赫尔辛基方案(1918年)，恩温(R·Unwin)的卫星城模式和大伦敦方案(1922年)，米留廷(A·Milyutin)的线形结构模式和斯大林格勒方案(1930年)、格里芬(Griffin)的堪培拉田园城市方案(1930年)，以及帕莱(Perret)的重建勒哈佛工业城市方案等，从建筑师的角度研究城市功能对城市空间结构的影响，在理论和实践中提出了非常具有代表意义的城市空间结构与形态模式(图3–7、图3–8、图3–9、图3–10)。这一时期对城市空间结构的研究出现了一个新的趋势，即从原来仅对作为中观的城市整体空间结构的研究发展到向上从宏观区域角度以及向下从微观社区(城市局部)角度来对城市空间结构进行研究。前者中有代表性的是克里斯塔勒(W·Christaller)有关区域城市中心地结构的中心地理论(1933年)，巴罗(Barlow)有关区域与城市发展相关性和一体化研究的巴罗报告(1937年)；后者具有代表性的是佩里(C·Perry)的邻里单位模式(1921年)和斯泰因(C·Stein)的雷德朋街坊模式(1933年)。

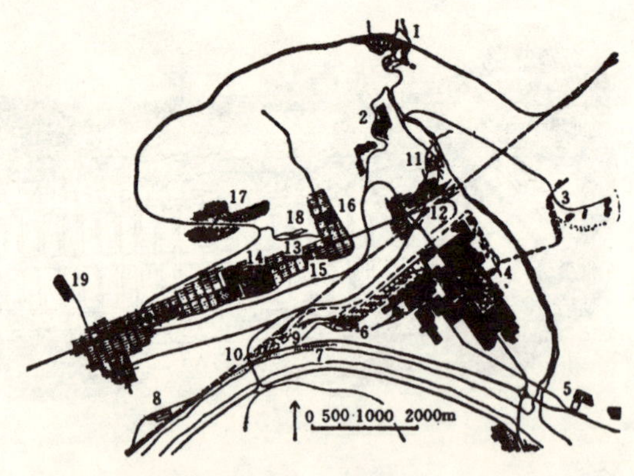

图3–6 戛涅的工业城市

1.水电站；2.纺织厂；3.矿山；4.冶金厂、汽车厂等；5.耐火材料厂；6.汽车和发动机制动试验场；7.废料加工场；8.屠宰场；9.冶金厂和营业站；10.客运站；11.老城；12.铁路总站；13.居住区；14.市中心；15.小学校；16.职业学校；17.医院和疗养院；18.公共建筑和公园；19.公墓

图3–7 沙里宁大赫尔辛基有机疏散布局方案

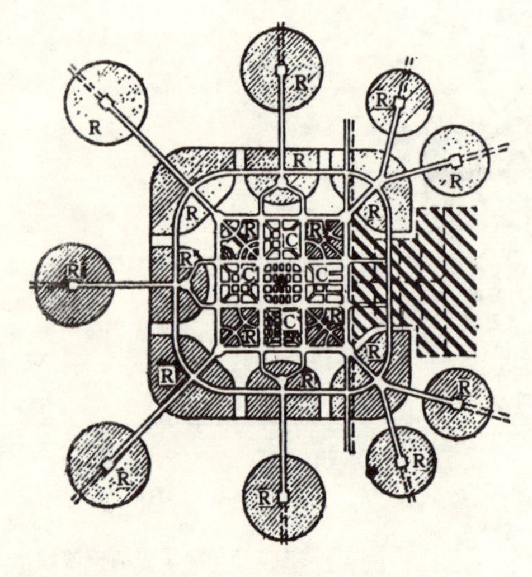

图3–8 恩温的卫星城市规划模式

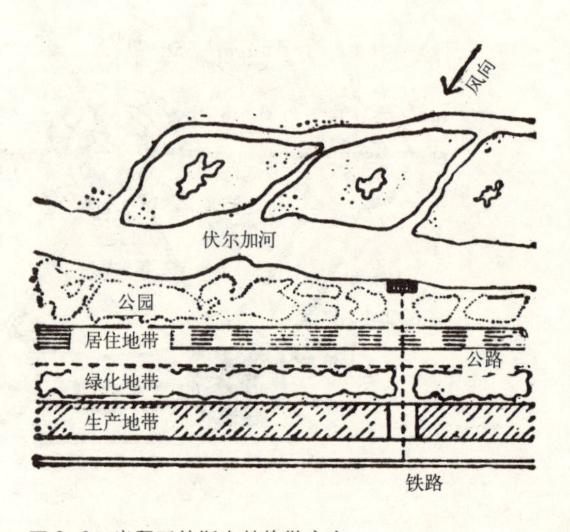

图3–9 米留廷的斯大林格勒方案

这一时期在西方国家逐渐形成了城市空间研究的多元化局面。法国建筑师勒·柯布西耶(L·Corbusior)在适应现代技术以及城市发展的前提下重提形体结构,《明日的城市》(1922年)、巴黎中心区改建方案(1925年)以及"光辉城市"模式(1933年)一反霍华德以来的城市分散思想,强调通过现代技术手段使城市集中发展,形成以高层建筑及大片绿地为特征的现代城市空间结构模式(图3-11)。在美国,以帕克(E·Park)和沃尔思(L·Wirth)为首的芝加哥学派借鉴生态学手法,从社会学的角度研究城市空间结构,1925年社会生态学派中的伯吉斯(W·Burgess)提出了城市空间结构的同心圆模式,1936年霍伊特(H·Hoyt)提出了扇形模式,1945年哈里斯(D·Harris)和乌尔曼(E·L·Ullman)提出了多核心模式,这三种城市空间结构的解释性模式被称作三大经典模式(图3-12)。此外,狄更生的历史地带模式(1947年),艾里克森的折中构造模式(1954年)和田边健一的涡旋模式等都从社会生态学角度提出了对理想城市空间结构的看法。与此同时,与社会生态学派相对应,赫德(M·Hurd)从土地经济学角度提出了城市土地价值依据交通通达性的轴状模式(1903年),黑格(M·Haig)提出了城市土地利用的地租决定论(1925年)等,使得到城市空间结构的研究与认识不断深化。

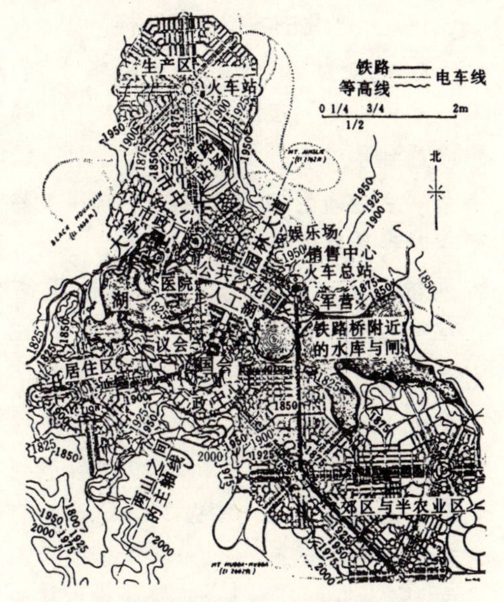

图3-10 格里芬的堪培拉田园城市布局方案

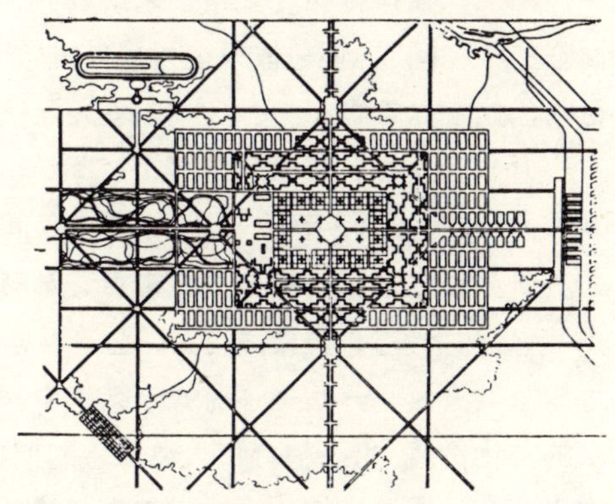
图3-11 柯布西耶的阳光城平面

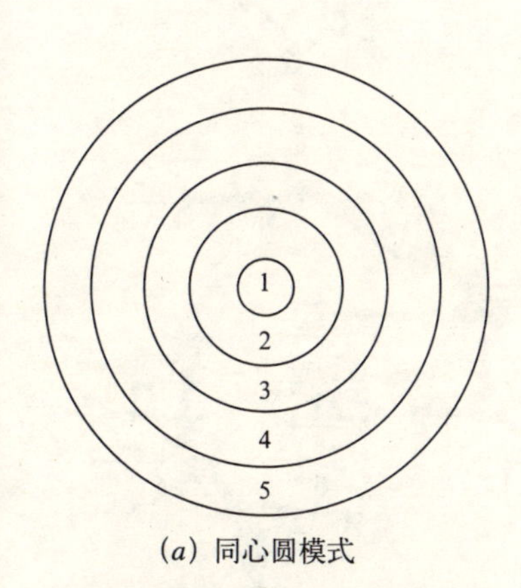

(*a*) 同心圆模式

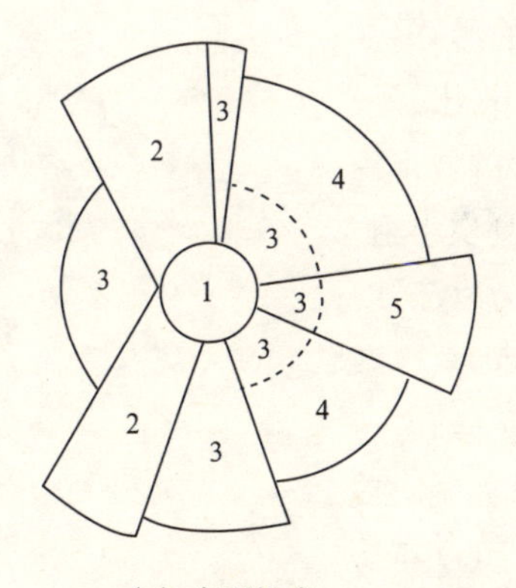

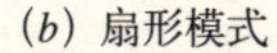
(*b*) 扇形模式

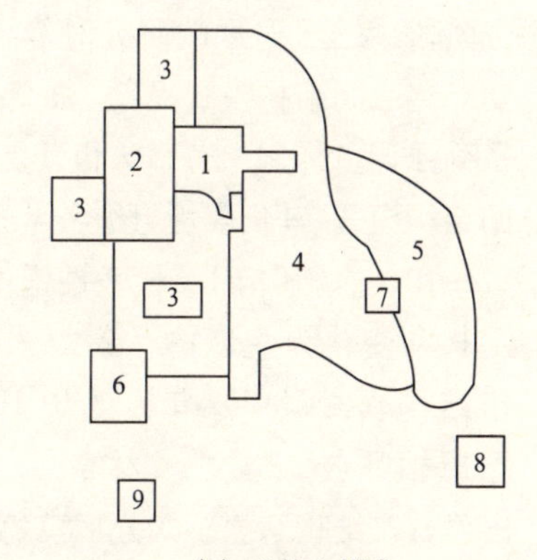

(*c*) 多核心模式

1. 中心商业地带;2. 过渡混合地带;
3. 工人居住地带;4. 较好居住地带;
5. 通勤者居住地带

1. 中心商业区;2. 批发商业、轻工业区;3. 低级住宅区;
4. 中等住宅区;5. 高级住宅区;6. 重工业区;7. 外围商业区;
8. 近郊住宅区;9. 近郊工业区

图3-12 社会生态学派的城市空间结构解释模型

（4）技术化的城市空间结构

20世纪50年代之后，随着科学技术，尤其是高科技的发展，技术主义的思想渗透到了许多领域。在城市规划领域城市空间结构研究中的技术主义思潮主要体现在对现代建筑技术、交通技术、通讯技术的依托上。较有代表性的有弗里德曼（Y·Friedman）的装配式城市（图3-13），富勒（B·Fuller）、菊川清训的海上漂浮城市，索莱利（P·Soleri）的仿生城市（图3-14），丹下健三的东京海底线形发展方案，波利索夫斯基的吊城方案，库克（P·Cook）的插入式城市，以及赫伦（R·Herron）的行走式城市。这些研究从对人类所处的生态环境的关注出发，强调依靠现代科技来解决城市所面临的种种问题，但总体来说可操作性较差，目前仍处在探索之中。

（5）人文化、连续化的城市空间结构

从20世纪60年代开始，城市空间模式的研究发生了新的转变，其重点逐渐转移到信息化时代对人类聚居行为、生态环境的可能影响方面，开始关注对城市结构中深层次的文化价值、生态耦合和人类体验的挖掘，进入一个强调城市结构模式应与人类情感相适应的人文化、连续化城市空间结构模式研究阶段。这一时期的研究对传统的形体化、功能化空间结构模式提出了批评，提出了一系列强调多样化、有意味和可变化的城市空间结构模式，其代表性组织名为“10次小组”（Team10，1956年），代表性理论为以流动、生长和变化为主题的“簇式”（Cluster）城市结构模式（1962年，图3-15）。与这一思想相呼应，凯文·林奇（K·Lynch）提出了城市结构意象感知分析模式（1959年），雅各布（J·Jacobs）提出了城市活力的交织功能分析，亚历山大（C·Alexander）提出了城市网络结构（1959年），达维多夫提出了公众参与的倡导式规划（1962年），杜克

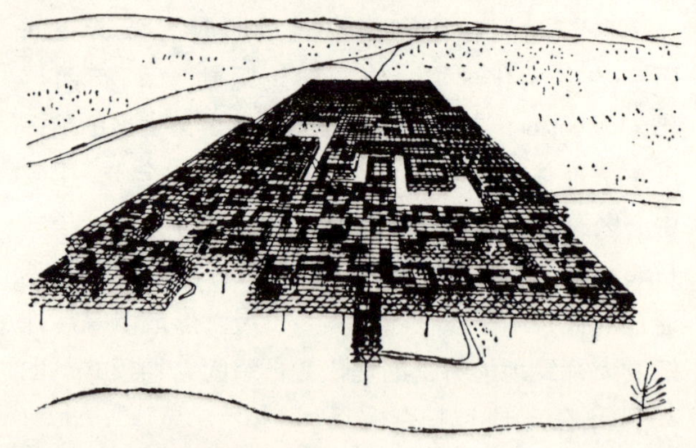

图3-13　弗里德曼装配式城市

图3-14　索莱利的仿生城市

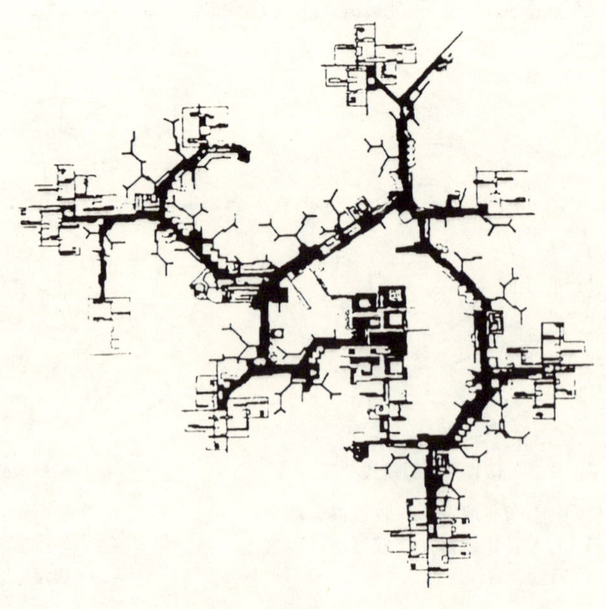

图3-15　“簇式”城市结构模式

塞迪斯（Doxiadis）提出了动态城市模式（1972年），麦克哈格（I·Mcharg）提出了结合自然的自然生态城市结构模式（1969年），罗尔（C·Rowe）提出了文脉继承的拼贴城市（1975年），拉波波特（A·Ropoporti）提出了多元文化城市（1975年）。这些理论充分反映出人们后现代社会的高科技发展对城市空间的冲击所导致的诸多情感丧失、环境破坏、文化缺失等严重后果的忧虑和关注。与此同时，在规划实践方面形成了两个趋势，一个是城市空间结构模式的弹性化和多元化，如20世纪60年代敦的反磁力结构方案，华盛顿的放射长廊结构方案，20世纪80年代前后的莫斯科多中心结构和东京的复合多极方案等，另一个是对城市内部空间结构进行微观整合的多元化探索，如城市副中心，步行系统的设立，工业园、科技园区的规划设计，旧城的改造与保护，城市边缘区的开发等。

这一时期还有一部分学者致力于城市空间结构的解释性模式研究，进一步拓展了研究的地域广度和历史深度。较代表性的有曼奴（Mann）的美国工业城市研究（1965年），肖伯格（G·Sioberg）的前工业社会城市研究（1960年），加列尔（B·Gallion）、埃斯纳（S·Eisnner）的欧洲城市形态结构的历史发展研究（1975年），耶茨（M·Yeates）和加纳（B·Garnnr）对北美近现代城市结构的研究（1980年），戈特曼（Gottanman）对发达地区连绵带的研究（1961年），戴维斯（Davies）的形态功能关系研究等。

（6）区域化、信息网络化的城市空间结构

20世纪90年代以来，信息业的飞速发展改变了人们的生活，也改变了人们对时空概念的认识。对城市空间研究的重点进一步由城市空间关系转向城市空间机制，由一国一地转向跨国跨区域。一些学者从全球经济一体化、信息技术网络化、跨国公司等级化的角度探讨对全球城市空间组织结构的影响，其代表人物主要有弗里德曼（Friedman）、萨森（Sassen）、泰姆布雷克（M·Timberlake）、昆兹曼（Kuncmann）和魏格纳（Wegener）等。另一些学者则从人类居住形式的演变研究入手，提出与可持续发展观相适应的未来城市空间结构模式，并针对日益突出的大都市区域问题提出了世界连绵城市结构理论，代表人物有杜克塞迪斯、戈特曼、费希曼（Fishman）、阿部和俊、高桥伸夫等。另外，一些学者对21世纪自然——空间——人类融合的城市空间结构研究颇有收获。瓦克纳吉（M·Wackennaged）、莱斯（W·Ress）提出了“生态脚印”的思想（1992年），再次提醒人们应有节制地开发利用有限的自然资源；欧盟15国的“欧洲空间展望”（European Spatial Development Perspective，1993年）规划则提出了城市空间集约、紧凑化发展的思想。

归纳西方国家对城市空间结构的理论研究及实践探索可以总结出以下几点：

1）对城市的布局从注重形式到注重功能、到注重与城市的社会、经济、环境、生态、文化的结合。

2）研究维度从注重二维平面到注重三维空间、四维时空。

3）研究范围从注重单一城市到注重多城市的区域、到注重跨区域、跨国家的"全球化"。

4）研究领域从最初的建筑学到其后的城市规划学、地理学，又发展到生态学、经济学、人文学、社会学。

5）技术支持从原始的传统手段到科技的应用以及依靠现代科技建立新的城市空间结构。

6）对于城市的发展从注重静态的结构到注重城市的连续、动态的发展结构。

在我国，由于政治、经济及城市发展等因素，对于城市空间结构的研究，20世纪80年代以前基本上是空白，直到改革开放以后这一局面才得到改观。一批学者开始关注中国城市的空间结构。较早的研究主要在两个方面：一个是从历史的整体的角度来考察、研究中国城市空间结构演变及模式，这一方面的研究以著作为主，较有代表性的有：董鉴泓的《中国城市建设史》（1982年），傅崇兰的《中国运河城市发展史》（1985年），叶骁军的《中国都城发展史》（1987年），贺业钜的《考工记营园制度研究》（1985年）和《中国古代城市规划史论丛书》（1986年）等，这些著作以"史"为鉴，研究分析了中国古代城市的形制、结构的发育机制和演进过程以及政治、经济的相互作用关系。研究的另一方面则以论文为主，探讨改革开放以后中国社会经济的发展对城市结构带来的变化，较有代表性的有吴良镛的《历史文化名城的规划结构》（1983年），邹德慈的《汽车时代的城市空间结构》（1987年），杨吾扬等的《论城市的地域结构》（1986年）、朱锡金的《城市的轴向发展》（1983年）和《城市结构的活性》（1987年）、陈秉钊和潘海啸的《城市空间布局的优化技术》（1991年）以及陶松龄的《城市结构与城市问题》等。这一阶段的研究限于时代原因，对城市及城市未来的发展认识不足，因此对当代中国城市未能进行深入、系统的探讨，但为以后的研究指明了方向。

进入20世纪90年代以后，对城市空间结构、尤其是当代中国城市空间结构的研究开始进入一个新的阶段。这一阶段研究的主要特点是系统性较强，并借鉴大量的国外相关理论，从规划学、地理学、建筑学及城市设计角度对当今及未来的中国城市空间结构进行研究。主要著作有：武进的《中国城市形态：结构、特征及其演变》（1990年）、胡俊的《中国城市：模式与演进》（1994年）、段进的《城市空间发展论》（1999年）、张京祥的《城镇群体空间组合研究》（1999年）、顾朝林等的《城市空间结构新论》（2000年）、朱喜钢的《城市空间集中与分散论》（2002年）等，主要的实证研究有：中山大学对珠江三角洲城市群体空间结构的研究（1996年），清华大学、同济大学、东南大学共同对《发达地区城市化进程中建筑环境的保护与发展》的研究（1997年），中科院地理所、南京大学、北京大学、中山大学等共同完成的《中国沿海城镇密集地区城镇集聚与扩散研究》（1997年）等。

这一时期的研究涉及面及覆盖面较广，从城市空间的宏观结构到微观结构，从表层结构到深层结构，从单个实体到区域群体，从集中布局到分散布局，从静态模式到动态发展等都有较为深入、全面的研究。但总体来说引进国外理论较多，未能形成符合中国国情的理论体系；单科作战较多，学科间交融、穿插较少；对沿海发达地区的关注较多，对西部欠发达地区的关注较少。

3.1.3 城市布局结构基本理论

从前面的相关定义和研究中可以看出，城市的结构是伴随着城市的功能而生成、确立、发展及变化的。城市的结构以经济发展为动因，以自然条件为形成的基础，以科学技术为发展变化的必要条件，以社会结构、价值观念为内涵。城市结构由简单到复杂，反映了城市功能从单一到多元。但从另一方面讲，不管城市功能单一也好，多元也好，它们都可以通过城市规划的用地构成反映出来。《雅典宪章》对城市功能所作的居住、工作、游憩和交通的四大功能虽然过于简单，但应该说还是反映了城市构成的最基本的功能要素。虽然随着现代科技的发展，城市功能的增加使得城市用地类型不断增加，但我们还是可以用最概括的方式把它们归纳到这“四大功能”里。

与城市的功能要素相对应，城市的布局结构具有以下五大要素。

(1) 节点。城市由不同功能的用地构成。在这些不同功能的用地中，具有集聚城市居民能力的用地空间称作节点。如城市中心广场、商业中心、交通枢纽、工业园区等。

(2) 梯度。城市节点的存在导致城市核心区的形成。而城市核心区与城市边缘区的经济效益和土地价格受商业利益的影响必然会产生递减效应，这种递减差别称作梯度。

(3) 通道。城市的节点之间形成通道。这些通道包括生产协作通道，商品流通通道、技术扩散通道、资金融通通道、劳动力流动通道、信息传递通道、交通邮电通道以及景观视线通道。在城市的布局结构中，交通通道要素至关重要。

(4) 网络。节点与通道形成城市布局的网络系统。不同的功能性质形成不同的网络，各种不同的网络共同构成城市的整体网络。

(5) 环与面。一个完整的网络形成一个环，而环上生长出具有不同特性的面：城市社会区与城市功能区。

城市的布局结构理论主要包括了三个方面，即城市结构的空间组织、结构增长、增长过程。

(1) 布局结构的空间组织

人们对城市发展、城市空间演化的干预几乎是伴随着城市一起产生的。其主动性和目的性决定了其结构的增长必然是一个空间组织过程。空间的组织过程有可能对城市结构整体的演化过程产生三种影响：一是当人的组织力与城市空间自组织力耦合同步时，加速空间的发展；二是阻碍或延缓空间自组织的演化过程；三是修正空间自组织过程的方向。这完全取决于人们主动作用的目的、方式与能力，它与人们的价值观念及主观取向直接相关。

城市中多种因素构成一个相互作用、相互影响的系统，某一要素的变化会引起整体要素组合的变化，从而导致城市布局结构的变化。人为活动，即城市规划对城市空间的组织作用可视作一种选择的结果，这种选择基于对城市布局中社会、经济、物质、环境等要素的多方面综合考虑。《雅典宪章》中将城市划分为工作、生活、游憩、交通四大基本功能，并在空间分布上要求有明确的结构性配置，以利于城市整体结构的优化运作，这种观念曾一度成为城市空间组织的基本的准则。虽然这种简单、绝对的功能分区思想已不再适应现代化社会的发展需求，但城市要素间的相关性依然是决定城市布局结构组织方式的基本思维判断。

城市作为人类聚居与社会文化活动集聚的场所，其布局必然受到人为组织的作用，城市规划是一种有目的的人为主动干预作用，城市的发展变化不可能仅仅是其自身发展的结果，它必然融入规划人员对此的有意识控制。在中外城市发展的历史中，从美学、宗教、伦理等方面决定城市的结构形式是最为常见的例子，而现代社会为解决城市发展中的社会、经济问题又借以技术条件的支撑，对城市空间结构进行规模更大、内容更丰富的空间组织，更是城市规划的一项基本工作。

（2）布局结构的结构增长

城市作为一种生态系统，其客观建构具有一定的自律性。在城市演化过程中，城市系统的结构与能量并非固定不变，它们在新物质、新能量和新信息的直接刺激下发生着变异，使城市结构发生变化。城市的这种自发现象，即是城市空间结构增长中的自组织现象。城市结构演化中存在着自组织过程，其根本原因是因为空间中存在着类似于自然界的不同生态位势差。这种生态位势差在城镇发展的早期可能是由于具体地理区位环境的自然差异而造成。在城镇发展的过程中，各种社会经济因素在不同场所以不同方式的集聚、扩散也会使生态位势差发生改变。城市结构增长的自组织机制实质是对系统平衡与恒定的否定，并能在一个新的层次达到相对稳定有序的结构。没有不稳定性，就无法打破旧的平衡，新的平衡就难以建立，空间也就难以发展变化。

城市的结构增长有四个基本原理，它们是最小规模（门槛）原理、非均衡变化原理、依赖形态原理、非均质原理。

1）最小规模（门槛）原理

在城市的发展中，经常会遇到一些阻碍城市规模增长的限制因素。这些限制，可能是地理环境方面的限制，可能是工程技术水平方面的限制，也有可能是城市原有空间结构自身的限制，这些限制标志着城市规模增长的阶段性极限，这便是城市发展的门槛。要想克服这些限制（门槛），依靠原有的方式是不行的。城市结构的增长受到各种门槛的制约，因而表现出多种空间分布的类型。在城市空间结构增长的自组织过程与组织过程中，"门槛"效应使得一些空间现象得以自觉或不自觉地表现，如城市空间演化中出现的明确土地利用分区、城市发展某一时期的主导型的空间组合形态或建筑风格特征等。

2）非均衡变化原理

城市结构的增长变化根据城市发展阶段、区域、方式和内容的不同而呈现出不同的变化，这种变化不管渐变还是突变，其对于城市整体来说作用不可能是相同的、均衡的，因此，对于城市布局结构的增长，非均衡的变化是其基本特征之一。

3）依赖形态原理

城市结构与城市形态之间是互相影响、互相依赖的关系。城市结构影响了城市形态，而城市形态又往往限定了城市结构。所谓"形态依赖"是指城市空间结构的增长一般都是基于原有的形态背景，其总体是一个不断修正的渐进过程，而空间形态的非稳定性又是激发空间结构增长的动力。"趋圆性"是城市形态自组织演化的一个基本特征，其本质上是城市扩展中空间经济效应的体现。空间形态的这种自生长特征是促使空间演化的内在持续动力。

空间结构增长与空间形态虽然相互依赖，但并不表现为绝对的支配关系，其间可能存在着渐进的变异或突变两种状况，因而反映到具体现实中，同样的空间结构可能对应着若干不同的空间形态，反之亦然。在现代社会，由于城市分布的灵活性大为提高，其空间选择的余地亦得到明显的扩大，这种非因果性特征就更为明显，但从另一角度来理解，依然可以看作是空间结构增长。这是形态依赖原理在新环境中的表达，这是对传统考察视角的一个修正。

4）非均质原理

城市布局结构增长的非均质原理可以从以下两个方面来理解：①由于社会经济要素技术条件的变化，在同样规模的城市增长尺度内其蕴涵的内部结构特征是完全不一样的，其内部要素的分布及组合关系具有明显的非均质性。②当城市中某一相对均质的地域形成以后，依然受到其他因素的干扰而表现出不断演化的过程，而最终由均质型转化为非均质型。

城市布局结构的增长过程始终受到各种干扰作用的影响，所受干扰效应是干扰类型、干扰频率与干扰强度在某一时间过程中的复合。在一定的干扰效应幅度内城市布局结构的增长可以保持一种动态的均质平衡，但更多的则是在自然干扰和人为干扰的作用下发生非均质性的嬗变。在城市发展过程中，由于土地竞争的出现及持续加强，不同要素的区位分布形成明显的分离性，导致城市结构的一般形式由早期的"均质点状"向"镶嵌式面状"演化。

（3）布局结构的增长过程

城市是连续发展、不断增长的，因此反映到城市的结构上，也会体现出具有变化、增长特点的过程。这种布局结构的增长过程从原理上包括了以下四个方面的内容：

1）市场竞争原理

资源及特定阶段发展空间的有限性，使得竞争成为城市结构增长过程中的一个基本现象，并且通过要素化的市场得以具体的表现与进行，集中表现为对土地和空间区位的争夺。一般而言，城市中要素的布局空间竞争有两种基本类型：资源利用性竞争和相互干涉性竞争。在资源利用性竞争中两种空间类型之间没有直接干涉，只有因资源总量减少而对竞争对手产生的间接影响；相互干涉性竞争则表现为对竞争对手空间发展的直接干扰或压抑。当资源利用性竞争发展到一定程度则可转化为相互干涉性竞争，这反映在城市结构增长的不同阶段。

城市中各种要素的布局空间竞争有三个特点：①竞争的不对称性：竞争对各方产生的影响大小和后果不一样，这种不对称性是驱使竞争持续进行的重要力量。②竞争效果的连锁性：对一种资源（如土地）的竞争将影响对另一种资源（如区位）的竞争结果。③领域的分割性：不同空间类型在对资源的长期竞争中会形成较为稳定的"割据"格局，从而在城市中形成诸多的功能区和若干空间领域明显的"社会区"。

2）行为／社会原理

城市的发展是建构在社会经济发展过程中的空间过程。人是城市生活的主体，城市中人与人之间的相互依赖、相互竞争以及由此制定的法律、道义上的行为规范、游戏规则，是人类社会形成、发展、变化的决定性因素，也是构成城市发展的最基本的原因。因此，人的需求、人的感情、人的知觉以及人与人之间的相互作用成为现代城市结构增长过程中的重要因素。

3）机构机制原理

人们对城市结构增长的干预影响是通过各种与之相关的利益群体机构、团体的方式来实现的。因此也可以说，城市的布局结构实际上是不同利益群体间调整、平衡的结果。城市规划作为政府行为，既是一种阶层意志的表达，又具有平衡各方利益、缓和各方矛盾的作用。对于城市中的政府机构以及企业、社团等非政府机构来说，规划也是政府与其他不同机构之间合作的重要桥梁。

4）随机发生原理

城市结构的增长始终处于一个多变的、不确定的环境，某个突变性因素的随机发生可能会对城市结构增长的整个过程产生根本性的影响。战争、灾害、重大的资源发现、区域政策的变化等等都可能导致城市结构的根本性变化，城市在发展过程中的各种较小的偶然因素也可能对城市的布局结构带来影响。

3.1.4 城市布局结构的用地构成

城市的布局结构是由城市中的各类主要用地构成的。按照《城市用地分类与规划建设用地标准》，城市用地分为十大类。在十大类中，城市建设用地为九大类，而真正与城市布局、城市的发展关系密切的用地为八大类，即居住用地、公共设施用地、工业用地、仓储用地、对外交通用地、道路广场用地、市政公用设施用地、绿地。一般来说，城市的布局结构主要是体现这八大类用地之间的相互关系。

但由于各城市的实际情况不同，要强调的重点不同，因此八大类用地并非都需强调，而八大类之下的某些中类，甚至小类用地，如重要的办公、市场、广场等，作为城市的重要节点也需在布局结构中显示出来。通常，城市的中心区、工业区的分布，居住体系与它们的关系，绿化系统与城市生活的关系，城市道路系统的完整与有效，对外交通与城市的若即若离的关系的把握，是规划布局结构要解决的基本问题。

(1) 工业用地结构

城市中的工业用地分布有四种形式：中心集中型、离心集中型、散布型、周围集中型。

中心集中型工业以市场指向型为主，它具有较强的信息敏感性，因此需靠近城市中心。这类工业有服装业、印刷业、出版业等。

离心集中型工业以产品的类或链为主划分，规模较大，通常布置在城市的中心以外甚至边缘区，它要求有较便捷的对外交通。

散布型工业多为以大城市为中心市场的耐用消费品工业，如冰箱、电视机等电器产品。该类工业的独立性强，但亦需要好的对外交通联系。

周围集中型工业为全国市场型的工业，占地面积大，独立性强，因此需布置在城市的外围。这类工业如汽车、航空工业等。

(2) 公共设施用地结构

公共设施用地包含内容较多，但对城市布局结构影响较大的通常有两类：一类是商业用地，另一类是行政办公用地。

1) 商业用地：可分为两种类型，即零售商业和批发商业。

零售商业发展的初始阶段与住宅、交通，尤其是过境交通关系密切。对于城市来说，影响其布局结构的类型有三种：商业中心、商业带、商业专门地区。

商业中心有规模多样性及分布广泛性的特点，它与它为之服务的人口阈值相对应。一般可分为城市中心（及副中心）、片区中心、居住区中心、小区中心等。

商业带沿交通线分布，包括过境公路商业带、城市道路商业带和步行商业街。

商业专门地区指以某一类商品经营及配套服务为主的商业集中区，如汽车城、家具城、电脑城等。

2) 行政办公用地：由于行政办公为劳动密集性活动，工作岗位层次相对较高，强调与各类人、各类单位的接触，注重集聚外部经济效益，有高地价的负担能力，因此一般分布在城市中心地区。但近年受地价、信息化、交通堵塞等因素的影响，也有一些办公用地选择了向城市边缘地区转移。

(3) 居住用地结构

在城市的布局结构中，居住用地一方面要形成自身结构的完整；另一方面要与公共设施用地、工业用地等形成良好的、便捷的关系。

城市居住用地由于人们的职业、经济能力等的不同，其分布位置具有明显的不同。主要表现在：①城市中心区住宅向高层发展，用地功能的综合性较强；②中心区周围居住区经过改造，档次提高；③城市边缘区住宅大规模开发，以安居工程及经济适用性住房较为常见；④郊区出现高收入居住区；⑤城郊结合部出现低收入及外来人口居住区。

城市居住用地的构成从规模上分为居住区、居住小区、居住组团三级，从用地性质上分为住宅、公共设施、绿地和道路四类。层级分明、类别完整，是城市居住用地自身结构完整的显著特征。

（4）绿地结构

城市绿地包含绿地和绿地率两个概念，因此城市绿地结构也是这两个概念的集合。

城市绿地从分类上看，由公共绿地、生产防护绿地，道路绿地和附属绿地构成，而从形式上看，则是由点状、线状和面状绿地构成。在城市的布局结构中，绿地具有以下特征：①点线面结合，成体系、成网络；②既自成体系又与城市其他用地形成密切关系；③绿地的分布因各类用地性质、位置的不同而呈现出不同的性质、形态；④不同的用地具有不同的绿地率；⑤城市绿地在用途上分为使用型、观赏型和混合型三种，为城市及城市居民提供不同的服务。

（5）道路用地结构

道路是城市的骨架，是连接城市各种用地的通道。城市中道路的类型有快速路、主干路、次干路、支路以及步行街等，不同性质的道路在城市中起着不同的作用，共同形成完整的道路结构。除此之外，与其他用地结构相比，道路用地结构的完整性及合理性还有一个明显特点，即它的完整、合理与否取决于它所联系的其他城市各类用地结构及布局之间的关系，即道路的交通效率（可达性）。从这个意义上说，对城市道路的研究实质上是对城市道路交通的研究。

城市道路交通研究分为三种类型：车流研究、物流研究、人流研究。而在这三类研究中，对人流的研究是城市道路交通研究的关键所在。

对于人流研究，城市的道路交通分为以下几种方式：①内部交通：居住地和就业地都在市区中心；②内向交通：居住在市区外部，工作在市区内部；③逆向交通：居住在市区内部，工作在市区外部；④侧向交通：居住和工作都在市区外部；⑤交叉交通：居住在一个城市、工作在另一个城市。

3.2 城市布局形态理论

3.2.1 城市布局形态释义

与“城市布局结构理论”中所关注的相同，本节所研究的城市布局形态有两个基本的关注层面：一个是“已有的”城市及其形态，另一个是“将有的”城市及其形态。

“形态”（Morphology）一词，来源于希腊语 Morphe（形式）和 Logos（逻辑），

意为“形式的逻辑构成”，最早是生物学研究的术语，指动物及微生物的结构、尺寸、形状各组成部分的关系。而城市中引入形态一词，旨在将城市视为有机体加以观察和研究，以了解其生成、生长、变化的逻辑性和机制。

与形态一词相近的还有两个词：形式（Form）和形状（Shape），前者（形式）的所指较为抽象、概括化，后者（形状）的所指较为具象、外在化。

而城市形态，虽然包涵了形式和形状的含义，但其内容却要丰富得多。它不仅指城市各组成部分物质要素平面和立面的形式、风格、布局等有形的表现，也不仅指城市用地在空间上呈现的几何形状，它实质上是复杂的经济、文化现象和社会过程，是特定的地理环境和社会发展阶段中人类活动与自然因素相互作用的结果，也是人们认识、感知并反映城市整体及局部的意向总体。换句话说，城市形态除了客观性外，也具有一定的主观性。具体包括以下几点。

1）城市各有形要素的空间布置方式。如道路网的结构形式，各种功能的地域分异，城市土地利用模式，建筑环境等等。

2）城市文化特色和社会精神面貌。如历史、传说、生活方式、审美观念等等。

3）社会群体、政治制度和经济结构所产生的社会分层现象和社区地理、环境分布特征，以及由此而形成的城市社会空间形态。

4）市民及外来人员对城市的外在表现及现实的个人心理反映和认知构成的城市形态的主观层面。

本研究中的城市布局形态主要是指城市的总体形态，关注的是它已有的和将有的、被抽象概括化了的物质形态，从城市的总体布局角度来研究城市的功能、结构、形态与社会、经济、文化及环境的关系。因此，本文所指城市布局形态一是以有形要素的物质实体为主，二是从专业角度的客观分析进行研究。当然，由于城市形态的复杂性，外在的物质表象是内在的精神文化、社会经济的反映，而客观也只是相对于主观而存在的。

3.2.2 城市形态理论研究的发展回顾

在地理学和规划学里，城市形态与城市结构之间有着千丝万缕的联系，其理论的发展也充分说明了这一点。

19世纪以前，人们对城市形态的理解偏向于形式和形状方面，城市的布局形态有较为明显的几个特征：一是追求几何图形，二是要反映宗教的象征意义，三是要体现统治者的威严，四是为防御而修建的城墙所圈范围即为城市的全部，而城市的“形态”也主要由城墙所确定。

到了19世纪，城市形态作为一项专门理论开始引起人们的重视，并逐渐形成了城市形态学。城市形态学理论产生于地理学对于城市空间结构的研究。早期的研究只是把形态作为一种有趣的地域现象加以描述，分析地表上各种聚落形态与地形、地理环境和交通线等的关系，这一时期对城市形态的研究以德国地理学科尔（J·Kohl）于 1841 年发表的《人类交通居住地与地形的关系》一书为代表。

20 世纪初期，德国地理学家施鲁特（O·Schluter）发表的《人文地理学的形态学》对城市形态的研究产生了重要影响。他认为城市形态是人类行为遗留于地表的痕迹，是由土地、聚落、人口、交通线和地表建造物等因素构成的，并称其为"文化景观"。这一时期较有代表性的人物还有葛雷曼、马蒂尼、贝纳德、白兰士、白吕纳以及李兹等。通过这一阶段的研究，聚落形态的分类逐步科学地建立起来，从而奠定了聚落形态研究的理论基础。

此后，随着研究的深入，对城市形态的认识出现了新的特点，不再是仅以聚落形态或历史变化的静态描述为目的，而是强调从动态角度、从社会角度深入到城市内部，探讨其内部结构与社会、经济和功能的关系，并提出城市形态的三个主要分析因素：街道平面布局、建筑风格及土地利用模式。通过对三个要素之间的相互影响的研究来分析它们对于城市形态变化的影响。

1920 年代起，美国芝加哥学派提出的城市内部结构形态模式同心圆理论、扇形理论和多核心理论对城市形态的研究产生了重大影响。1933 年德国地理学家克里斯塔勒在其著作《南德的中心地》一书中提出了中心地学说，更是对其后关于城市形态的研究产生了深远的影响。

20 世纪 50 年代以后，有关城市形态的研究进入了一个新的阶段。随着社会的进步和城市的发展，越来越多的研究人员不满足传统研究方法的局限性，运用新的分析方法，对城市形态一改过去的定性分析描述，转向精确定量化的理论分析。这一时期的代表人物及研究有：埃伦（P·Allon）等人根据耗散结构理论提出的城市空间结构的自组织模型；登德里诺斯（S·Dondrinos）和马拉利（Mollally）根据协同论建立的描述结构动态变化的随机模型；齐曼（C·Zeeman）运用自然力同步现象的实质理论描述城市形态发展中的不连续现象，并提出形态发生学的数学模型；福里斯特（J·Forrester）在城市系统动力学中提出的城市演变的生命周期理论等等。这一时期的研究强调系统化、模式化，但过于注重理论的抽象化，忽视了城市理论、社会和地理环境的复杂性和多样性。

1960 年代，城市形态研究的关注重点从形态学自身发展到对城市建设周期、地租理论和居民心理行为的研究。卡特（Carter）和威迪汉德（Whiterhand）把城市形态的发展与城市社会阶层分布和人口迁移规律联系起来，以地租理论和行为心理研究分析其历史轨迹和发展规律；韦伯（M·Webber）从社会学角度研究城市空间、城市活动、人口分布和土地利用之间的关系，并建立起城市形态模式；戴维斯（Davies）提出了形态与功能关系的分析方法，指出形态的适应性变化可以作为功能变化的衡量指标：某种城市形态的延续性主要取决于其对城市功能的支持程度，二者之间的这种关系体现在城市发展的整个过程中。因此，现代城市功能的变化将对历史上形成的城市形态产生重大的影响，这种影响被称作"组构效应"。

除地理学家之外，这一时期对城市形态的研究也扩展到了规划学和建筑学，规划师和建筑师们把人对环境的感知和由此而产生的后果作为主要研究内容。较有代表性的有考夫卡（K·Koffka）的行动环境理论，莱文（K·Lewin）的生活空间理论，陶鲁曼（C·Tolman）的形态地图理论，罗西（A·Rossi）的形态——类型学理论等。吉巴德（F·Gebert）和卡连（G·Karneg）等人的市镇规划派提出城市形态的塑造以客观形态构造为研究对象，而凯文·林奇（K·Lynch）则追求主观的形态塑造，并提出了众所周知的城市形态的五个要素：路径、边界、区域、节点和地标，主张以物质的、可知觉的物体对人所产生的心理效应来分析城市形态的构成因素之间的关系。

这一时期还有一些学者运用结构主义、信息论和符号学等方法来分析、研究城市形态结构和组织法则的规律。他们认为城市形态是由各种不同体量、空间和代码的物质和非物质（文化）环境构成的符号系统。代表人物主要有艾森曼（P·Eisenman）、范艾克（V·Egch）、赫兹伯格（H·Hertzbourger）、洛克斯（A·Loeckx）、布杜（P·Bouvdieu）等。1977年，拉波波特发表了具有广泛影响的著作《城市形态的人文方面》，把城市形态与人类精神活动相结合，采用信息论和人类学的观点进行研究，认为城市形态的塑造应该依据心理的、行为的、社会文化的准则，提出应以人为中心来研究个人和集体的自然与社会文化环境的经验。杜克塞迪斯从人类学角度研究人类聚居形态，提出了人类聚居学说，在吸收建筑学、地理学、社会学、人类学的研究成果的基础上从更高层对人类聚居进行综合、深入的研究。

进入20世纪90年代以来，"可持续发展"思想使人们对于城市形态的理解上升到新的高度。对于城市形态结构的发展趋势是向紧凑发展还是向松散发展的讨论再次成为热点。人们从能源利用、城市效率、交通及其方式、城市管理与经营、就业选择、社会保障、基础设施等方面来探讨什么是最有利于可持续发展的城市形态。其代表著作有弗莱（H.W·Fray）的《设计城市：向着更加可持续的城市形态》、琼克斯（M·Jonks）等的《紧凑城市：发展中国家的可持续城市形态》、威廉姆斯（K·Williams）等的《实现可持续的城市形态》等。

纵观国外对城市形态研究的发展过程，欧洲各国的研究较为注重城市景观和几何形态特征；美国更为关注城市社会商业服务和工业分布的区位特征，以及由政治和文化的异质性所产生的社会分层，人们的心理感受在城市空间结构形态中的体现；日本则着重于对城市地域结构的分析。而目前，对于城市形态的研究有了一个新的评价标准，即它是否有利于城市的可持续发展。

在我国，与城市结构研究的发展历程相似，城市形态的研究在改革开放之前也基本上是空白，直到1980年代才逐渐发展起来。这一时期的研究成果从形式上看以论文为主，而从内容上看大致可分为三种类型：一种是研究中国古代的城市形态，如马世之的《试论我国古城形制的基本模式》(1984 年)、史建群的《简论中国古代城市布局规划的形成》(1986 年)、朱玲的《中国古代都城平面布局的特点》(1985 年)、贺业钜的《中国古代城市规划史论丛》(1985 年) 等；另一种是研究某一地区近、现代城市形态及其相关方面的发展变化，如李晓江的《太湖地区城市近现代空间结构与用地形态研究》(1985 ~ 1986 年)、吴楚材等的《苏锡常城市用地动态变化》(1987 年) 等；第三种是着眼于未来，研究城市形态的发展趋势，如贾富博的《城市规划与城市形态新趋势》(1984 年)，齐康的《城市形态与城市设计》(1987 年) 等。这一时期的研究有以下的特点：①与国家的经济发展和城市建设实践相结合；②研究方法从传统的表象的观察转向运用现代技术，深入到城市及其区域内部的深层次研究；③由于研究处于初期，对国外相关理论的发展了解不足，研究的系统性不够。

1990 年，武进的著作《中国城市形态：结构、特征及其演变》第一次较为系统地对中国城市形态的形成、演化及空间结构特征进行了研究，对城市形态的主要研究方向——包括城市内部结构、土地功能分区、社会空间，城市边缘区等方面的内容，进行了积极有益的探索，并提出了城市形态的问题实质、演变的动力机制以及城市形态评价与选择的基本原则。这部著作对在此之后的城市形态研究产生了较大的影响。

1990 年以后，随着我国城市的迅猛发展及城市规划研究水平的不断提高，城市形态问题已不仅是少数研究人员关注的问题，也不仅是历史和理论问题，它已成为城市规划专业人员在其规划实践中共同关注的问题。因此，这一阶段有关于城市形态的论文数量较多，类型较广，但著作仍然很少。这一时期的研究具有以下特点：①对城市形态的研究涵盖了各个方面，如形态演变的影响因素，驱动力和演变机制、形态构成因素、分析方法和计量方法等；②充分借鉴国外及相关学科的研究成果、研究方法，以拓宽研究思路；③根据我国不同地区城市的具体情况——包括自然、政治、社会、经济、文化、城市现况及未来发展潜力的巨大差异所呈现出的复杂性与多样性，展开具有针对性的研究。总体来说，这一阶段比 1980 年代的研究水平明显提高，但深度、系统性及对未来城市形态发展趋势的预测研究仍显不足，有代表性的，有份量的著作仍然十分缺乏。

3.2.3 城市布局形态基本理论

从理论上说，城市形态作为一个由自然、经济、社会、文化等子系统构成的空间系统，具有以下特征：[5]

1）是一定的结构要素所形成的集合，并有明确的边界，而一切与该系统有关的其他要素称之为外部环境。

2）各要素之间保持一种相对固定的比例关系，并由此形成一种较为稳定的组织系统。

3）系统是以整体的方式与环境相互作用的，并通过对环境的作用表示其功能。

4）作为整体的系统在不同程度上具有稳定性、区域性、社会性和动态性等特征。

城市形态同时具有空间和时间意义。其中空间不仅包括了三维的物质空间，还包括行为空间、社会空间、心理空间、文化空间、网络空间等等，而时间除通常的意义之外还可以理解为城市变化的节奏。

城市布局形态从其构成上有以下方面的要素。

1）用地。是城市各种活动在地域空间上的投影，它由各种异质和异量空间、用地组成。从区域角度来说表现为城市用地与农村用地的区别，从城市内部角度来说表现为商业、居住、工业等不同性质的用地类型。

2）交通网络。交通网络构成城市的基本骨架，包括了城市内部及其与外部相关联的主要交通线，如城市道路、公路、铁路、水运航道等。

3）界面。城市外部空间的轮廓构成部分称为界面。它构成了城市的三维特征，也是城市物质形态的体现所在。

4）节点。指城市中人流、物流和能量流交换产生聚集作用的特殊地段。如重要的道路交叉口、广场、车站、公园、体育场馆及商业中心等。

5）空间组织关系。是产生不同空间形态的重要因素之一，城市及用地之间的形成、距离、位置及联系密切程度等因素都会影响到城市空间组织关系。

城市布局形态作为一个复杂的社会空间系统一经形成，便具有整体性、区域性、社会性和层次性特征。

所谓整体性，指的是城市的各种功能和活动在城市有限的空间内形成的相互依赖的关系，这种关系对任何功能和活动都会产生影响。城市形态的变化要依赖于这些功能和活动的变化、发展，而这些功能、活动作为城市形态要素又都具有城市布局形态特征。这里要特别注意的是，城市布局形态的整体特征并不是各构成要素的形态特征的总和，而是取决于各要素在其整体上的地位，以及与其他要素的相互关系和结构。城市布局形态整体性的另一含义是指城市在其历史演变过程中的整体性特征，即城市在不同发展阶段中所体现的关联性、逻辑性。

区域性是影响城市布局形态的重要因素。城市所处的区域自然条件不同，社会、文化发展不同，从而导致了城市区域特征的不同。区域性主要反映在城市发展的建设条件、空间组织结构、人口构成规模以及社会文化特点等方面。

城市的布局形态不仅是一定社会关系体制的产物，而且是这些关系在一个特定空间的体现，它具有鲜明的社会性。城市布局形态的变化在一定条件下也会导致社会的某些变化。因此，从理论上说，城市布局形态的不合理发展将会引起、促发或加剧城市的社会问题，从而抑制生产力的发展。

城市布局形态的层次性表现在其特定范围的子系统在不同空间层次

中所体现出的形态特征。它通过由内至外、由小至大的四个不同层级、范围的地域形态体系构成，它们既相对独立又相互联系、相互依存。

1）城市内部形态。在这一层级上，城市被看作是地表上占据一定面积的地理实体，其内部结构是由不同功能区构成的地带组合。这些功能区主要有商业区、工业区、居住区等。其特征和分布千差万别，是所有层次中最基本，也是最复杂的层次。

2）城市外部形态。指处于城乡交接地带的边缘环状形态。它具有城市和乡村的双重特征，是城市形态变化最激烈的地带。

3）城市群组形态。指中心城市与其吸引范围内的城镇体系中其他不同规模和功能城镇之间的位置关系和分布特征等形成的空间构成。

4）区域城镇体系分布形态。指全国、大经济区或省（区）等大地域范围内城镇的空间分布，是四个层次中的最宏观层次。

城市布局形态基本理论的研究主要包括内容、物质形状、内部结构和功能以及组织和管理四个方面。

1）内容。作为内容的研究主要有四个方向，即①时间选择——针对于研究对象的城市及其布局形态，从发展时段上确定研究范围，这个时段可能是过去的或将来的；②功能特征——从城市的功能所具有的特征来分析、研究其与城市布局形态之间的关系；③外部环境——此处所指城市物质形态以外的非物质环境，即城市的社会经济文化环境。它们自身虽然不是有形的，但却对有形的城市布局形态会生产生极大的影响；④相应区位——指作为研究对象的城市在区域中的位置。这个位置不光是空间地域的含义，它还包括了社会、经济、文化、交通的地域分工、特点以及以上因素在过去、现在、将来的不同变化。

2）物质形状。物质形状是城市布局形态的最直观的体现和反映。对它的研究主要体现在以下四个方面：①规模——包括了城市的用地规模、人口规模以及经济基础规模；②形状——城市的几何形状；③地点和地形——城市所处的自然地理位置和景观所具有的特征；④交通网络——城市内部及对外交通系统的结构、类型特点，包括道路、公路、铁路、水运、空运等。

3）内部结构和功能。这是城市布局形态基本理论研究中最本质、最复杂的部分，也是城市布局形态形成的内在根本所在。它包括了8个主要方面。①密度——有人口分布密度和城市建设密度二层含义；②非均衡性——意为由城市居民的分布及社会团体的活动所引起的城市功能、布局及其变化的不同速度和程度；③同心圆特征——各种城市功能围绕城市中心呈同心分布的特征，这也是衡量一个城市布局形态紧凑度的重要内容（紧凑度指数＝城市建成区面积／城市最小外接圆面积 $=A/\pi R^2min$）；④扇形特性——各种功能活动在市中心周围的扇形分布程度。由于功能的不同、位置的不同，因此每种类型的用地其“扇形”的宽度、厚度也各不相同；⑤联通性——指城市中各重要节点、城市及其所在区域的交通网络之间的联系便捷程度，以及它们与社会相互作用、联系的程度；⑥定向性——指城市中各类人群、组织日常活动的定向程度；⑦整体性——主要指城市功能和形状之间由协调程度所体现的形式与内容的一致性；⑧更替性——某种功能取代另一种功能的程度，这实际上也反映了城市及其某一局部的可变化性、灵活性。

4）组织和管理。同样包括了四个方面：①组织原则——依据空间整合、协调的原理对城市布局形态进行疏理、组织；②常规机制——指城市及其之下的分区、社区对城市整体或局部功能运转、变化的日常监控和管理；③控制系统——通过它来反馈判定城市的形态及范围对外部环境变化的灵敏度；④目标控制——指城市形态向预定方向发展的程度。

城市布局形态的研究基于一个最基本的前提，即城市是不断变化的，因此形态的演变是不可避免的。城市布局形态的演变受各种因素影响，但其演变的内在机制，可以概括为形态不断地适应功能变化要求的过程。这一过程一般经历以下四个阶段：①旧的形态与新的功能发生矛盾，从而形成城市演变的内应力；②旧的形态逐步瓦解，大量新的结构因素由新功能中产生，并游离在原有形态中；③新的形态在旧的形态尚未解体时已经发展成为一种潜在的形式，并不断吸收游离在旧形态中的新要素，这时新旧形态相互叠加、交叉，城市结构呈现混沌现象；④新的形态实力不断壮大，最后取代旧的形态而占据主导地位，与新的功能建立起适应性关系。

应当指出，城市功能与形态的适应在发展过程中具有相互联系的两个特征：创造与继承。前者反映了城市结构形态的演化，它能使城市实现必要的调整，以适应新的功能要求；后者则体现为一种稳定的态势，即对于曾经作为合理功能、结构的形态的一种惯性保护，尽管这种保护是有限的。从这个意义上讲，城市功能——形态的适应性是暂时的、相对的，而不适应才是经常的、绝对的。因此，对城市布局形态的研究，实际上是对一个不断发展变化着的、动态的城市功能——结构——形态的综合研究。

3.2.4 城市布局形态的评价标准及类型

由于城市形态与功能、结构的关系，使得通过城市的布局形态对城市的内在机能，进而对城市整体进行评价成为可能。然而，城市作为一个由不同的自然与人工、不同的物质与精神共同创造的综合体，不可能有一个绝对固定的标准来判定究竟什么样的城市形态才是一个好的形态。只能通过对某些要素的分析，从一些最基本的层面来评价城市布局形态的合理与否。美国著名城市规划理论家凯文·林奇提出了六个基本方面，即生命力、感觉、适宜性、可及性、控制以及效率和公平。[6]

（1）生命力

指在城市形态中能够体现健康的、具有生存活力的因素。它包括：①延续性：对于空气、水、食物、能源、废弃物的适当生产和处理；②安全性：对环境中的有毒物质、疾病、灾害的防止；③和谐性：环境和人类需求的温度、生理节奏、感受、人体功能等相互协调的程度；④保证与人类息息相关的其他生物物种的健康并维持其多样化，以及现在与未来整体生态系统的稳定。这实际上就是一种“可持续发展”能力。

(2) 感觉

人的感觉，即感知能力不仅取决于空间的形态和品质，也受自身文化、性情、心理状况、经验以及目的的重要影响。因此，对一个特定地方的感受因人而异，正如同人有对于不同的地方有不同的感受一样。尽管如此，有一些重要而显著的基本感受会被人接受。这些最基本的感受包括：①地方特色，即使人能区别地方与地方的差异，能唤起对一个地方的记忆，具有生动、独特特色的地方；②形式的“结构”，即在小尺度场所中感受到的构成该场所元素的组合方式，以及大尺度场所中方向性和方位感；③一致性，指空间环境的形式与内在的非空间内容应是一致的、统一的，具有良好关系的；④透明性，指人们可以直接观察出现在空间环境中的不同技术功能的运行过程、人的活动、社会和自然流程等的程度；⑤易辩性，指城市环境中由各种代表着不同所有权、社会地位、所属团体，隐性功能、货物与服务、举止等等的不同符号所具有的识别特性。

(3) 适宜性

指一个聚落中的空间、通道、设施的形态与其居民习惯从事的活动和想要从事的活动的形式、质量的协调程度。在城市中，适宜性一般可以通过四种方式得到。即提供超额的容量，增加可及性，通过减少局部间的冲突使整体中的某个局部的变动不会对其他局部带来较多的影响，以及“标准化”、“模数化”。

(4) 可及性

指城市中居民接触其他的人、其他的活动、资源、服务信息以及其他地方的能力，包括能够接触到的元素的数量和多样化的程度。在城市中提高可及性的方法包括提供新型的交通工具和通道、对起讫地点的重新布局、排除社会和环境的障碍，加强可及系统的易辩性，用通讯方式代替交通需求，改革管理控制方式，实行补贴政策，训练使用者等。

(5) 控制

指城市居民使用、接近场所和活动的程度，以及对这些地方的创造、整理、改造是否由那些使用、居住和工作于此的人来管理、控制。主要通过三个方面来体现，即：①使用和控制之间的协调性；②对一个地方进行控制管理的人员的责任；③人们了解控制系统的程度所具有的确定性。一般说来，这些方面相应的重要性和适宜程度都取决于这个城市、聚落的社会和环境文脉。

(6) 效率和公平

效率指创造和维护前五方面要求所要付出的代价，而公平指根据平等、需求、内在价值、偿付能力、费力程度、潜在贡献、权力等原则，把环境益处和代价分配到每一个人的或团体的方式。本条与前五条的最大不同在于，第一：效率和公平只有当代价和利益被前面五条的基本价值观界定之后才有意义；第二：它们与前面的五个基本方向都有关联，单独讨论此二者没有意义，它们是前五个标准的辅助标准。

城市布局形态因时、因地、因人而异，呈现出各不相同的姿态，但归纳起来，其基本模式类型可分为以下几种。

（1）方格网形（棋盘形）

这种形式由街道来控制城市的整体形态。由方格形成的道路从理论上说可以向任何方向延伸，因此规模可以不受限制，中心也可以任意变化，用地可以紧凑，也可以松散。当然，在实际中因人的作用使得这些看起来随意、松散的因素得到强有力的控制。

（2）放射形（星形）

这是适宜大中型城市的发展形态。这种形态的中心地区成为人口密集的核心区，由核心区向外分布着呈放射状的城市骨干道路，这些道路上间隔分布着次级中心。这种形态模式是以往高度紧凑的城市沿着轴线道路向外发展的结果。

（3）线形城市

其形态模式是建立在一条交通线或几条平行道路的基础上的，生产、生活、商业服务分布于主干线两侧，其相互联系垂直于主干线，向外则是农田。这种形态的最大特点就是城市可以无限制地伸长、曲折变化。但由于这种模式没有中心，变化单调以及各要素之间的距离过大等，使得其一直停留在理论阶段，很少用于实践中。

（4）卫星城

在距中心城市一定距离之处分布着多个小城镇，像围绕着行星的卫星一样。与放射形模式相同，城市中心仍然保留，但却是在离开中心的地点建设的新的定居点。这种模式是基于中心城市应该保持一定的规模，当超出规模后就向外疏散、建设新城的理念而形成的。

（5）巴洛克轴线式城市

城市结构包括了一系列交通枢纽，各主要建筑物之间有交通干线连接，并与地形结合创造了愉悦的视觉效果。城市呈不规则三角形，内部建筑物、街道和活动场所均可相对独立发展。这种形态具有一个"表面化"城市的所有优缺点，它具有相当的灵活性，能刺激人们的想像，刺激投资，但路口过多使交通堵塞，建筑的地标性质不强，带给人过于相似的感觉。

（6）花边式城市

指一种低密度城市，街道开阔布置，空隙是田野，城市的主要活动场所像花边一样分布在道路两侧。这种形态兼有线形和方格形城市形态的特点，但与自然的关系更为密切，布局趋向松散，交通畅通无阻。

（7）"内敛式"城市

这种形态模式主要出现在中世纪的伊斯兰国家，现在仍有很多传统城市保持着这种形态。这种形态的主要特点是建筑、庭院、街道被把守、包围起来，形成不同规模性质的封闭系统，道路为枝状结构，城市空地除了教堂、清真寺和城外的墓地之外，只有街道和交叉路口。

(8) 巢状城市

与内敛式城市有类似之处。这种城市被城墙包围，环形的道路像一层套一层的盒子把城市规则地分割。城市中心是圣地，向外分布着不同职业的人们。连接各环形街道的道路通常窄小而不连续，人们的主要活动是环形的，而不是内外的进出。

(9) 其他格状模式

在应用上价值很低，但在理论上其研究价值仍然存在。主要有三角形格状布局和六边形道路网络。

3.3 生态城市规划理论

3.3.1 生态思想在国外城市规划理论与实践中的发展

城市规划中的生态思想萌芽可以追溯到摩尔的乌托邦，安得累雅的基督徒之城，康帕内拉的太阳城，以及一些空想社会主义者面对工业革命带来的环境污染、交通阻塞、居住条件恶化等弊端，著书立说所描述的理想建筑、社区和城市。傅立叶提议建设以“法朗吉”为单位，以社会大生产代替家庭小生产，以公共生活代替家庭小生活，生产与生活和谐高效组织在一起的城市；欧文提出“协和村”方案：工厂与居住结合布置，村外有耕地及牧地，必需品自给自足，统一分配。这些空想社会主义者也曾通过一些实践推行他们的思想，但多以失败告终。

真正展示城市与自然和谐、平衡魅力的是霍华德的田园城市理论。19世纪末，英国城市化加速，交通拥挤，生活条件恶化，旧有城市结构被打破。1898年霍华德发表了《明天：通向真正改革的和平之路》(Tomorrow：A peaceful path to Real Reform)，1903年再版时更名为《明日的田园城市》。在书中霍华德分析了城市与乡村生活的利弊，论证了一种城乡结合的，既有城市的“近便”、便于就业和享受各种市政服务设施，又有乡村优美自然环境的田园城市。

霍华德的田园城市总用地6000英亩，城市建设用地最多为1000英亩，宽阔的农田绿带围绕着城区，城市人口限制在3.2万人以内，城区直径不超过2km，在避免城市过度拥挤的同时保证居民方便接近乡村自然空间。城市中央公园、居住、公建点缀于绿海之中，工业用地布置在城市边缘，六条放射形大道自城市中心通往环城铁路。霍华德不提倡孤立的田园城市，他认为当城市达到一定规模时应停止增长，其过量部分应由邻近另一城市接纳，形成如同行星体系的组合城市(Urban Agglomeration)，这个组合城市人口约25万，由六个3.2万人口的田园城市围绕一个5.5万人口的中心城市组成。城市间的农业用地作永久保留，各城市间以快速交通和迅捷的通讯相联，政治上联盟，经济上独立，文化上是一个统一体。这种组合城市通过控制单个城市的规模，使城市与乡村融合于一个区域综合体中，在更大范围的生态环境中取得平衡。

1903 年在伦敦东北的莱契沃尔思（Letchworth）建成了第一座田园城市，1920 年，在它南面数英里的韦林（Welwyn）建设了第二座田园城市，1930 年建成了第三座田园城市威顿肖威（Wythenshawe）。直到今天，这些田园城市仍是最宜人的人居环境之一。莱契沃尔思得到国家的资助远低于一般英格兰城镇；韦林的公众健康指标——婴儿死亡率、平均寿命等都是英格兰最理想的。

在霍华德田园城市理论与实践的启发下，霍华德的追随者恩温于 1922 年出版了《卫星城镇建设》一书，提出卫星城镇的概念。他提出建设卫星城镇是防止大城市规模过大和不断蔓延的重要方法，并将卫星城镇定义为一个经济上、社会上和文化上具有现代化城市性质的独立城市单位，但同时又从属于某个大城市的派生物。他建议“用一圈绿带把现有的地方圈住，不得再往外发展，把多余人口疏散到一连串卫星城镇中去。”1944 年大伦敦规划在伦敦外圈规划了 8 个卫星城镇，容纳伦敦外迁人口，以达疏散人口的目的。这一举措在西方产生了深远的影响，许多国家都进行了不同规模的卫星城镇建设。

1920 年代，佩里（C·Perry）提出了“邻里单位”理论，施泰因（C·Stein）根据邻里单位的理论在规划设计手法上提出了雷德朋模式。其特点为：绿地、住宅与人行步道有机地配置在一起，道路网布置成曲线，人车分离，低建筑密度，住宅成组配置成团，形成口袋形，通往住宅的道路为尽端式，配置相应的公共建筑，将商业中心布置在住宅中间，以便各住宅通往中心距离相等。最早按雷德朋模式建造的是森内赛花园城，以后建立了雷德朋新城以及马里兰、俄亥俄、威斯康星和新泽西四个绿带城（图 3–16、图 3–17）。它们虽然名为“城”，但实际上只是近郊的花园住宅区。居住环境优美，居民出行安全，这种雷德朋模式几乎成了汽车时代建设住宅区的典范。

（上）图 3–16　雷德朋新城
（下）图 3–17　威斯康星新城

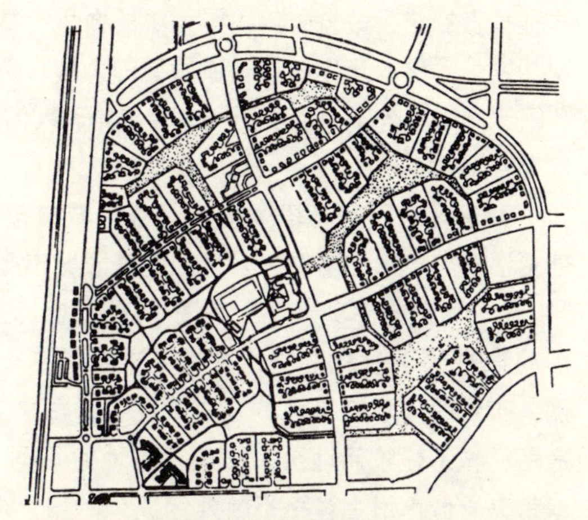

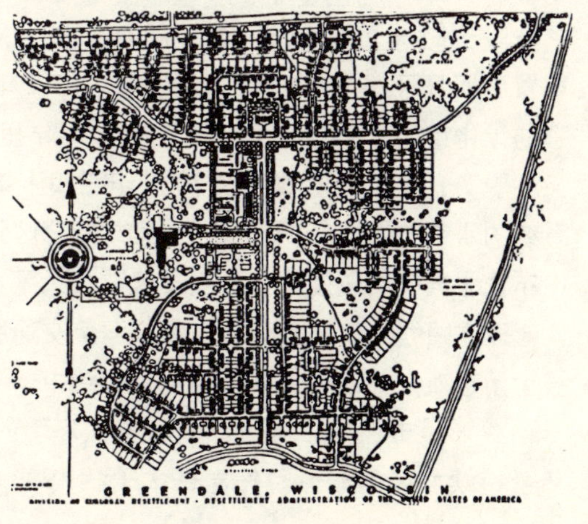

出于对现代城市环境的不满和工业化之前人与环境相对和谐状态的怀念，赖特（F·L·wright）于 1932 年出版了《正在消失的城市》，随后发表了《广阔的田地》，提出了“广亩城市”的设想，希望保持自己所熟悉的那种在 19 世纪 90 年代左右在威斯康星州拥有自己宅地的移民们独立的农村生活。他认为在汽车和廉价电力遍布各地的时代里，没有必要将一切活动都集中在城市，应当发展一种完全分散的、低密度的生活、居住和就业相结合的新形式（图 3–18）。

同样出于缓解城市过分集中所产生的各种弊端的动机，沙里宁(E·Sarrinen)提出了关于城市发展及其布局结构的有机疏散理论。他将“交往的效率和生活的安宁”视为现代城市社区所达到的基本目标，提出对“日常活动进行功能性的集中”和“对这些集中点进行有机的分散”，使得原先密集的城区被分散为一个个社区，这些社区之间以保护性绿化带隔离开来。他认为这种优美而安宁的居住环境能极大地提高城市社区的生活质量，同时还能保留大城市应有的功能秩序和运转效率。

图 3–18　赖特的广亩城市

勒·柯布西耶在他的《阳光城》(The Radiant City)论著中提出充分利用现代工程技术，用高层建筑将大量人口聚集于局部几个点，而在高层建筑周围腾出很高比例的空地，用多层、立体、高速的城市道路网来解决交通问题。这样既保持城市人口的高密度又形成安静、卫生的城市环境。这种垂直的花园城市，用同样大小的面积容纳了同样多的居民，而城市景观却发生了根本变化：从干道后退的大型长条的房子，每一面都有向空气和阳光开敞的公寓、游戏场和大片绿地，人们能在房屋内看到树木、天空，享受到阳光。

西班牙工程师马塔则提出了线形城市布局模式，探讨现代城市的内部生活及与自然环境的关系。他的线形城市布局模式中城市建设用地宽约500米，两侧是100米宽、布局不规则的公园和绿地。作为城市交通运输主动脉的40米宽的主脊路穿过城市线形中心，几何形的居住街坊分列两侧，布置四周环绕绿地的独立式住宅。每隔300米设一条20米宽的横向道路。城市建筑用地至多占建设用地的1/5，以为今后的发展留出余地。绿带夹着城市沿主脊路不断延伸。1884～1904年间，在马德里郊外建设了一段长约5km的线形城市，它的主脊为铁路干线，几何形居住街坊里布置着四周环绕绿地的独立式住宅，1912年有居民2000人。直到今天，它的绿化用地比周围地区都要高得多，城市里的居民既可享受城市的方便，又不脱离自然。线形城市在20世纪三四十年代的前苏联得到了比较全面系统的研究。米柳金提出了“连续功能分区”方案：城市中央为绿带，其中布置服务和交通设施，两侧布置狭长、平行的居住和工业带，工业带外侧修建铁路线，使工业获得方便的双侧交通服务。这种线形工业城市模式被运用于斯大林格勒等城市的规划实践中。

线形城市保持了城市环境与自然环境的和谐，具有动态生长的特性和可持续发展的雏形。丹麦哥本哈根1948年的“指状规划”(图3–19)

和巴黎大区规划可以说都是线形城市模式的发展。

将生态思想与城市规划实践相结合，探寻和谐的绿色的城市发展和布局模式是人们孜孜不倦的奋斗目标。其中比较有影响的有荷兰兰斯塔德的多中心结构、大绿心布局形态（图 3–20）。兰斯塔德位于莱茵河口，在这片只占荷兰 5% 面积的土地上，集中了荷兰 36% 的人口，其城市的聚集程度和效能与英国伦敦、法国巴黎和德国鲁尔齐名。1950 年代末，以 1980 年为期限，对兰斯塔德制定的发展纲要提出保留历史上形成的兰斯塔德多中心的都市区域结构，通过“绿色缓冲地区”形成城市之间的空间分割，中央政府以收购土地或建立游憩项目来防止城市连成一片，保留区域中心的农业用地，使之成为大面积开敞的“绿心”，城市向都市区域的外围发展。

芒福德（Mumford）主张人类社会与自然环境应在供求上取得平衡，并将社会传统作为赖以生存的第二种环境。强调把区域作为规划分析的主要单元，在地区生态极限内建立若干独立又互相关联的密度适中的社区，使其构成网络体系。芒福德将荒野和风景视为一种生态资源，视作人类文明生活的靠山之一，提倡同等对待大地的每一个角落。这种同等不是用同一种手法而是因地制宜，使区域维持人类文化的多样性和生活的多样性。

20 世纪 60 年代以来，世界经济迅速发展，城市化进程加快，同时也伴随着严重的城市能源和生态

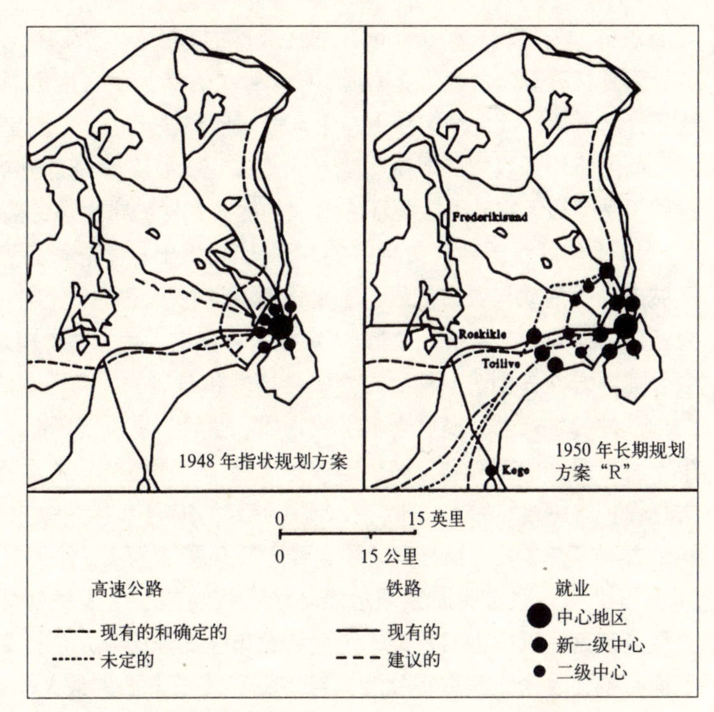

图 3–19　哥本哈根“指状规划”

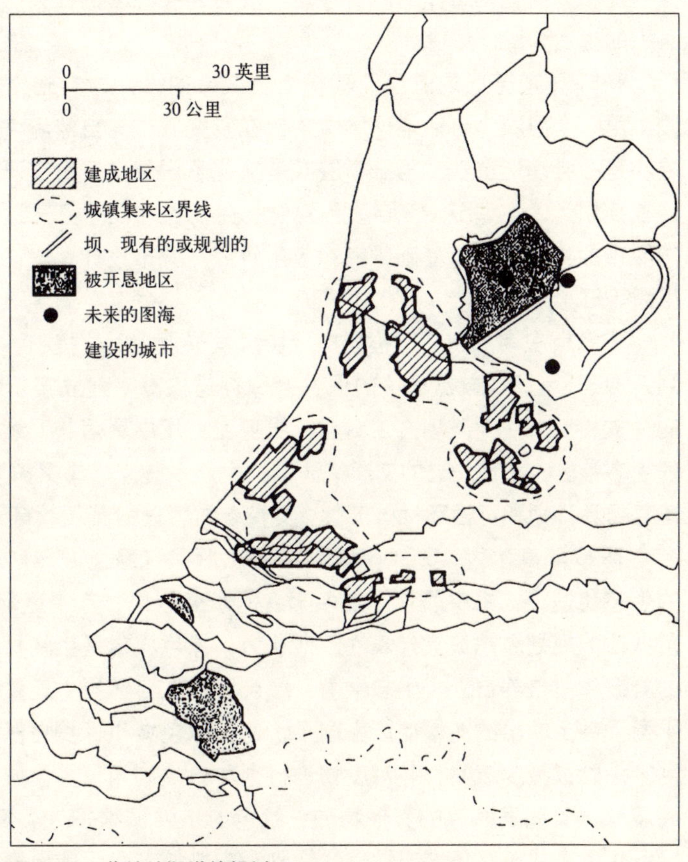

图 3–20　荷兰兰斯塔德规划

环境危机。卡尔松（R·carson）的《寂静的春天》（1962）、罗马俱乐部的《增长的极限》（1972）、古德尔史密斯（Goldsmith）等人的《生命的蓝图》（1974）等阐述了经济学家、社会学家和生态学家们对世界城市化、工业化前景的思考与忧虑，对已有经济增长模式的质疑，唤起人们在现代社会背景下重新认识和反思人与自然的关系，极大推动了人类环境意识的提高和对城市生态的关注。

1971 年联合国教科文组织的 MBA 计划提出从生态学角度研究城市，内容涉及城市人类活动与城市气候、生物代谢、迁移、空间、住宅、生活方式、城市压力演替过程的复杂关系。在第 57 集报告中指出"生态城市规划要从自然生态和社会心理两方面去创造一种能充分融合技术和自然的人类活动的最优环境，诱发人的创造性和生产力，提供高水平的物质和生活方式。"1984 后 MBA 报告中提出了生态城市规划的五原则，即生态保护战略、生态基础设施、居民生活标准、历史文化保护、将自然融入城市。在 MBA 计划的指导下，罗马、墨西哥、东京、莫斯科、香港等许多城市都在理论和实践方面开展了多项工作。

1972 年，联合国斯德哥尔摩环境会议唤起了全人类对环境问题的觉醒。人类环境宣言明确提出"人类的定居和城市化工作必须加以规划，以避免对环境的不良影响，并为大家取得社会、经济和环境三方面的最大利益"。1992 年，联合国环发大会在巴西里约热内卢召开，通过了《里约宣言》和全球《21 世纪议程》，其中提出人类住区工作的总目标是"改善人类住区的社会、经济和环境质量及所有人的生活和工作环境。"

1981 年前苏联的亚尼茨基将生态城市的设计与实施分为三个层次和五个阶段。第一个层次为自然地理层次，旨在研究城市与自然环境的时空矛盾，第二个层次是社会功能层次，第三个层次是文化意识层次，旨在研究人的生态意识，变外在控制为内在调节，变自发为自觉。生态城市正是基于这一层次提出来的。生态城市的实施则分为基础研究、应用研究、城市设计、建设过程和形成城市有机组织等五个阶段。

史密斯在南加州文图拉县拟定持续发展规划时，提出"持续性规划的生态规划八原理"，即：自然环境的保护、保存与恢复，建立实价体系作为经济活动基础，支持地方农业及地方工商业、服务业，发展聚落状、综合功能的、步行系统的生态社区，利用先进的交通、通讯及生产系统，尽量保护与发展可再生性资源，建立循环计划和可循环材料工业，支持参与管理的普及教育。

1990 年高尔敦（D·Gordon）编辑出版了《绿色城市》一书，探讨城市空间的生态化途径，书中收录了众多学者的研究成果，其中迈耶（R·Mayur）关于绿色城市的规划思想最具代表性。他认为，绿色城市是生物材料与文化资源最和谐的凝聚体，自养自立，生态平衡；绿色城市在自然界中能量的输出与输入能达到平衡，甚至输出的能量能产生剩余价值；绿色城市保护自然资源，以最小需求原则来消除或减少废物，并对废物进行循环再生利用；绿色城市拥有广阔的自然空间及与人类同居共存的其他物种；绿色城市强调维护人类健康、鼓励绿色食品、绿色生活方式；绿色城市按美学原则来安排城市各组成要素，各种形象设计都基于想像力、创造力及与自然的关系；绿色城市为人类各种文化交流提供场所和机会，倡导全面文化发展；绿色城市是城市与人类社会科学规划的结晶，它提供面向未来文明进程的人类生存地和新空间。

契斯佳科娃在 1991 年总结了俄罗斯城市规划部门改善城市生态环境的工作，提出了城市生态环境鉴定的方法原理及保护战略。主要内容为：确定规划布局与工艺技术在解决城市自然保护问题中的所占比重；城市地质、生态边界、相邻地区的布局联系和功能联系、人口规划；通过城市生态分区限制每个分区污染影响与人为负荷，以降低其影响程度；解决环境危害时的用地功能及空间组织的基本方针；进行符合生态要求的城市交通、工程、能源等基础设施建设；建筑空间与绿色空间比例合理，并以绿色空间为"骨架"；具有生态要求的居住区与工业区改建原则；城市建筑空间组织的生态美学要求。

第二届和第三届国际生态城市会议都通过了国际生态城市重建计划，提出了指导各国建设生态城市的具体行动计划，得到了各国生态城市建设者们的一致认同。其主要内容包括：重构城市，停止城市的无序蔓延；改造传统的村庄、城镇和农村地区；修复自然环境与其生产能力相适应的生产系统；注重能源保护和垃圾回收；建立步行、自行车和公共交通为主导的交通体系；停止对小汽车交通的各种补贴政策；为生态重建努力提供强大的经济鼓励措施；为生态开发建立各种层次的政府管理机构。

1996 年，雷吉斯特领导的"城市生态"组织提出了建立生态城市的十项原则：①优先开发紧凑的、多种多样的、绿色的、安全的、令人愉快的和有活力的混合土地利用社区；②将步行、自行车和公共交通方式优于小汽车交通方式来发展，强调就近出行；③修复被损坏的城市自然环境，尤其是河流、海滨、山脊线和湿地；④建设体面的、低价的、安全的、方便的、适于多民族的、经济实惠的混合居住区；⑤改善妇女、有色民族和残疾人的生活和社会状况，培育社会公正性；⑥支持地方化的农业，支持城市绿色项目，并实现社区的花园化；⑦提倡回收，采用新技术减少污染排放；⑧支持具有良好生态效益的经济活动；⑨提倡自觉的简单化生活方式，反对过多消费资源和商品；⑩加强公众生态可持续发展意识的宣传教育，提高公众的环境和生态意识。这些原则涉及城市的社会公平、经济、技术、生活方式和公众生态意识等众多方面，具有较强的操作性，对实践有直接指导意义。

3.3.2 生态思想在我国城市规划理论与实践中的发展

我国关于生态城市及生态城市规划的研究与实践主要集中在生态学界和规划界，此外，还有环境学界及其他领域。较之国外的生态城市及其规划的研究，我国的研究强调继承中国的传统文化特征，注重整体、理论的系统性，但不如国外的可操作性强，因此，对城市规划和城市可持续发展的影响有限。

孔繁德、荣誉（1991）认为：城市生态规划的出发点和归宿点是促进和保持城市生态系统的良性循环。城市生态规划的首要内容是合理布局，包括根据城市生态适宜度配置相应的产业结构，进行工业的合理安排，调整人口密度及其分布，调整能耗密度、建筑密度及其分布，设计包括绿地覆盖率及其分布、人均指标、各类绿地及种群的组合等在内的城市绿化系统。[7]

杨本津、王翊亭（1992）根据承德市生态规划实践，提出区域生态规划包括人口控制规划、土地利用规划、环境质量规划和生态景观规划。[8]

王如松和马世骏在1984年提出了社会——经济——自然复合生态系统的理论。此后，王如松在此基础上提出了建设天城合一的中国生态城思想。认为生态城市的建设标准是实现社会经济、自然的和谐与高效。[9] 王如松等还提出生态城市建设所应依据的生态控制论原理，即持续胜汰原理、拓适原理、生克原理、反馈原理、乘补原理、瓶颈原理、循环原理、多样性和主导性原理、机巧原理等。认为城市生态调控的具体内容是调节城市生态关系的时、空、景、序四种表现形式。生态城市的衡量指标包括测度城市物质能量流畅程度的生态滞渴系数、测度城市自我调节能力的生态成熟度。此外，还提出了可持续城镇生态规划的方法和管理原则。认为城镇可持续发展的关键是土地这一有限资源的充分利用与合理配置。王如松等在进行理论研究的同时还进行了大量的实践，较突出的有江苏大丰县的生态县建设、安徽省马鞍山城市生态规划、天津市塘沽区城镇生态规划及管理对策。

江西省宜春市的规划与建设是我国第一个生态城市的试点。它应用复合生态系统理论、智力圈学说、环境科学知识、生态工程方法和系统工程手段，在一个市的行政范围内，来调控乃至设计一个复合生态系统。使其结构、功能进一步优化，能流、物流进一步通畅，调节、控制更加自如。在这个系统中，经济建设、社会发展和环境保护融洽高效、良性循环，在经济、社会、科技高速发展的同时城乡环境清洁、优美、舒适。

国内规划界的研究偏重于城市规划理论，使规划体现生态城市的要求。黄光宇、陈勇（1997）从复合生态系统理论方面界定了生态城市的概念，从社会、经济和自然三个系统协调发展角度提出了生态城市规划设计方法。即“以人与自然相和谐为价值取向，应用社会学、经济学、生态学、系统科学、生态工艺等现代科学与技术手段，分析利用自然环境、社会、文化、经济等各种信息，去模拟、设计和调控系统内的各种生态关系，提出人与自然和谐发展的调控对策”。他们还从总体规划、功能区规划、建筑空间环境设计三个层面探讨了生态城市的规划设计对策：在编制生态城市总体规划时应以生态城市所在的区域作为一个整体来规划，通过对生态城市的环境容量、社会经济总负荷等方面的可持续发展能力进行综合分析来确定其合理活动容量，保证生态城市发展与其补给区平衡；强调空间规划、生态规划和社会经济规划相结合；以土地适宜度等分析为依据，合理开发利用土地，保护不可再生的自然资源；倡导广泛公众参与，使规划具有持续性、动态性。[10]1999 年又提出了三步走的生态城市演进模式。[11]

张宇星在《城镇生态空间发展与规划理论》一文中阐述了城镇生态空间发展的一般机制，提出从空间形态、状态、动态和进态几方面入手建立“大规划”的研究体系。[12]

胡俊认为生态城市应强调通过扩大自然生态容量、调整经济生态结构、控制社会生态规模和提高系统自组织性等一系列规划手法来促进城市经济、社会、环境的协调发展。扩大自然生态容量可以通过增加城市开敞空间和提高用地率等来实现，调整经济生态结构重在发展洁净生产、第三产业和对污染工业进行技术改造等，对社会生态规模的控制主要体现在确定城市人口合理规模、进行人口合理分布等。此外，通过建立有效的环保及环卫设施来提高系统的自组织性。[13]

梁鹤年认为生态完整性和人与自然的生态连接是生态城市的设计原则。规划需要考虑城市密度，如果城市形态是紧凑的，那么城市化需要国家自然生态的完整性来进行，如果城市纹络是稀松的，城市化就可按城市系统和自然系统各自的需要来进行规划。[14]

1990 年代，钱学森提出了“山水城市”这一概念。“山水城市的设想是中外文化的有机结合，是城市园林与城市森林的结合。山水城市不该是 21 世纪的社会主义中国城市构筑的模型吗？”1993 年在北京召开的“山水城市讨论会”——展望 21 世纪的中国城市，钱学森在会上做了题为《社会主义中国应该建设山水城市》的发言，他认为山水城市应以大自然环境为出发点，对城市化水平的估量与采取什么样的方式进行城市化应具有新的、更宽广的思路，而不像现有规划与建设那样基本上以现状为出发点。规划、设计、建设的对象不应仅局限于道路、建筑物等硬件，还应包括人、植物、动物、气候等软件、弹性件的选择、研究和设计，特别强调总体设计的重要性。山水城市的模式，既是生态模式也是人文模式，其目的在于充分发挥自然潜力和人的创造力，以最小的投入获取最大的收益。

3.3.3 城市生态规划与生态城市规划

在我国，人们对生态的重视是随着城市的发展、人民生活水平的提高、现代社会对环境的破坏而逐步得到加强的。由于城市生态学本身为新兴科学，且受经济及城市发展的影响，总体上说，有关于城市生态的规划在我国还处于探索阶段。从目前来看，与此相关的规划可分为两大类，即城市生态规划和生态城市规划。

(1) 城市生态规划

城市生态规划意为对城市的生态系统所做的规划，与城市生态相关的整个系统——环境、人口、社会、文化、经济等的生态状况作为一个整体，都是城市生态规划所关注的重要问题。

按照《环境科学词典》的定义，城市生态系统意为特定地域内的人口、资源、环境（包括生物的和物理的、社会的和经济的、政治的和文化的）通过各种相生相克的关系建立起来的人类聚居地或社会、经济、自然的复合体。[15]

生态学家认为城市生态系统的构成如下（图 3–21）：

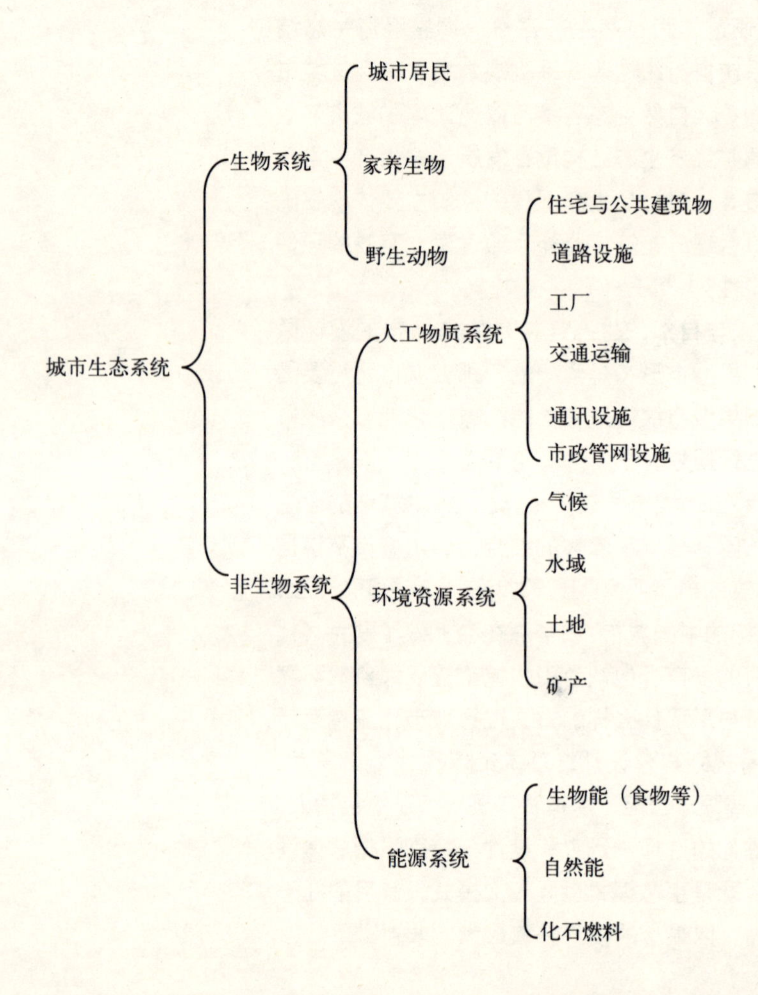

图 3–21 城市生态系统构成
（资料来源：沈清基著．城市生态与城市环境．上海：同济大学出版社，1998.）

城市生态规划强调运用系统分析手段，生态经济学知识和各种社会自然信息、经验，规划调节和改造城市各种复杂的系统关系，对城市生态系统的各项开发与建设作出科学合理的决策，从而能动地调控城市居民与城市环境的关系。城市生态规划的目标强调城市居民与自然环境的和谐共处，建立人与环境的协调有序结构，强调城市与其所在区域发展的同步化，最终实现城市经济、社会、生态及建设的可持续发展。

城市生态规划一般由人口适宜容量规划、土地利用适宜度规划、环境污染防治规划、生物保护与绿化规划，以及资源利用保护规划构成。其中，土地利用适宜度规划是城市生态规划的首要内容。

城市土地不仅是形成城市空间格局的自然要素，而且是人类活动及影响的载体，它是联系城市人口、经济、生态环境及资源等元素的核心。因此，它的利用方式决定了城市生态系统的状态和功能。通过对城市土地利用进行生态适宜度分析，确定对各种土地利用的适宜度，并以此来调整产业布局，以达到调控系统的物质流、能量流和信息流的生态效应与经济功能的目的，达到维护城市生态平衡和经济发展的目标，是城市土地利用适宜度规划的核心内容。

城市土地利用适宜度规划的主要内容包括：①根据城市已建及待建区内土地利用的自然及现实状况，对土地的生态适宜度（ecological suitability）进行分析评价；②根据生态适宜度制定城市经济布局原则，确定相宜的产业结构，进行合理的产业布局；③根据土地评价结果，进行城市基础设施和住宅的规划布局；④根据城市气候特征和居民生态环境质量要求，提出城市功能区绿地面积分配、品种配置、种群或群落类型方案，进行绿化布局；⑤根据生态功能区建设理论，保持维护、模仿自然生态系统的特征和过程，建立环境生态调节区；⑥根据生态经济的基本原理，研究城市社会、地域分工特点，进行城市空间的生态分区，并指出各区经济主导发展方向和生态特征。

(2) 生态城市规划

与城市生态规划的核心内容——生态规划不同，生态城市规划的核心内容仍为城市规划，只不过是带着生态的理念、眼光，利用某些生态规划的技术手段去进行城市规划。因此，生态城市规划又被称作生态导向的城市规划。

生态导向的城市规划与传统的城市规划相比具有以下特点。[16]

1）区域性。将城市规划的工作范围从单个城市扩大到城市体系，扩大到城市行政界域以外的相关地区，把城市、城市近效和农村作为一个复合系统，把不同地域空间层次的规划结合起来，从大的范围研究城市的分布格局。

2）系统性。用现代系统科学理论来研究分析和处理城市系统各要素的整体关系。系统思想认为城市是一个功能整体，是“天”和人共同作用的生态控制系统，而非以地形地物为主的机械控制系统，强调规划中的系统思维，强调通过综合分析研究各组分间的关系来达到维持系统正常功能的目的。

3）动态性。城市复合生态系统中的变量使得城市规划不可能有一个十全十美的终态方案。生态导向的城市规划认为规划是现状——规划——实施——反馈的不断修正的动态过程，强调规划的连续性、持续性和发展弹性。

4）综合性。生态导向的城市规划不仅仅是单纯的物质形态规划，它必须同时考虑生态环境和社会的要求，它需要多学科、多层次的共同研究，需要规划师、经济师、工程师、生态学和社会学研究人员之间的共同协作、交流，以使规划方案统一协调。

5）生态导向性。生态导向的城市规划以生态学原理、方法为理论基础，通过辨识、模拟、调控和设计城市生态系统内的各种生态关系，使其具有良性发展状态。这种导向性是生态导向的城市规划的核心所在，是城市通过城市规划向生态化迈进的重要途径。

生态城市规划的主要内容包括：①通过对城市、区域、国家不同地域空间层次的规划使城市与其补给区域相平衡；②通过物质空间规划、生态规划和社会经济规划使城市未来的发展形成一个整体的方案，将城市的社会效益、经济效益与环境效益紧密结合起来；③通过对城市环境容量、经济发展总能力等可持续发展能力因素的分析、论证来确定城市的规模、城市的结构和形态；④通过对土地开发度的评价、土地适宜度的分析和土地承载力的测定对城市未来的发展进行合理布局。

3.4 城市动态规划理论

现代城市规划理论与实践的发展以霍华德的田园城市为标志，从19世纪末开始到现在已经有了一百多年的历史。在这一百多年里，人类社会、经济发生了前所未有的巨大变化，而与之相对应的，城市规划作为对人类栖居地的发展、安排、计划的一门专业，一种行业，随着城市的质与量的不断提高，其规划理念也发生了巨大的变化。从最初的强调编制一个独立城市的“好”的规划方案，到其后的对城市所在区域的关注以及“调查——分析——方案”规划方法模式的提出，再到1960年代基于对“规划是一个过程”的理解而出现的对动态规划理论的研究及实践活动，直到1990年代注重可持续发展思想在城市及其规划理论中的贯穿体现，规划理念从将城市看作是静态、孤立的，发展到今天将城市看作是动态变化的，在区域中相互影响的，并且应该是“可持续发展”的。作为对理念的体现，人们也在寻求着更加适合各国、各地区乃至各城市的规划方法。与城市发展的不间断相呼应，动态规划理论的提出及发展无疑具有十分重要的意义。

3.4.1 动态规划理论及其在国外城市规划中的发展

自1960年代以来，由于科学技术的进步和社会经济发展，西方国家的规划领域在规划的理念上和方法上发生了深刻的变化，具有动态思想的规划方法得到了迅速的发展和普遍的重视。各国根据自身的实际情况制定了既具有很强针对性，又具有殊途同归地动态特点的规划方法。较有代表性的有英国的“系统规划”理论、结构规划理论与方法，荷兰的程序规划方法以及美国、澳大利亚、新加坡等国的行动规划、战略规划、概念规划、连续性规划等。

（1）系统规划理论与方法

1960年以后，英国现代规划理论受到以“控制论”为基础的“系统规划”思想的影响，形成了与格迪斯、艾伯克隆比等老一辈规划师完全不同的观点，这种观点甚至与第二次世界大战以后建立起来的英国规划体制的一代规划师的观点有很大差异。新的规划观点认为："各类规划构成一种特定类型的人类活动，控制各种特定系统。因此，空间规划只不过是被称为规划的普遍活动的一个分支，它涉及城市和区域这个特定系统的管理和控制。它的依据是，所有的规划都是寻求妥善控制各有关系统的连续过程，并监督各项控制，根据它的时间，还需要作进一步的修正"，[17] 规划重点应放在研究规划方案所要完成的任务和实现这些任务的各种途径上，所有成果都应该表现在文字上而不是详细的图纸上。规划重点描述各种政策可能造成的结果，然后以相应的任务来评价各种政策，以便选择其中较好的一个。只要系统监督程序表明规划师的意图与系统的实际状况有出入，这一过程就将不断重复。

老的规划观点以格迪斯的理论为代表。他认为规划就是编制规划方案，画出在一定年代内希望实现的某些最终状态的详细图景，采用"调查——分析——规划方案"的规划顺序。即对现状进行调查，根据分析调查后的结论，提出必须采取的措施，最后将这些措施具体体现在一个完美的规划方案中。

英国系统规划研究的主要创始人有麦克洛夫林、查德威克和威尔逊。他们分别提出了关于规划过程的图解（图 3–22、图 3–23、图 3–24）。其中，麦克洛夫林的描述最简单：一系列过程呈直线关系发展，然后通过一个回路不断重复。在作出编制规划和建立一个特定系统的基本决定之后，

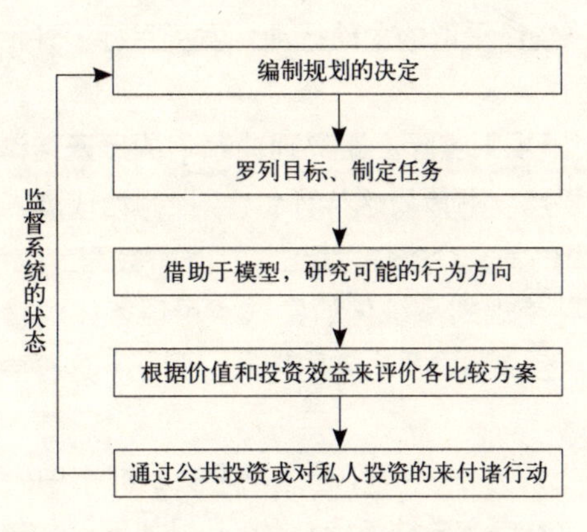

图 3–22 B · 麦克洛夫林规划过程图解
（资料来源：城市与区域规划．霍尔著．雏德兹，金经元译．北京：中国建筑工业出版社，1985.）

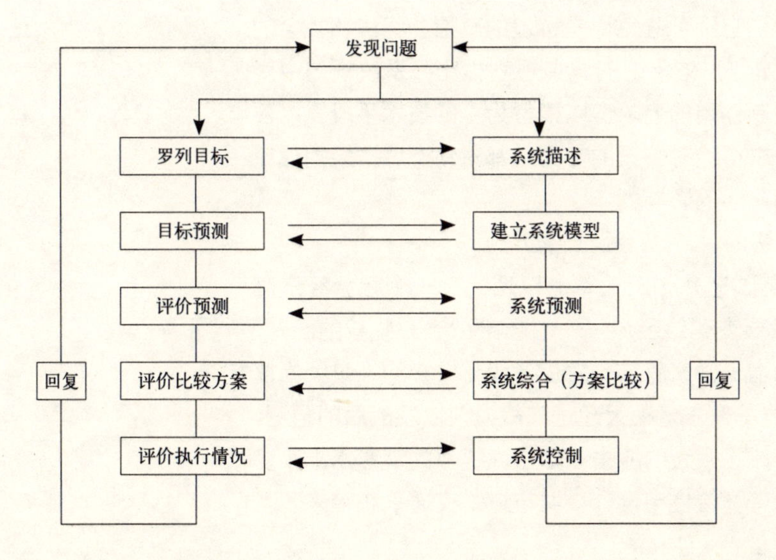

图 3–23 G · 查德威克规划过程图解
（资料来源：城市与区域规划．霍尔著．雏德兹，金经元译．北京：中国建筑工业出版社，1985.）

要列出广泛的目标，并根据这些目标来确定一些较具体的任务，再借助于系统的模型来求得将采取的若干可能的行动方向，然后根据这些任务和可能的财力来评价各比较方案，最后采取行动来实施最优方案。隔一段时间，检查一下系统的状态，看离假设的方向有多远，进行再一次修正并以此为基础重新进行这样的过程。

查德威克对过程相同的程序做了较复杂的描述。他把对受控系统的观察和规划师对控制方法的设计、试验明确地分开。在图表的两侧有对应的回路，表示整个过程是周期循环的。但是，除此之外，在过程的每一阶段，规划师必须把对系统的观察和他打算采取的控制手段的发展情况加以对照。

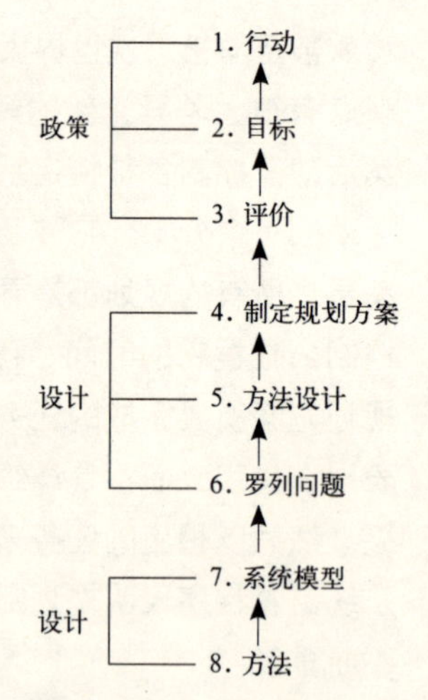

图 3–24 G·查德威克规划过程图解

（资料来源：城市与区域规划．霍尔著．雏德兹，金经元译．北京：中国建筑工业出版社，1985.）

威尔逊的描述在理论上较为复杂，他的图表虽然分成纵向的三级，但仍可以与查德威克的描述相对照。最底下称为"了解"的一级对应于查德威克图表右侧的一部分程序，它直接关系到分析受控系统所需的方法和模型等操作工具的设计。中间一级对应于查德威克图表右侧的另一部分程序，它涉及在分析问题和综合各比较方案时对这些方法的进一步使用，而这是有内在联系的。上层的一级大致对应于查德威克图表的左侧，基本上涉及规划师管理或控制系统所采取的主动行动：罗列目标、评价比较方案以及最优方案的实施。

虽然不论怎样去做，"规划实际上距离理论家们的严谨结论还很远"。霍尔在《城市和区域规划》一书最后这样评价，"控制论或规划的系统观是规划师们力图实现其目的的一个条件，而这是从来不会完全成为现实的。但是，它确实代表着一种使规划系统化的尝试：用理智和逻辑来减少矛盾，并加强人类对其社会经济和物质环境的控制。因此，这种尝试应该受到欢迎"。

系统规划的技术至上的方法，不可避免地承受到城市中无处不在的政治、社会的约束。正如麦克洛夫林所承认的："规划不只是一系列理性的过程，而且在某种程度上，它不可避免地是特定的政治、经济和社会的历史背景的产物"。但无论如何，与传统的城市规划相比，系统规划中对城市系统的认识，对规划控制作用的追求，以模型为主的技术手段，以及摆脱各种价值的观念冲突以求得绝对公正的努力，都对动态城市规划理论和实践的发展产生了积极而深远的影响。

(2) 结构规划理论与方法

1950 年代中期开始，英国迎来了工业革命以后的又一个社会经济高速发展变化时期。社会的发展变化给区域——城市带来了一些新的问题，这些问题为：①随着人口的增长，家庭结构发生了变化，户均人口大幅度下降，这使得住宅和城市设施的需求量大大超过二战以前以及战后的预测，对原有的规划和规划体制形成了很大的冲击；②快速提高的消费水平改变了人们的消费结构，汽车的普及给住宅设计、城市道路交通系统带来了新的问题；③住宅区向郊区的迅速扩展与工作岗位、商业服务设置的矛盾，导致出行量的大大增加，交通规划被提到重要地位；④国家经济政策发生变化，私有制倾向日益明显，私人企业的发展与规划体制的基本观点背道而驰，原有的规划体制体现出明显的不适应性。

另一方面，由于规划体制的一些基本政策在执行过程中并没有达到预期的目标，在规划实践中造成许多矛盾。因此，1964年5月政府成立了规划咨询小组开始检查和回顾规划体制的结构，尤其是发展规划，并对未来规划体制的政策提出了建议。1965年发表了小组的报告《发展规划的未来》，报告建议用一个根本性措施来给地方政府更多的权力，也使规划具有更多的灵活性和适应性，即区别对待区域、城市的政策以及战略问题和具体的战术问题。前者需在中央政府的控制之下，后者由地方政府自主决定。即建立一个双层次的规划体系，第一层次在比较广大的区域制定纲要性政策，建议用结构规划反映其发展的战略问题，第二层次在较小的地区根据实际情况在结构规划的框架之内制定比较具体的局部规划，解决具体的问题，为建设管理提供依据。结构规划需要国家批准，局部规划则不需要。

1968年英国政府颁布的新的城乡规划法（1971年作部分修改），其基本特点就是采纳了规划咨询小组的建议，建立了双层次的规划体系：由郡一级政府负责编制包括全郡范围的战略性的结构规划；然后，地方政府在结构规划的框架之内编制局部规划并进行建设管理。结构规划的主要任务是制定指导原则、政策框架和发展战略等宏观层面的内容，为规划提供总体框架。而局部规划则相对灵活，要求针对本地的实际情况，对规模较小、期限较短的开发项目进行引导和控制。结构规划需经中央政府批准，地方规划只需经郡议会批准。

结构规划把重点放在研究规划方案所要完成的任务和实现这些任务的各种途径上，所有成就都表现在文字上，而不在详细的图纸上，这与1947年规划法有很大不同。英国1968年城市结构规划，其具体工作内容包括调查研究、编制结构规划和批复结构规划，公众参与在整个结构规划的编制过程中占有很重要的地位。

1968年的结构规划与1947年的规划都必须完成调查研究工作，但是两者有很大不同：1947年规划调查研究工作集中在对本地区的土地利用方面，而1968年的调查工作则注重于大范围内经济、社会的影响因素以及国家的政策和策略对本地区的开发可能带来的影响。因此规划调查研究对自然、经济和周围地区的影响因素要做出详细的调查。

1968年规划并没有明确提出关于结构规划的定义，仅仅简单地提出结构规划的三项作用：①结构规划必须制订地方规划局的有关开发的政策和一般计划，包括自然环境的改善和交通管理；②结构规划必须考虑国家和区域的土地开发政策，尤其是与本地区环境规划内容相关的政策；③结构规划必须为完成局部详细规划提供依据。结构规划的规划文件包括规划说明书、说明规划意图的示意性图纸和说明性备忘录三部分。

结构规划在实施过程中，也可能出现各种问题，这样结构规划还有一个继续修订的工作。结构规划并不限制修订的期限。

总体来说，1968 年规划法是英国城市规划在国家法律体制上从总图规划走向系统规划的标志。在观念上，它受到控制论的影响，认为规划与管理和规划所涉及的社会经济、物质发展是两个平行的系统，并认为前者要适应后者，但也能控制后者。所谓新规划体制着眼于规划的目标和达到目标所选择的道路，即是重视规划的社会、经济发展目标及相应的物质建设政策和手段，从独立地解决工程与技术问题转向全面的社会目标，把交通发展、住宅建设、环境改善等与社会经济的发展结合起来，系统地加以考虑和平衡。

与传统总体规划相比，结构规划更广泛地关注社会、经济层面，对城市土地使用和物质空间不作具体的规定，为局部规划提供的框架有很大的灵活性。其中的图纸只起到说明和示意作用，而并不具有实施性。它所提出的战略性的政策建议是行动的导向，并且着重强调关键性问题，因而简化了耗费时间和精力而又作用不大的数据收集和整理工作。

结构规划为解决城市发展过程中长期与短期之间的矛盾提出了一种途径，既保证长远目标的一致性，又提供近期目标的灵活性。它是城市规划理论与实践发展的一个里程碑。

(3) 程序规划理论与方法

荷兰被称为“规划的国家”(Planned Country)。之所以有这种称号，主要有两方面原因，一是表明荷兰的城市规划不仅局限于城市，而且还包括了国家，即把整个国家像城市一样在各个方面进行规划；二是荷兰的城市开发建设管理要比其他国家严格许多。在现代城市规划理论与实践的发展中，荷兰的兰斯塔德和程序规划在城市的结构、形态以及规划方法研究方面都留下了精彩的篇章，因此，这个称号的取得是当之无愧的。

20 世纪初，针对城市的不断膨胀，荷兰政府制定了相应的法规进行城市的形体规划——城市扩建规划。到了 1930 年代，在地方政府的行政管辖范围内逐渐开始进行包括了城市扩建内容和区域内容的土地利用规划，1935 年完成的阿姆斯特丹规划成为当时欧洲大陆各国规划的样板。二战以后，荷兰的城市规划开始由形体规划 (Physical Planning) 向程序规划 (Process Planning) 转变。

1945 年至 1965 年，是荷兰的战后经济恢复阶段，这一时期国家规划政策主要反映在经济恢复和住宅建设方面，城市规划强调的是以建设为主的形体规划。当时城市亟需解决的问题主要集中在住宅短缺、城市拥挤、城市蔓延和城市需要绿化保持生态平衡四个方面，为此大部分城市编制了城市扩建规划，而政府也颁布了相关法律来为城市的规划、建设和管理提供保证。

1960 年代中期以后，许多决定形体规划的因素发生了变化，其中较为突出的有两点：第一，城市规划已不再是一门纯粹的工程技术，而越来越多、越来越浓地带有了政治色彩。除了规划师之外，政治家也开始关心规划工作，希望通过城市规划渗透其政治意图。第二，城市规划工作增加了一些社会学范畴的内容，规划要担负起解决社会矛盾的任务，如就业问题、对老人、残疾人等弱势人群的帮助问题等。在这种情况下，荷兰的城市规划发生了两个转变，一个是由技术、自然科学向自然、人文科学相结合的转变，另一个是工作程序由原来的形体规划向程序规划转变。

程序规划与形体规划的方法有很大差异。程序规划不受时间的限制，强调规划的连续性和周期循环性，通过不断地建立目标、解决目标提出的问题以及达到此目标应采取的政策与措施这样一种手段来保持规划的连续性。对于一个目标来说，所采用的政策和措施是可以灵活选择的。与此同时，地方政府也可根据近期的工作情况随时调整其规划目标，但在调整前会经过论证和评价。1990 年代以后，程序规划增加了目标评价的内容，进一步强调了制定目标的程序化和科学性。而在实践中，程序规划更加强调目标的审查工作，规定每四年或每五年全面地对所有完成的政策目标进行审查，对正在进行的政策目标进行检查。程序规划成为具有宏观意味、动态意味的战略规划，成为欧洲各国城市规划理论与方法的典范[18]。

(4) 连续性规划理论

连续性城市规划是伯兰奇（C · Branch）于 1973 年提出来的有关城市规划过程的理论。他的立论点在于对总体规划所注重的终极状态的批判。他认为，过去关于城市规划的一些观念上的和实际运作中的不恰当认识妨碍了城市规划作用的发挥[19]。这种妨碍主要表现在以下几个方面：①总体规划作为城市未来 20 年或者更长时间的发展规划，由地方立法机构所批准，并由各种形式的地方法规来保证实施，而且需要大量资金来保证其实现；②总体规划成为一种印刷的出版物，经过相当长的时间后才能进行一些修正，或者进行全面的重新编制；③规划部门基本没有选择余地，也不可能保证它们的基本信息和规划方案是符合现在的情况的；④城市规划期望独立地发挥作用，与政治和城市管理过程相分离；⑤城市规划长期、总体与短期的运作和事件联系不密切；⑥由于城市规划将自己的注意力集中在想像中的遥远的未来，以致于不顾及现在的问题或者将现在的问题看成是微不足道的。

由于以上因素，城市规划师有可能避免实际上是困难的关键，并降低了它们的重要性程度。其实，有些问题在成为危机之前完全是可以得到缓解或解决的，而有些在长期规划出版之后会出现的问题却没有得到预测和讨论。由于这些原因，职业城市规划师倾向于理想化而不是现实化，被动的而不是建设性的、积极的和持久的；城市规划领域还只关注物质空间，而不是关注定量计算、管理、行为科学和科学方法。

伯兰奇认为，城市规划所存在的这些问题直接制约了城市规划作用的发挥，而这些问题产生的主要原因在于城市规划对终极状态的过度重视，而忽视了对规划过程的认识。城市规划的进一步发展只有克服这样的问题，才有可能起到重要的作用。因此，伯兰奇提出了连续性城市规划的理论。他认为，成功的城市规划应当是统一地考虑总体的和具体的、战略的和技术的、长期的和短期的、操作的和设计的、现在状态的和终极状态的等等的问题。

伯兰奇所提出的连续性城市规划包含特别值得重视的两部分内容。首先，他认为在对城市发展的预测中，有些因素需要进行长期规划，有些因素只要进行中期规划，有些甚至就不用去对其作出预测，不需要对所有的内容都进行统一的以20年为期的规划。公路、供水干管之类的设施应当规划至将来的50年甚至更长的时间，因为这些因素本身的变化是非常小的，即使周围的土地使用发生了重大的变化，它们也仍然只能在原来的位置上进行改造。而另一些内容，如特定地区的土地使用，不用规划得太久远，这类因素的变化很快，时间过长的规划往往会带来很多的问题。至于其他的一些要素，如对室外广告的控制的变化、私人出租机构对城市土地和房地产的投资政策的变化，或者对政府资助和奖励的方式的变化等，随时都在改变，也是不可能进行预测的。

在伯兰奇理论中另外一个值得重视的内容是，连续性城市规划注重从现在开始并不断向未来趋近的过程。这与过去的城市综合规划集中注意遥远的未来和终极状态的思想完全不同。他认为长期规划不应当只是制定出一个终极状态的图景，而是要表达出连续的行动所形成的产出，并且表达出这些产出在过去的根源以及从现在开始向未来不断延续的过程。编制长期规划如果不是从现在通过不断地向未来发展的过程中推导出来的，那么，这样的规划在分析上是无效的，在实践上是站不住脚的。因此，对于规划而言，最为重要的是需要考虑今后的最近几年，在最近几年中将会发生的事对以后可能发生的事具有深远的影响，而未来的进一步发展是在这基础上的逐渐推进。要实施规划，必然会受到资金方面的制约。城市规划应当包括今后一年或两年的预算，两到三年的操作性规划和对未来不同时期的长期预测、政策和规划方案。

3.4.2 动态规划理论在我国城市规划中的发展

动态规划理论，或者说人们对动态规划的认识，随着经济的发展、经济体制的变化，在我国逐渐引起专业人士的重视。

20世纪90年代以前，尽管我国的经济体制还是计划经济，但随着改革开放以后商品经济的发展，越来越多的市场经济元素渗透到我国的经济社会中。而随着我国打开国门，西方国家在经济发展、城市建设以及规划理论等方面的成功经验与先进理念的引入，也使越来越多的专业人士开始寻求将国外规划的先进理念与中国国情相结合的规划方法。针对当时城市规划中出现的规划“依据”不足，规划“墙上挂挂”、“规划快不过变化”的问题，规划界从自身角度、从当时规划的思想方法和工作方法层面进行了剖析，并且对未来的城市规划所应具有的理念、方法进行了探索。

在思想方法层面，一些学者通过对传统的城市规划理念与当时中国的改革形势要求的比较，指出了传统规划思想方法的主要特征，[20] 即：①单向的封闭型思想方法；②最终理想状态的静态思想方法；③刚性规划的思想方法；④指令性的思想方法。

在工作方法层面，一些文章总结出了当时我国城市规划编制过程中的常见问题，并归纳为十个方面。[21] 它们为：①规划人员的组成及工作方式过于强调分工，经济分析更多地只是起"提供情况"作用，没有真正地参与规划；②把城市看作一个孤立的个体，对城市与其所在区域关系把握不清；③规划年限的划分过于强调与"五年计划"的关系，科学性不够；④城市性质规定过死；⑤城市规模的确定简单化，"一刀切"；⑥规划布局刚性过强、弹性太少；⑦工程管线规划只考虑眼前（规划期内）；⑧规划成果简单划一，过于强调图纸而对文字认识不足；⑨对规划的评价有玩弄文字与数字游戏之嫌；⑩对总体规划的作用认识不清。

与此同时，一些新的思想方法与规划理念陆续被提出。复合发散型的思想方法，动态过程的思想方法，引导性的思想方法以及动态规划、弹性规划、滚动规划、持续规划等规划方法引起了人们的关注，并在规划编制中进行尝试。对我国城市规划的发展，学者们的共同认识是应该强调规划"是一个过程"。虽然对"过程"的理解各不相同，但对原来总体规划与实施脱节的做法人们普遍持否定态度。1980 年代我国规划界提出了两个具有动态规划特征的规划方法，并将其纳入我国的城市规划编制体系。这两种新的规划是分区规划和控制性详细规划。

分区规划最早的探索在 1980 年代初期，到了 1980 年代中期方法基本成熟，得到业内人士认可。分区规划主要针对大中城市而言，它是总体规划的继续、深化、细化，但仍属于总体规划阶段。分区规划将大中城市总体规划中过于宏观、结构化的"战略"布局细化为中观定性、定量、定位相结合的"战术"布局，使规划实施和建设管理"有章可循"。

控制性详细规划最早提出于 1979 年，到 1980 年代末被纳入我国规划编制体系，名称也从最初的"基地布局图"、"数字型详细规划"等，最后确定为"控制性详细规划"。控制性详细规划彻底改变了蓝图式的传统城市规划的非理性语言，为规划管理提供了准确的技术法规依据，改变了过去规划凭感觉、凭好恶进行规划与管理的主观、软弱无力状态，在一定程度上重新确立了城市规划的权威性。与此同时，它在确立规划目标、制定规划控制体系的同时，还建立了一套灵活的操作机制，使规划可以针对城市的发展变化保持敏捷的反应能力。

进入 1990 年代以后，我国的社会经济发展进一步加速。经济的快速发展促进了城市的快速发展，而城市的快速发展使得原有规划变得保守、落后，城市规划不但起不到引导作用，反而有可能对城市的快速发展起阻碍作用。当时的规划似乎进入了一个怪圈：城市规划本身是对城市未来发展的预测、安排，但未来却一没有详尽的"计划"，二没有现成的经验与方法，而原来被认为是成功的经验，却在仅仅几年、甚至一、二年的时间里就被证明是落后的、过时的，城市的性质规模、发展方向、布局与原来的精心构思产生了具大的矛盾。规划需要原则性，但这个原则性究竟如何把握？在瞬息万变的城市发展过程中如何做到既有利于城市健康的发展、建设，又具有可操作性，以"不变"应万变？在这种情况下，城市规划的原则性与适应性问题引起了人们的进一步关注。强调动态、长远、持续观念，强调综合分析研究的远景规划应运而生。

远景规划的概念虽早已有之，但真正赋予这一概念内涵并在实际规划中进行尝试是1990年代以后的事。1991年，建设部颁布的《城市规划编制办法》中提出，城市总体规划"应当对城市远景发展作出轮廓性的规划安排"。与此同时，1991年中国城市规划设计研究院的《城市规划设计统一技术措施》提出：在进行总体规划的同时，需对城市远景发展的经济结构、性质、规模、发展方向、功能布局作轮廓性的构想。城市远景构想的期限一般为30～50年，对某些必须考虑更长远的工程项目应有更长远的规划安排。

对于远景规划，人们关注的问题主要有三个，一个是它在规划编制体系中的地位，另一个是它的内容深度，第三个是它的时间性。前两个问题目前至少在一定程度上达到了共识，即它在总体规划文件里只具有"参考"或"附属"地位，以大的轮廓性的、结构性的布局程度为准。而对后一个问题却有两种看法和做法：第一种看法认为远景的期限只限30～50年，再远的事情谁也说不清楚，有一种观点还认为城市的发展是永无止境的，因此总体规划只需要在远期以后再做一张规模扩大但与远期规划不矛盾的总体规划图即可；另一种看法则在理论上被更多人接受，即认为城市发展是有规模限度的，因此远景规划的规模应该是城市的终极规模或合理规模。

《城市远景规划刍议》[22]一文将远景规划的类型分为终极规模型和合理规模型两种。文章认为终极规模型指当城市的外延式发展持续到一定阶段，存在难以逾越的制约因素，城市增长会逐渐稳定，这时城市一方面寻求内涵式发展道路，另一方面会在更大的地域范围内寻求发展空间和途径。所谓合理规模型指当城市建设用地、用水两大可能制约城市发展的因素对城市未来空间拓展不构成障碍时，城市的外延发展较为自由，此时的远景规划旨在寻求城市动态结构布局的合理，使城市在实现规划期末的目标后，仍能有机扩展至一合理规模，并保持合理的城市结构和良好的布局形态。《分期规划：持续与接轨》[23]一文也提到城市的合理规模与终极规模：一个城市在其自然、资源与周围地区的关系等诸多因素的作用下能达到的最佳规模即为合理规模型，在不受到大的外力作用的前提下这就应该是城市的终级规模型。《远景规划与总体规划》[24]一文则从哲学和历史的高度论证了城市发展的阶段性和规模限度，并以英国城市发展为例，说明"城市发展的饱和点是客观存在的，它的本质特征是城市的人口规模和城市用地基本不再增长和扩大，并将其后城市由量的增加到质的提高的阶段称之为后城市化阶段"。文中还提出了达到远景规模的大致时间约为 50～60 年。认为随着 21 世纪中叶我国达到世界中等发达国家水平的社会目标的实现，我国城市尤其是沿海地区的城市，达到饱和点的时间大约是五六十年。文章引用罗斯托在《经济成长的阶段》一书中所述的从工业化开始，新技术在工农业中推广应用，投资效益上升，工业中主导部门迅速增长的"起飞"阶段到"成熟"阶段大概要 60 年的论断作论证。

远景规划的提出是我国城市规划编制体系在理论上的一次飞跃。尽管它目前还没有被纳入规划编制的正式文件，尽管它还有这样那样的不足。当然，也许正是由于有许多不足，所以才没有被纳入正式编制体系。

远景规划的问题主要表现在：①虽然能够保证远期与远景不产生矛盾，但其间的时间跨度太大，因此这种"不矛盾"基本上只具有理论意义；②如果把近期看作是城市从现状开始迈向未来规划目标的第一步的话，那么下一步是否可直接从近期跨向远期？未来城市十几年的发展在规划文件中仍然没有"过程"的体现；③近期、远期的时间概念仍然较强，而我国城市发展的实践证明我国的大部分城市规划偏于保守，如果城市发展的空间过程与时间进程不合拍（或快或慢）该如何办？远景规划并没有解决这一对近期具有动态意义的问题。

针对这些问题，文章《分期规划：持续与接轨》[24] 提出了分期规划这一规划理念和方法。文章认为规划应与城市及其建设的持续发展相对应，即应该充分地反映出一个城市从"现在"到某个预定阶段（指用地阶段）的发展轨迹，并使这个阶段之后的城市发展与之顺利衔接。因此，应在已有以城市合理规模为前提的远景规划中增加从现状到远景的若干个发展阶段（即分期）。分期的数字根据城市未来发展幅度、自然环境等因素在空间上而不是在时间上来确定。将这些连续的发展阶段通过一系列从现状到合理规模都能体现既自身合理、又能与相邻阶段具有良好衔接关系的连续的规划图来体现。文章特别强调两点：①这种连续的规划图是一种分期规划"结构布局图"，即它只反映城市内部空间的结构布局及其变化、增长；②这种连续的规划图不是若干张不同规模规划图的简单叠加，而是只反映规划实质框架的"结构规划图"于不同发展阶段演变过程的集合。文章提出了与我国现行规划编制体系不同的几点看法：第一，城市总体规划应将以往规划中对终点合理的强调改变为对过程合理的强调；第二，规划应淡化时间概念，强化空间概念，因为对城市的发展来讲，空间是具有本质意义的，而时间只是空间的附庸；第三，分期规划希望在几个方面达到"接轨"目的：从观念及某些做法上与发达国家接轨，即使规划能够反映出"过程"；从编制方法上与现行做法接轨，即分期规划中的一些分期可与现在的近期、远期、远景对应；从实施角度与规划管理接轨，即使城市建设分阶段紧凑发展，摊子不会拉得太大；从城市发展角度与历史进程接轨，即使人们在了解城市一步一步地从昨天到今天的同时，也能看到它将如何一步一步地从今天走向明天。

分期规划从城市的纵向发展（即时间）角度，从城市的宏观布局结构角度提出了动态规划理念与方法层面的思路，但在城市所在区域整合、区域经济发展的战略层面，以及在规划项目实施操作的战术层面还有较明显的局限性。因此，在2000年前后，我国规划界开始关注两个看似对立但实则联系密切的问题，即战略规划（或概念规划）和近期规划。

战略规划和概念规划均为“引进”名词，战略规划出于欧美而概念规划产自新加坡。在我国现阶段的城市总体规划中，这两个名词基本上是同义词（概念规划还用在城市局部地段的规划中）。尽管名词不同且对名词下的内容说法不一，但对于战略规划和概念规划还是有一个基本共识，即：①具有长期性（远景）；②具有区域性（跨行政界域）；③具有综合性（不仅包括空间布局，而且包括了社会、经济、环境发展）。战略规划（概念规划）具有较强的研究特点，它一改我国城市规划重建设轻发展的传统，可以说在规划理念上是一次飞跃。但由于目前自身过于宏观而缺乏操作方法的局限性，以及大多数业内人士只把它当作时尚而没有真正认识它的重要性，因此，战略规划在短时间内只能作为研究存在，不可能纳入我国的规划编制体系。

如果说战略规划是着眼于宏观、长远、整体的话，那么近期规划则是着眼于微观、现实、局部。它们虽然侧重点截然不同，但实际上仍可看作一个问题的两个方面。这“一个问题”即城市规划应体现出城市的滚动发展特点；而“两个方面”，一方面是指尽管城市发展是动态的，但从长远、宏观角度来看它们，仍然会有一个“终极”的目标（尽管对这个目标的认识各有不同），这个目标包括了城市及所在区域社会、经济产业的发展，包括了环境的改变，最终落实在空间布局上。另一方面，为了实现这个目标，就需“从现在做起”——千里之行，始于足下，把各种宏伟的理想化作城市日常一点一滴的变化，这就是极具操作意义的近期规划所关注的工作重点。目前对近期规划的重视主要体现在城市规划行政管理层面，虽然也有学者从学术角度对其进行理论层面的研究，但整体来说它与战略规划为人们所关注的方式还是形成了巨大差异。

纵观改革开放以来动态规划观念与方法在我国城市规划领域的发展，可以看出，在学术领域，中国的城市规划理念正在与西方发达国家接近且具有自身特色（尽管还不成熟），而在规划的编制、管理领域应该说还具有较大距离。目前，对规划理念、方法乃至作用、地位的很多争论从某种角度上来说是由于规划法规的不明确、不完善以及规划编制体系中规划层级的划分造成的。在西方国家，一个时期的规划法不仅具有法律效益，而且还显示着这一时期国家的规划理念，即规划的先进理念通过法律得到保护。英国之所以在城市规划理念及方法上长期走在世界前列，与其1947年规划法确定区域与“绿带”思想、1968年规划法确定结构规划理念与方法是分不开的。

■ 本章小结

对于城市的布局来说，结构和形态是其关注和研究的重点；而对于城市及其规划布局的生长来说，有关于动态和生态的理论就是它们研究的核心问题。从对以上相关理论的阐述与研究中可以看出，尽管发展到今天，这些理论都建立起了各自完善的研究范围，但在其发展的过程中以及内在的关系上，它们都是彼此联系、相辅相通的：结构是形态的生成之核，形态是结构的表现形式；在城市的发展过程中，结构和形态是在持续地动态变化着的；而生态，则是保证城市有机、健康地运转、发展、生长的重要因素。

注释

[1] 辞海编辑委员会．辞海（缩印本，1989年版），上海：上海辞书出版社，1990．第1317．

[2] 同[1]，第580．

[3] 同[1]，第917．

[4] 顾朝林等．集聚与扩散——城市空间结构新论．南京：东南大学出版社．2000．

[5] 武进．中国城市形态：结构、特征及其演变．南京：江苏科学技术出版社，1990．

[6] 凯文·林奇著，林庆怡等译，城市形态，北京：华夏出版社，2001．

[7] 沈清基．城市生态与城市环境．上海：同济大学出版社，1998．第143．

[8] 同[7]．

[9] 马世骏，王如松．社会——经济——自然复合生态系统，生态学报．1984（4）．

[10] 黄光宇，陈勇．生态城市概念及其规划设计方法研究．城市规划，1997(6)．

[11] 黄光宇，陈勇．论城市生态化与生态城市．城市环境与生态城市，1999．

[12] 张宇星．城镇生态空间发展与规划理念．华中建筑，1995（3）．

[13] 胡俊．中国城市：模式与演进．北京：中国建筑工业出版社，1995．

[14] 梁鹤年．城市理想与理想城市．城市规划，1999（7）．

[15] 曲格平，环境科学词典，上海：上海辞书出版社，1994．

[16] 陈勇．生态城市新概念及其规划设计方法研究．重庆建筑大学研究生论文，1995．

[17] 城市与区域规划．霍尔著．邹德慈，金经元译．北京：中国建筑工业出版社，1985．

[18] 郝娟．西欧城市规划理论与实践．天津：天津大学出版社，1997．

[19] 吴志强．城市规划思想方法的变革．城市规划汇刊，1986（5）．

[20] 黄明华．变革：观念与方法—谈我国城市总体规划的现状与发展．城市规划汇刊，1987（5）．

[21] 杨保军．城市远景规划刍议．城市规划，1995 (4).

[22] 黄明华．分期规划：持续与接轨—市场经济体制下城市规划观念与对策．城市规划汇刊，1997 (5).

[23] 陈秉钊．远景规划与总体规划．城市规划，1996 (5).

[24] 同 [23].

4 适应西北地区中小城市发展的“生长型规划布局”理念探讨

4.1 对原有理论的借鉴

4.1.1 城市的布局结构

城市的布局结构是城市规划专业人员关注的重要问题，也是城市布局研究的核心问题。城市布局结构的由简到繁，由追求表面的形式到追求内在的关系反映了城市功能的由单一到多元，城市问题的由简单到复杂。可以这样说，城市布局结构不但是城市客观发展的真实写照，它的规划结构也会对城市未来的发展产生至关重要的影响。

城市布局结构基本理论的研究包括了三个重要方面：空间组织，结构增长和增长过程。这说明城市的布局结构从本质上说是具有动态特质的，这种动态特质不仅对于历史研究具有意义，而且对于未来——城市规划的根本任务具有本质上的意义。而这恰恰是目前我国城市规划所欠缺的。

由于环境、历史及经济发展等原因，西北地区东部中小城市的布局结构特征大致具有以下共性：历史悠久，布局松散，单核心，居住用地比例较高，老城工业规模小、分散布局，新区工业过于集中，路网多呈方格网状，绿地欠缺。未来城市的发展要求城市布局结构具有合理、紧凑、高效的特点，因此，如何在规划中解决西北地区东部中小城市布局结构中存在问题，使其不仅能够具有现代城市布局结构特征，又能够充分保留显现其城市传统布局结构所形成的文脉，这是西北地区东部的城市规划需要认真思考的问题。

4.1.2 城市的布局形态

城市布局形态是有形的，人们对其的认识正是从“形”上开始的。然而它又是无形的，城市的社会、经济、文化对其的形成、发展、变化起着至关重要的决定性作用。因此，城市布局形态是有形与无形的结合，是城市中无形因素对有形因素的作用，最终体现在地域空间的“形”上，形成千姿百态、各不相同的城市形象。

城市布局形态是客观的，它是城市及其周边自然环境与人工环境的生成物，具有明显、强烈的物质性。与此同时它又是主观的，不仅它的形成、发展、变化受到人为因素、人的意志的控制的极大影响，而且人们对它的形或形态的感受也会因年龄、性别、时间、情绪、文化、经历等方面的不同而呈现出不同的结果。

城市布局形态既具有相对的稳定性，又具有永恒的变化性。一方面，它是历史、文化的积淀，另一方面，它又与社会的变化息息相关，是社会发展在空间上的投影。因此，对城市布局形态的关注、研究应该与对城市规划的关注、研究一样，是通过“温故”而“知新”，把最终目标放在对未来的把握上。而未来，对于城市来说是一个连续不断的过程，在这个过程中，城市的布局形态可能将通过一点一滴不易察觉的变化最终形成由量变到质变的转移。作为城市规划来说，要认识到这种变化的存在，进而要在规划的布局中通过对形态与结构变化的把握来体现出这种变化——当然，这种体现是原则性的、结构性的。

西北地区东部的中小城市受其地域环境、经济发展等因素的限制，城市的发展缓慢，这也使得大多数城市的布局形态长期以来发展变化不大。然而，随着西部大开发战略的实施，这些城市面临着前所未有的发展机遇，这也使得这些城市的布局形态有可能发生巨大的变化，此其一。其二，既然城市布局形态是自然、社会、文化等因素共同作用的结果，那么在城市发展的过程中，如何保持城市与其自然环境、文化传统的"血脉"联系，使其布局形态既具有时代性又具有地域性，这些都是西北地区东部的城市在未来的发展中需要关注的问题。

4.1.3 城市与生态

城市与生态，一个是人工的产物，一个是自然的产物，在现代社会中，它们二者的关系越来越密不可分。这种关系的发展实际上充分反映了人与自然的关系及发展。从实质上说，人就是自然的一部分，因此，人类创造的城市，理所当然地需要与自然有一个和谐、融洽的关系，而这种关系恰恰是通过城市及其周边的生态环境得以实现的。

有关于城市生态的规划在我国已成为人们关注的热点，这是我国城市改革开放，尤其是南巡讲话以来在发展迅速的同时带来诸多的生态问题的一种必然。对我国东部发达与较发达地区的城市来说，这是"过去式"或"现在进行式"，而对西部地区的城市来说，则基本上属于"将来式"。如果说，东部地区由于所处生态环境条件的优越，即使破坏也可能得到恢复的话，那么对于西部地区，尤其是西北地区本来就很脆弱的生态环境，如果在即将、有些是已经开始的大规模建设中不能未雨绸缪，防患于未然，所遭受的破坏就有可能是致命的，无法逆转的。这正是本研究所关注的重要问题。

4.1.4 城市未来发展的预测、导向

城市规划是对城市未来发展的预测、导向，它应该体现在对城市宏观的、战略性的把握上，而动态规划的实质也是如此。即通过对原则性、结构性因素的控制，最大限度地使城市在发展的过程中具有尽可能多的灵活性，以体现城市和规划的效率、效益。从这个意义上说，未来的动态规划原则与方法应满足以下四点：

(1) 使城市的土地利用、空间布局在城市发展的过程中能够持续地体现合理；

(2) 能够最大限度地满足城市的发展速度与规划的预测速度不一致时的城市的健康发展；

(3) 形成紧凑发展的城市布局，避免城市摊子铺得过大带来的城市效率下降、城市基础设施费用上升的不利局面；

(4) 在强调宏观调控的同时要解决规划管理的操作问题，规划文件应尽量简化，做到简单明了。

随着西部大开发战略的实施，西北地区东部的中小城市快速发展已势成必然，如不加注意，东部地区城市发展所经历过的问题就有可能在西北地区重现，而由于西北地区的经济和环境状况，其影响和后果可能更为严重。因此，寻找一种适合于西北地区东部中小城市未来发展的具有动态规划特征的方法显得尤为重要。只有这样，才有可能使生态脆弱、经济薄弱的西北地区中小城市走上快速平稳的、健康高效的可持续发展道路。

4.2 "生长型规划布局"理念

在城市与城市规划的相互关系中，城市是起主导作用的，城市规划是依附于城市的存在而存在的。正是由于有了城市的存在，城市规划作为一门专业、一门学科才有存在的前提。城市规划的本质是对城市未来由于社会经济、文化等综合作用所导致的物质环境空间发展变化进行预测并加以引导，而这种预测与引导则一定是建立在城市发展、生长前提下的。换言之，城市规划所要做的，是用城市规划的理念与技术手段来体现、揭示城市未来的发展与生长过程。

城市的生长是经济发展和人类活动在地域空间上的投影。由于经济发展和人类活动的永不停止，因此城市的生长也不会停止。而城市规划，作为一门以对城市未来物质空间发展作预测为基本特点的学科，毫无疑问地应研究这个永不停止的生长过程，并在作为实施依据的规划成果中充分体现这个生长过程。

城市规划就是对城市未来发展的预测——这种预测不仅包括了对未来城市发展可能性的断言，而且还包括了与这种断言相匹配的展示蓝图或实施方案。因此，预测可以视作规划的同义词或近义词。从哲学角度来说，预测事物的基点是建立在决定论的基础上的。"决定论的确定意味着完备的定律和秩序"。[1] 它认为事物的发生、发展是必然的，这种必然不仅具有因果关系，而且具有概率特点。[2] 在城市规划编制的整个过程中，无论是对城市社会、经济发展的分析，还是对城市性质、规模的确定，或是对空间发展方向、布局结构与形态的研究，因果关系和概率所形成的结论是规划得以付诸实施的基本前提。当然，由于城市的生长特点，这些"结论"以及上面所说的"断言"都不应该是惟一的、静态的，它们应该具有不同的选择可能和能够体现变化的动态特点。

在城市的发展、生长过程中，自组织行为是贯穿始终的，它反映了一个有机体在面对变化时体现的一种本能。但自组织毕竟是一种"下意识"，它体现出来的是对客观事物发生后的反应。对于城市未来的发展，光靠这种滞后的反应显然是不行的，另外，城市中的自组织行为更多地是发生于局部地段。因此，必须要有高瞻远瞩的对未来的客观把握，才能使城市的发展趋于理性化、合理化。这种把握就是规划干预。下意识与有意识，局部与整体，事后的反应与事先的预测——这些自组织与规划干预的有机结合，才能使得城市在其发展的过程中既能有章可循，又可随机应变。体现在规划文件当中的，就是对规定性、选择性以及不可预见性的内容的把握。

在到目前为止的我国城市总体规划当中，规定性的内容占到了绝对主导地位，选择性的内容主要体现在规划的编制过程中，而对未预见性内容很少涉及。但事实上，这部分内容是每一个城市在发展过程中随时随处发生的。"规划快不过变化"就说明了这一点。规划师的专业理论知识和专业技能要能保证或引导城市未来发展的宏观的、结构性的方向。也就是说，一个好的规划，它能起到的最大作用应该是为城市未来的发展提供尽可能多的可能性，并使其保持一种合理的布局结构关系；所关心的重点应从"应该干什么"转向"不该干什么"，增强对规划选择和未预见性内容的认可及强调，使规划既顺应自然（包括自然环境和自然发展）又顺应发展（实际上是顺应城市发展规律），使城市的社会经济、空间环境尽可能高效、公平地健康、持续发展。

作为城市规划追求的城市发展的根本目标，效率和公平是一对在一定程度上关系密切且相互影响的矛盾。对于城市的发展，效率体现在较高的经济增长率、较快的扩张速度，较便捷的交通通讯方式，更现代化、科技含量更高、投入产业比更高的产业的发展等等，它代表着城市的经济实力，但却可能是以公平的失缺为代价。而在城市的发展过程中，公平的价值取向可以说是城市规划追求的核心价值中的核心。"如果说效率价值体现了城市规划的经济意义，那么所谓公平的价值取向则体现城市规划承担的资源再分配作用所具有的政治意义"。[3] 城市规划中的公平不仅应该体现对不同的人群、团体、个人的一视同仁，而且应该体现对"现在"和"未来"的平等相待，同时也应该体现人与自然的和平共处。在很多时候，一味追求高效的结果可能意味着多数或相当一部分人的低收入或失业，进而导致社会的不安定；或是意味着一小部分人的方便以大多数人的不方便为代价；或是意味着竭泽而渔，给后来者的发展造成低效、停滞或后退；或是意味着环境及生态的恶化。因此，在城市的发展及其规划过程中，效率应该是在保证公平前提下的追求目标，而公平应该是具有发展意味的、通过比较而体现出的一种社会状态和价值取向。这里要特别指出的是，对于社会、自然、环境及个人方面等因素，"公平"不可能是绝对的，它只能是一个相对的概念。这里的相对包括：①整体性。即以某一类人或事物作为评价对象，而不是具体到单个的人或事物；②选择性。即对待不管是整体的还是个体的人或事物，都应该提供尽可能多的、大致相等的机会，强调他（它）们的选择权利；③时段性。即城市规划在实施过程中对各种利益的考虑在时间及空间上有先有后，有主有次，每个阶段的侧重点不同。从这个意义上说，城市规划追求的根本目标决定了这是一门代表了政府、社会经济组织和普通市民共同利益、综合利益的专业，而规划师则在很多时候扮演了城市中相对弱势群体、个人或事物利益的代言人的角色。

之所以有以上之说，是因为在城市发展的过程中各种团体、组织及个人的愿望与需求、动机和行为之间存在着明显的差异和分歧，并导致利益的分化和组合，最终形成不同的利益主体。在城市发展动力机制研究中，利益主体即是动力主体。而在城市的动力主体中，政府通过行使行政权力来控制经济和社会的发展，社会经济组织通过对物资、财富的创造和拥有来影响城市经济和社会的发展，并在整个过程中追求尽可能大的自身利益，而普通市民则无法对城市的社会、经济、财富和物资进行控制，但他们利益的满足却代表了城市整体发展水平的提高，是城市发展的最根本的动力主体，也是城市发展的最高目标，因此也就成为城市规划关注的重点。

规划是一个过程。在我国的城市规划体制中，过程应该体现在以下几方面：①规划的管理与实施。"三分规划，七分管理"充分说明了在具有很强实践意味的城市规划活动整体过程中实施管理与编制的关系。②规划的调整、修编。按照我国现行的城市规划的编制理念与体制，城市规划对宏观、战略问题的研究、把握不足，而又过于注重对某些具体问题、具体布局的"一锤定音"，因此编制完成后的规划总显得捉襟见肘，挂一漏万，与城市的实际发展格格不入。另外，国家或地区发展战略、政策的调整也会使城市的未来发展及其规划发生重大的变化。在这种情况下，规划的修编、调整是必然的。③近期规划。作为解决规划建设的操作性问题及阶段目标的实现，近期规划无疑是体现城市规划意图的第一个较完整的过程。④规划文件自身所具有的"过程"特点。即从文本、图纸及说明书中体现出来的能反映城市动态变化过程的具有可操作意义的规划文件。这套文件能够反映城市由小到大（由"现在"到"远景"）的城市布局结构及形态的变化，并能够给未来的城市发展、项目安排留有灵活的变化余地，与此同时还能够使城市在发展的过程中持续保持紧密、合理的布局结构。简言之，就是用具有生长特点的规划来描述城市的生长过程。

"编制"意义上的城市规划可分为两类：一类是战略性的规划，另一类是实施性的规划。尽管我国的总体规划对区域、对远景、对各个领域的综合分析一直以来有着诸多的不足，但它也还是属于战略性规划。虽然过去以及目前的规划法、规划编制办法尚未提到这一名词，但总体规划还是关于一个城市未来发展的战略性的规划，尽管它的战略性特点还不够突出。正因如此，目前学术界正在做的和以后应继续加强的是对城市发展战略的研究。城市的近期规划也十分重要，尤其是目前针对上一轮总体规划完成几年以后所进行的"新一轮"的近期规划来说更是如此，它是城市滚动、动态发展在规划编制上的一个具体体现。与总体规划相比，近期的规划同控制性及详细规划有着更为密切的关系，因为它们都属于实施性的、局部的规划。因此，把近期规划从总体规划中分离出来，使总体规划的研究内容及深度更为"战略化"并取得法律上的地位，同时将近期规划并入详细规划层级，可能会有利于规划体系关系的理顺，最大限度地避免由于对不同层级的规划概念、编制内容深浅的理解不同而造成的歧义、争论，并更加有利于规划的实施。

由于城市发展的连续性，因此在城市的发展过程中，一些固定的时间概念（如近期、远期的时间）并没有更多的实际意义。而规划既然应该体现城市发展的连续过程，因此应该更多地关注过程这一整体的时间概念，而淡化固定的时间概念。这里所说的过程由空间和时间两部分构成，它是无数个变化着的空间状态的体现，可以用无数个时间点表示出来（但并不是必须的）。在这里，空间具有主动性，是决定过程的关键所在。而时间是被动的，是依附于空间而存在的。对于城市规划来说，如果过程的状态是合适的，那么某个点的状态也必然合适。反之，如果单纯追求某一个或几个点的合适，就有可能使过程处于长时间的不合适之中，而且反过来最终又影响这些点的合适。

集中与分散，是城市布局形态的两种最基本的模式，它们有着各自存在的前提和生成特点。从可持续发展的角度来看，它们更是由于社会、经济、环境、历史等的影响而各具特色，各有利弊。集中式城市布局的特点是紧凑、高效，城市的发展具有好的连贯性，各种市政、公共设施的投入费用相对较低，人们的日常活动与自然环境接触较少，通向中心区的道路交通负担较重，进而又影响到城市的运行效率。分散式城市布局与集中式截然相反，它的最大特点是城市与周边的自然环境有一个良好的关系，但这种布局需要有一个强大、完整的道路交通体系作为支撑以连接各组团之间的日常运行。此外，由于分散城市的布局呈跳跃式发展，而各组团的市政、公共设施要相对完整，因此资金投入较大。同时，由于道路及公共设施用地的增加，因此占地较大，而完善的道路网络以机动车交通作为重要前提，机动车的过多存在又对环境造成影响。简言之，两种模式一个强调通过节约而产生效率的可持续发展观，另一个是强调通过与环境的融合使人有一个健康的身心的可持续发展观。当然，在具体的发展中，这两种模式都不是绝对的，根据城市自然环境、经济实力以及人口规模等的不同，它们有可能呈现出“集中下的分散”或“以分散为主的集中”。在这里，集中并不意味着铁饼一块，它可能会有大片的“绿色”嵌入；分散也不一定意味着一盘散沙，它可能意味着组团功能的相对完整。但无论是集中还是分散，城市的布局和建设都应遵循“紧凑发展”（compact development）和“精明增长”（smart growth）的原则，强调生态环境的适宜度与承载能力，强调土地利用的综合性与紧凑高效，强调日常生活的舒适感和多种选择。

系统思想对于当代城市规划是十分重要的。城市规划中的系统思想包括了这样几个方面：①作为城市规划的规划对象，城市是一个复杂的巨系统。这个巨系统又包括外部的、内部的、整体的、局部的、宏观的、微观的、横向的、纵向的各个子系统以及它们之间的相互联系；②城市规划体系的系统。包括法律认可的城市规划理念，按这种理念划分的规划层级，每一层级所包含的内容及所要达到的目标，各层级之间的相互关系；③城市规划作为学科的系统性，它又包括了纵、横两个方向，在纵的方面，指规划的逻辑性所产生的过程和结果以及实效所产生的修正与反馈；在横的方面，指其他学科对规划学科的综合影响以及规划内部各个专业之间的相互关系。

在城市及其规划中，生态问题已经并且正在引起越来越多的专业人士以及业外人士的重视。如果说，过去人们认为生态离自己的日常生活较远，在规划中更多地只是停留在理念、目标、口号的话，那么，近年来人们已经逐渐认识到生态是与人们日常的衣食住行息息相关。在规划中以及未来的城市及其周边环境中应用技术手段来解决生态问题，已成为衡量规划水平的重要一环。通过对城市土地及环境的生态敏感性的调查、分析，作出生态适宜度的评价，得出生态承载能力的结论，并在规划中通过相关系统的布局来体现，再通过实践进行验证、反馈及修正，是与城市的生长相对应的城市规划生态方法的全过程。这里，生态承载能力包括了两个概念。一个是定性概念，即生态角度下的土地及环境适宜类型；另一个是定量概念，即生态角度下的人口、土地及环境发展强度。

西北地区东部的陕甘宁三省区由于经济和城市发展整体水平的落后以及地域空间的广阔，因而具有较大的发展潜力，国家西部大开发战略的实施将使这个地区的城市在不远的将来得到快速的发展。在这个发展过程中，作为战略层面上的城市总体规划是十分重要的。它一方面要为城市社会经济环境及布局指明发展方向，另一方面又应为未来的发展提供尽可能多的选择，而不是对未来限制过死；一方面要确定未来某个时限的发展目标，另一方面还应更加重视目标的实现过程；一方面要关注城市的人工环境，另一方面更应关注城市及其周边的整体生态状况。对于西北地区东部的中小城市来说，尽管地域相对广阔，城市发展还是应该走紧凑式布局道路，因为这样不仅可以节省城市基础设施、公共设施投资并提高其使用效率，而且可以增强城市发展的“人气”和集聚效益，同时能减少对农田的占用以及对城市周边自然生态的破坏，最重要的是为城市保持在发展过程中布局的持续合理，使城市具有一个好的综合效益提供最大、最简明的可能。

■ 本章小结

城市的生长型总体布局最终体现在形态上，这个形态不但充分反映了布局的结构，而且体现出结构及其形态自身的由小到大的发展变化过程。而无论是形态、结构，还是它们的发展变化过程，都应该体现出生态对它们的作用。也就是说，生态应该贯穿到城市的整个发展过程。

生长型总体布局应该具有结构规划的特点，即它在把握原则性的同时，给城市未来的发展留有充足的余地；与此同时强调空间、淡化时间，具有跨越时空、区域的整体意识。

注释

[1] 李明华．历史决定论的三种形式．中国社会科学院，1992，6．

[2] 张兵．城市规划实效论．北京：中国人民大学出版社，1998．

[3] 同[2]

5 西北地区中小城市发展的基本状况

西北地区的中小城市大都具有悠久的历史。在漫长的历史发展过程中，这些城市不同程度地保留、保持了原来的面貌。直到 20 世纪 80 年代中期以后，这些城市才陆续开始有了较明显的变化，其中有些城市的变化目前仍处于起步阶段。概括起来，这里所说的变化主要体现在两个方面：一方面是社会经济的发展所引起的人们日常生活的变化，另一方面是城市的变化。在社会经济方面，尽管改革开放以来西北地区同全国一样在不断地发展着，但却落后于全国的平均发展速度，因此与全国的平均发展水平距离越拉越大，这就使得西北地区中小城市居民的生活水平只能处于缓慢的量变发展过程中。而由此带来的城市发展变化同样是缓慢、平稳的，城市结构、形态变化只能是旧城、老城的简单延伸，扩展，没有形成较明显的突变。

5.1 社会经济基本状况

表 5-1 是陕甘宁三省区的部分中小城市 2000 年的国内生产总值情况。从这个表中可以看出以下几点：

(1) 陕甘宁三省区的整体城市经济水平大致相当，人均 GDP 在 10000 ~ 11000 元人民币之间。三省区城市的人均 GDP (10779.10) 不到全国城市人均 GDP (16569.83) 的 2/3 (0.65%)。

陕甘宁三省区部分城市国内生产总值基本情况（2000 年） **表 5-1**

	国内生产总值（万元）	增长率（%）	市区人口（人）		城市化水平（%）	人均（元）（总人口）	三次产业比重（%）
			总人口（万）	非农业人口（万）			
陕西	9668857	13.2	881.69	464.19	52.65	10966.28	4.7 : 51 : 44.3
铜川	306174	5.6	44.52	30.82	69.23	6877.22	3.5 : 56.3 : 40.2
咸阳	1168837	26.5	78.62	45.37	57.71	14866.92	4.6 : 54.2 : 41.2
渭南	302128	5.3	88.44	22.50	25.44	3416.19	21.3 : 31.5 : 47.2
延安	202233	8.9	30.04	13.94	46.40	6732.12	11.2 : 69.1 : 19.8
汉中	246599	8.6	50.50	22.36	44.28	4883.15	11.4 : 51.3 : 37.3
榆林	151315	5.9	41.00	11.26	27.46	3690.61	20 : 38.2 : 41.8
安康	272124	—	93.12	18.20	19.54	2922.29	20.6 : 31.6 : 47.8
甘肃	4050240	11.3	383.05	233.05	60.84	10573.66	4.1 : 57 : 38.9
嘉玉关	179307	8.5	15.96	12.04	75.44	11234.77	4.2 : 75.3 : 20.5
金昌	228459	14.5	20.52	14.73	71.78	11133.48	5.8 : 75.7 : 18.5
白银	512188	10.6	45.80	26.70	56.77	11183.14	4 : 68 : 28
天水	423896	0.6	119.23	31.50	26.42	3555.28	11.9 : 51.1 : 37
宁夏	1289718	8.4	127.66	91.61	71.76	10102.76	6.1 : 51.8 : 42.1
石嘴山	336769	5.5	32.85	31.83	96.89	10251.72	0.6 : 69.9 : 29.5
吴 忠	196943	11.7	30.64	10.40	33.94	6427.64	19.4 : 43.9 : 36.7
全国	473620112	14.6	28583.28	16988.17	59.43	16569.83	4.8 : 50.3 : 44.8

资料来源：根据国家统计局城市社会经济调查总队编．中国城市统计年签（2001）．北京：中国统计出版社，2002.5 相关资料整理。

(2) 陕甘宁三省区的城市 GDP 平均增长率都低于全国的城市平均增长率，增长的幅度按陕西、甘肃、宁夏排序降低。

(3) 陕甘宁三省区城市的三次产业比重接近全国的平均水平，即普遍呈现出第二产业比重占到 50% 以上，第三产业比重在 40% 以上的情形（甘肃第二产业较高，第三产业较低）。

(4) 在陕甘宁三省区的城市中，人均 GDP 超过万元的城市有咸阳、嘉玉关、金昌、白银和石嘴山。其中咸阳市的人均 GDP 达到了 14866.92 元，是三省区中最接近全国平均水平的城市。其余城市都离万元有较大的距离，最低的有安康、渭南、天水和榆林，人均 GDP 分别是 2992.29 元、3416.19 元、3555.28 元和 3690.61 元，只占到全国人均水平的 20% 左右。

(5) 从三次产业的比重来看几乎都遵循着这样一个规律，即人均 GDP 高的城市其农业的比重都较低，一般在 3.5% ～ 5.8% 之间，石嘴山的农业比重甚至只占到 GDP 总值的 0.6%；而人均 GDP 低的城市农业比重较高，工业比重较低。比如，渭南的农业与工业比重分别为 21.3 ∶ 31.5，安康为 20.6 ∶ 31.6，榆林为 20 ∶ 38.2。

(6) 如果说三省区的人均 GDP 让人担忧的话，那么 GDP 增长率则更加剧了这种感觉。2000 年全国城市的 GDP 增长率为 14.6%，充分反映了城市带动的经济发展规律，而三省区除咸阳超过全国平均水平（26.5%）、金昌与全国水平大致持平（14.5%）之外，其他城市则表现出了明显的差距，天水甚至增长率只有 0.6%。

(7) 人均 GDP 与城市化水平有较为密切的关系，几个人均 GDP 过万元的城市其城市化水平都超过了 55%，而人均 GDP 最低的几个城市其城市化水平不足 30%，安康甚至不到 20%（19.54%）。

其一，以上情况说明，截止到 2000 年底，陕甘宁三省区的地区一级城市整体发展水平很低、很不理想（三省区的县级城市与地级城市情况相似）。这也更加说明，三省区的城市经济发展总体状况与三省区的整体经济发展状况类似，都排在全国的末尾。这些情况反衬出了国家实施西部大开发战略的重要性。

其二，尽管三省区的城市经济发展水平很低，但它们与三省区的整体经济水平相比还是具有明显优势（三省区的地级以上城市人均 GDP 超过万元，而三省区整体人均 GDP 只在四千元左右）；表 5-1 中也清楚地表明，经济水平相对较高的城市其城市化程度也较高，第一产业（以农业为主）的比重则较低。这充分说明了城市与经济发展的密切关系，也从一个局部说明了城市化的重要性。

其三，仔细分析三省区经济发展水准较高的城市，可以发现它们“高”的原因各有不同：咸阳的“高”水准体现在它的产业类型和产业结构上，而这一点与它同西北地区最大的城市西安的地理和空间位置关系是密不可分的。也正是由于此，近一、二年陕西规划、经济界人士长期呼吁的西安—

咸阳经济与城市建设一体化终于被有关政府部门接受，咸阳的经济与城市发展有了新的发展动力与动力机制，它将面临更大、更快的发展。嘉玉关、金昌、白银和石嘴山则是典型的资源型工业城市。这些城市的发展动力十分单一，即几乎完全依靠着石油、煤炭、金属等自然资源起家、发展，资源型工业形成了相当的规模，主导了城市的发展。在城市的三次产业比例中，工业分别占到了75.3%、75.7%、68%和69.9%，第三产业只占到20.5%、18.5%、28%、29.5%，而城市化水平却达到了75.44%、71.28%、56.77%和96.89%。这几个城市的产业结构与一个真正发达的城市相比还具有较明显的缺陷，即第二产业比重过高，第三产业比重过低。这说明这些城市的生产功能十分突出，而物资商品的消费、流通功能还十分薄弱。因此，尽管有很高的城市化水平（达到、有些甚至明显超过发达国家的城市化水平，更远远地超过我国平均城市化水平），但无论是城市居民生活还是城市建设都与"发达"相去甚远。

其四，若将除咸阳外的几个人均GDP过万元的城市与另几个人均GDP较低的城市做另一种比较分析，则可得出令人意想不到的结论。这种方法是通过考查城市非农业人口的人均GDP（国内生产总值／非农人口，以及国内生产总值中二、三产业总值／非农业人口）来观察相关城市的实际人均经济水平（表5–2）。

不同情况下的人均GDP比较 **表5–2**

	人均GDP（Ⅰ）（总值／市区总人口）	人均GDP（Ⅱ）（总值中二、三产业／市区非农人口）	人均GDP（Ⅲ）（总值／市区非农业人口）
陕西	10966.28	19850.53	20829.52
铜川	6877.22	9586.56	9934.26
咸阳	14866.92	24577.26	25762.33
渭南	3416.19	10567.77	13427.91
延安	6732.12	12882.56	14507.39
汉中	4883.15	9771.32	11028.58
榆林	3690.61	10750.62	13438.28
安康	2922.29	11871.78	14951.87
甘肃	10573.66	16666.72	17379.27
嘉玉关	11234.77	14266.88	14892.36
金昌	11133.48	14610.21	15509.78
白银	11183.14	18415.75	19183.07
天水	3555.28	11855.63	13457.02
宁夏	10102.76	13501.14	14078.35
石嘴山	10251.72	10516.76	10580.24
吴忠	6427.24	15263.08	18936.83
全国	16569.83	26541.20	27879.41

资料来源：根据国家统计局城市社会经济调查总队编．中国城市统计年签（2001）．北京：中国统计出版社，2002.5相关资料整理。

对照表 5-2 中的三组数字可以发现，由于城市化水平的差异，在Ⅰ中差距很大的城市如嘉玉关、石嘴山与安康、渭南、天水等在Ⅱ中几乎走到了同一水平线上。而在Ⅰ中总人口人均 GDP 排序靠前的几个城市在Ⅲ中除白银仍然靠前外，其他几个城市与Ⅰ中排序靠后的城市非农人口 GDP 竟然十分接近。具体来说安康由Ⅰ中的人均 2922.29 元猛增到了Ⅲ中的 14951.87 元，而石嘴山则只是从Ⅰ中的 10251.72 元略有变化，增加到了Ⅲ中的 10580.24 元。这说明在西北地区的相当一部分城市中，其城市经济水平并不像城市所在的行政区域经济水平表现得那么悬殊，而是整体水平相当；这还说明了西北地区城市的整体经济水平除极少数城市以外，大都处在一个较低的发展水平上；这同时也进一步说明了城市发展与经济发展的关系，从而折射出提高城市化水平的迫切性。

5.2 城市发展建设状况

从表 5-1 和表 5-2 中已经了解到，陕甘宁三省区中小城市的城市化水平有着很大的差异，低的只有不到 20%，而高的却接近 97%。尽管相差悬殊，但城市的实力——经济发展水平却相差无几。

城市的经济实力与城市的建设水平和发展速度是密切相关的。从第 2 章的三省区城市体系分布中已经了解到，目前三省区的城市等级结构中缺乏人口在 50 万～100 万人口的大城市。三省区的中小城市的生成发展大致分为三类。一类是历史型的。即城市具有悠久的历史，在古代或是作为行政统治中心，或是作为戍边防卫前哨，或是作为商贸集散基地。这类城市文化灿烂，历史辉煌，但由于暂时没有找到合适的经济突破点，或是由于对城市发展与历史保护的关系及方式尚未理清，因此发展相对缓慢，城市建设水平相对较低。另一类是资源型的。即城市的生成、发展是依靠城市所在地具有的自然资源，具体来说是矿产资源发展起来的。这类城市在发展初期、中期大多具有令人瞩目的成就，但随着资源的枯竭、国内乃至国际市场对相关类型产品需求的变化、国家发展战略政策的调整，这些城市在原来产业结构上的先天缺陷就明显地表现出来，并造成许多方面的连锁反映：如较高的失业率，较差的城市环境，较低的城市建设水平。因此，对一些尚处在发展初期、中期的这类城市来说，未雨绸缪，延长产业链、调整产业结构、改善动力机制是十分重要的。第三类是行政型的城市。这类城市往往处于一个相对完整的发展落后区域中，由于行政的需要，以及人口、用地、交通等因素，这些城市成为它们所在区域的中心城市，但在经济方面，它们则不具有任何优势。因此经济水平低，城市建设乡村化是这类城市的共同特征。对这类城市来说，寻找经济增长点，寻找城市发展动力是它们面临的首要任务和当务之急。

在三省区的中小城市中，咸阳市是一个"另类"。说其"另类"，除了前面提到的与西安市的关系之外，它自身又兼有地区中心城市和历史文化城市两种职能。在过去的发展中，咸阳市过多地强调后两者的作用，强调自身的中心性与独立性，因此，虽具有得天独厚的发展条件，但始终没有质的变化。虽然在表5-1和表5-2中的人均GDP排名遥遥领先于三省区其他中小城市，但也没有达到全国的平均水平。而长期以来与西安城市在经济发展和城市建设等方面的"剪不断、理还乱"的关系，不仅影响了咸阳的发展，也在一定程度上影响了西安的发展。重复建设、互相攀比、乃至干扰拆台的现象时有发生，既浪费了资金，又影响效益，还伤害了感情，更破坏了环境，造成了"两败俱伤"的局面。因此，目前提出的西安—咸阳在经济发展和城市建设方面的"西咸一体化"发展战略无论是对西安还是对咸阳，乃至扩展到全省、西北地区，都是一件有百利而无一害的好事。事实上，从表5-1中，咸阳在2000年GDP的增长率已经可以从一个角度清楚地显示这一点。

在说到咸阳城市的时候不得不提到另一个城市：渭南市。渭南与咸阳有很多类似之处：都为地级市，都为中等城市，所在区域人口接近（渭南为88.44万，咸阳为78.62万），都距西安很近（100km以内），城市周边地势平坦，且城区边缘皆为渭河。从某些方面讲渭南更具优势：城区内文物古迹较少，因此发展建设所受的限制因素也相对较少，而地处西安以东，是东部、中部地区陆路进入西北地区的必经之地。尽管如此，渭南城市经济的发展无论是从GDP总产值，三次产业比例上，还是从人均GDP上，抑或是从GDP增长率上都与咸阳有明显的差距。如果说原来咸阳发展的问题主要是与西安协调关系的问题，那么渭南的问题就是与西安没有关系的问题。不攀比、无矛盾在很多时候是一件好事，但在城市发展建设上却可能是一种无为、不思进取的表现。而这实际上也是影响西北地区经济、城市建设发展的一个重要的观念问题。

表5-3是陕甘宁三省区部分城市的城市建设基本情况。需要特别说明的是，与全国、或东部地区大城市的城市建设用地相比，西北地区中小城市的建成区中包含了相当比例的农业人口，这部分人口在个别城市甚至超过了城区总人口的50%以上。城市内部农居混杂现象十分严重，而在人均指标数据上体现出来的则是人口中的非农业人口和包括了农业人口的建成区面积。另外，非农业人口除在城市集中外还有一小部分居住在城市下面的乡镇。因此，表中的人均用地只是一个相对准确的参考值。通过表5-3可以得出以下结论：

（1）三省区的人均城市建设用地与全国平均值相比较，陕西省低于全国平均值（若是考虑前面所提出的农业人口则数值更低），而甘肃、宁夏则明显高于全国平均值，这与三省区城市所处自然环境现实状况——地广人稀（除陕西的关中道、汉中盆地、宁夏的沿黄河地区以及甘肃河西走廊的张掖、武威地区外平地很少）密切相关。

（2）从陕西的情况来看，除铜川、咸阳以外，其他城市的人均建设用地大大超过了100m²/人（以及全国平均水平），而全省的平均水平只有不到88m²/人，这说明作为西北地区最大城市的西安，人均建设用地指标相对较低（事实上西安

陕甘宁三省区部分城市的城市建设基本情况　　　　表 5–3

	非农业人口（万人）	城市化水平（%）	建成区面积（km^2）	人均（m^2/人）	绿化覆盖率（%）
陕西	464.19	52.65	409	87.98	24.3
铜川	30.82	69.33	20	64.89	20.4
咸阳	45.37	57.71	43	94.78	25.7
渭南	22.50	25.44	31	137.78	11.9
延安	13.94	46.40	21	150.65	7.3
汉中	22.36	44.28	29	129.70	15.3
榆林	11.26	27.46	17	150.98	2.0
安康	18.20	19.54	25	137.36	13.9
甘肃	233.05	60.84	311	133.45	12.1
嘉玉关	12.04	75.44	30	249.17	17.2
金昌	14.73	71.78	35	237.61	15.3
白银	26.70	56.77	51	191.01	12.2
天水	31.50	26.42	32	101.59	5.5
宁夏	91.60	71.76	105	114.63	24.5
石嘴山	31.83	96.89	47	147.66	27.3
吴忠	10.40	33.94	10	96.15	12.5
全国	16988.17	59.43	16221	95.48	29.4

资料来源：根据国家统计局城市社会经济调查总队编．中国城市统计年签（2001）．北京：中国统计出版社，2002.5 相关资料整理。

只有 74.06m^2／人）。而对于铜川、咸阳两座城市来说情况又有所不同。铜川城市原来在川道中发展，其发展空间早已饱和，这正是其人均指标只有 65m^2／人的原因所在，因此近几年开始“迁城”，即从川道向原耀县所属的塬上大举搬迁。咸阳的人均用地指标、城市化水平都略低于全国平均水平，可以说与全国平均水平大体相当，而随着“西咸一体化”的提出及发展、落实，近一两年咸阳城市无论是在经济上还是在城市建设上都明显加快了发展速度，在渭河以南陈阳寨地区形成了新城的雏形。省内的其他城市人均用地之所以较高，除了上一点所提到的原因外，城市中较多的农业人口、征地零碎且各自为“阵”、建筑层数较低以及山川沟壑较多使城市不易紧凑发展等也是人均指标高的重要原因。事实上，像延安、安康等城市，城市发展用地是十分紧张的，城市的发展、城市人口的增长经常受到城市发展空间及用地规模的制约，因此不得不向山要地，从更大的范围寻找未来城市的发展之地，这又使得原本就不富裕的城市在其发展过程中需要投入比其他城市高得多的建设成本。榆林城市的人均用地指标虽然超过 150m^2／人，但与其他几个城市的情况又有所不同：榆林城市地处黄土高原和毛乌素沙漠的交界之处，地广人稀，地势较平坦，土壤沙化现象较为严重，沙漠有南侵之势。而根据当地的经验，除了种植抵御沙漠的沙生植物外，通过搞建设，用绿化、水泥、铺地等也同样可以阻挡沙漠的入侵，谓之曰"人进沙退"。因此，这里的建设用地高指标是有益的。

(3) 从甘肃的情况来看，几个地级市除天水的人均指标在 100m²/人左右以外，其他几个城市超出了全国平均水平的一倍以上，嘉玉关甚至几乎达到了 250m²/人，而全省的人均水平只是 133.45m²/人。这一点与陕西的情况类似，即作为省会的兰州市，人均建设用地相对较低（实事上也达到了 110m²/人）。嘉玉关、金昌、白银三座城市是典型的依靠矿产资源发展起来的工矿城市。由于矿点的分布以及工业的规模，使得这些城市不可避免地形成了松散的城市结构，进而导致了大量的城市占地。这种状况又由于城市基础设施需求量的大大增加而显得欠账太多，效率低下。

(4) 宁夏的情况与陕西和甘肃类似。一方面，考虑到城市中的农业人口，因此，全自治区人均建设用地指标偏高；另一方面，像石嘴山这样的工矿城市，无论是从分布上还是从规模上都占据了相当大的范围（目前，数据中显示的 147.66m²/人远远未达到城市的实际用地规模）。除此之外，宁夏的少数民族地位使其在城市建设用地的使用上具有明显的优势：按照现行的《城市用地分类与规划建设用地标准》的规定，边远地区和少数民族地区中地多人少的城市，人均用地指标可达到 150m²/人。

(5) 绿化覆盖率是衡量一个城市环境优劣的重要指标，而在表 5-3 中所列的西北地区城市中，情况皆不理想。目前西北地区的这些城市绿化覆盖率不仅大大低于南方城市，甚至也明显低于北方的很多城市以及全国平均水平。全国的平均水平为 29.4%，与这一数字相对接近的只有石嘴山（27.3%）和咸阳（25.7%）。石嘴山地处宁夏最北部，该市虽然地处偏僻，但在 1950 年代末设市以来一直注重城市绿化建设。城市现已形成街道两侧绿树成荫，单位和小区内植被茂盛的景象。目前，该市正在努力，要在不远的将来把石嘴山建成山水园林城市。而其他城市则与全国平均水平相差甚远：榆林是全国治沙先进单位，但其城市绿化覆盖率却只有区区的 2%；天水和延安也只有 5.5% 和 7.3%；其余城市情况稍好，但绿化覆盖率也不到 20%。造成这一局面的原因固然有干旱缺水等使得绿化不易成活的因素，但观念问题才是最根本的原因所在。长期以来，很多城市的领导、建设部门乃至一部分专业人员一直认为城市中的绿化是见缝插针的，是可有可无的，绿化在城市中没有效益，在城市建设管理中是"累赘"，因此对于规划中布局的各类绿化用地则是能砍就砍，能变就变；在商业区和居住区的规划建设中则是片面追求高容积率（有时甚至连必要的日照间距和防火间距都不顾），尽量减少绿地，拿屋顶绿化来扩充绿化覆盖率。不仅没有从城市生态的角度去认识绿化系统，而且没有把绿地当作城市建设用地中一项必不可少的用地去认识。这就使得西北地区原本就脆弱的生态环境在城市中再次体现，并且由于城市发展对环境的无虑、无为，使得城市周边的自然生态环境进一步恶化。而按道理说，由于城市的发展建设占据了原来属于自然生态的农田、林地，应该更精心、更细致地对城市内部及周边的生态系统进行规划、设计，以使新的生态系统不仅达到、而且超过原有水准。

5.3　城市布局与实施状况

城市布局可分为两个大的层面，即现状和规划两部分。本节将延续前面的内容，即还是以现状分析为主，所不同的是将深入到个体城市的内部，考察它们与规划建设相关的一些方面。固原、榆林和白银城市都属于地区中心城市，它们在宁夏、陕西和甘肃的过去、现在和未来的城市发展与建设中都具有着相当的代表意义。目前，人口介于10万至20万之间，是标准的小城市，同时在不远的将来都会进入中等城市行列。表5-4是这三个城市的一些基本情况比较。

三座城市代表了三个省（区）不同类型的中小城市。它们有着许多明显的不同点，也有许多很明显的共同点。这些不同与共同形成了各自城市的特点，对于城市规划和建设来说，如何把握特点、趋利避害，是城市走上可持续发展道路的关键所在。

固原、榆林、白银三座城市的不同点是，固原是一个典型的农业城市，白银是典型的资源型工业城市，而榆林则正从农业城市向工业城市过渡，这是第一点。第二点，固原、榆林在各自的省区位置相对偏避，离省会城市相距较远（图5-1、图5-2、图5-3、图5-4），而白银则在甘肃省会兰州旁边，与兰州（及其他城市）形成共同的经济区。第三，固原、榆林城市建城历史悠久，其中榆林还是国家级历史文化名城，而白银作为城市则是1950年代中期随着工业的上马而设市、建设发展。第四，由于工业

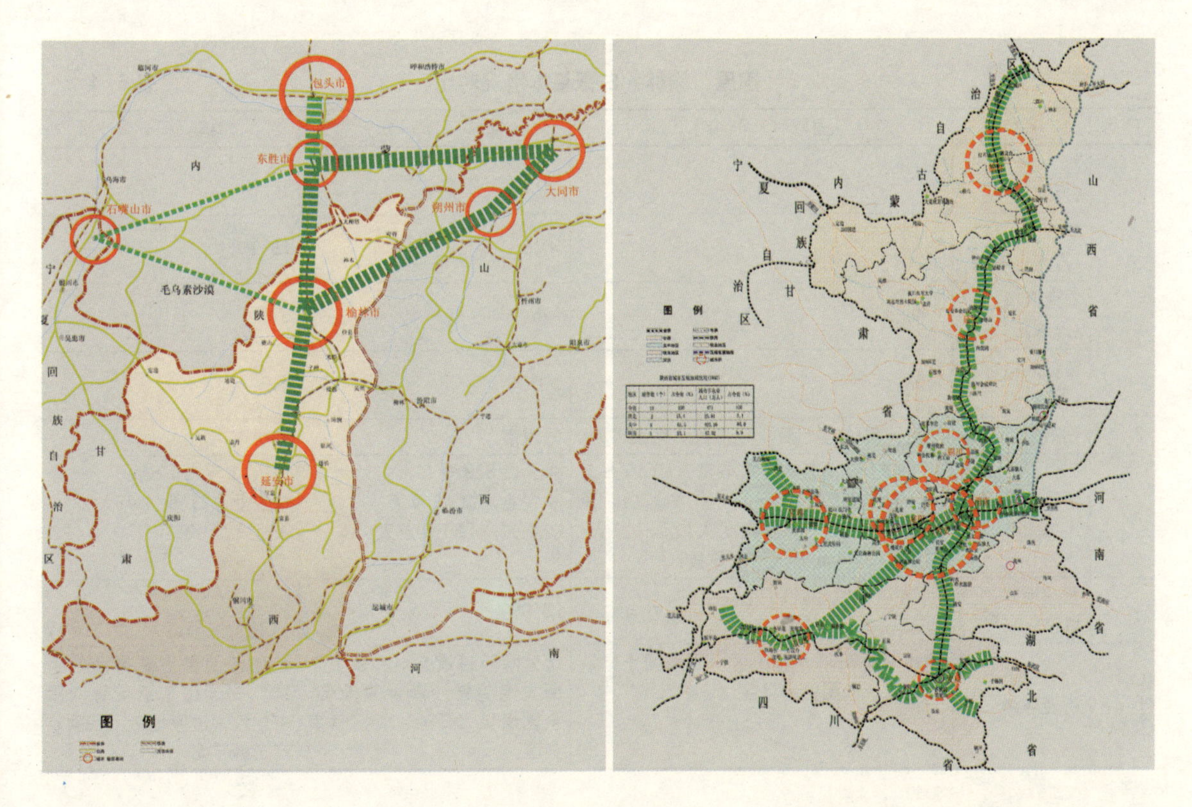

（左）图5-1　榆林区位分析图
（资料来源：西安建大城市规划设计研究院．榆林城市总体规划(2000～2020年)．2000）

（右）图5-2　榆林城镇体系规划图
（资料来源：西安建大城市规划设计研究院．榆林城市总体规划(2000～2020年)．2000）

图 5-3　榆林城市总体规划图（远期）（资料来源：西安建大城市规划设计研究院．榆林城市总体规划（2000～2020年）．2000）

图 5-4　榆林市政工程规划图（资料来源：西安建大城市规划设计研究院．榆林城市总体规划（2000～2020年）．2000）

固原、榆林、白银基本情况对比　　　　**表 5-4**

序号	名称	固原（1998年）	榆林（1999年）	白银（1999年）
1	总人口（万人）	9.7	15.4	22.2
	非农业人口（万人）	6.7	10.9	18.2
	农业人口（万人）	1.4	1.5	2.0
	暂住人口（万人）	1.6	3.0	2.0
2	设市情况	地区行署驻地，2001年撤县、地设市	地级市	地级市
3	管辖地区人口	总人口189.7万人，非农业人口16.8万人，农业人口172万人（固原地区）；总人口51.2万人，非农业人口7.7万人，农业人口43.5万人（固原县）	总人口329.8万人 非农业人口43.0万人 农业人口286.8万人	总人口171.1万人 非农业人口35.1万人 农业人口136.0万人
4	管辖地区城市化水平	8.9%（固原地区） 15.0%（固原县城）	13.0%	20.5%
5	所处环境	地处宁夏南部六盘山区，西海固干旱缺水地区，全国贫困地区	地处陕西省最北端，黄土高原与毛乌素沙漠过渡地带，全国煤炭、石油、天然气富集区	地处陕西黄土高原西北边缘及祁连山东延余脉向腾格里沙漠过渡地带，各类矿产资源丰富

续表

序号	名称	固原（1998年）	榆林（1999年）	白银（1999年）
6	发展前景	宁夏南部地区中心城市	全国能源重化工基地之一	与兰州等城市共同形成全省经济与城市核心
7	性质	固原地区主要农副产品加工基地和重要经济增长极，宁夏南部地区政治经济、科教文化和省际区域旅游商贸、综合服务中心	国家级历史文化名城，西部地区重要的新型能源重化工基地，陕、内蒙古、晋接壤区现代化中心城市，陕北地区经济、文化、科技、交通及旅游服务中心	国家重要的有色金属工业基地，甘肃省重点的能源化工建材工业基地，陇中经济圈的重要中心城市，以有色金属、化工和农副产品深加工为主的环境优美、功能完备的综合性城市
8	目前建设状况	整体建设水平偏低	整体建设水平偏低	布局不够合理，功能及系统不够完善
9	生态状况	自然地貌复杂，分为山地、土石丘陵、黄土丘陵、河谷川等四种类型。地处内陆暖温带半干旱地区，年均降水量494.2mm，且年际变化大	水土流失面积占总面积的95.9%，土地沙化在局部地区不断扩张，植被稀少，农业生态环境脆弱，人口急剧增长、三废污染较严重	地貌以基岩山地和山间盆地为主，森林覆盖率为6.5%，土壤侵蚀面积占土地总面积的95.75%，荒漠化面积达595km^2
10	地区经济状况	固原县人均国内生产总值1083.3元，农民人均纯收入856.0元；固原地区人均国内生产总值948.8元，农民纯收入858.7元	人均国内生产总值1966.0元，农民人均纯收入960.0元	人均国民生产总值4164元，农民人均纯收入1485.2元
11	城市首位度	固原地区2.1 固原县内28.8	1.6	2.4
12	城镇体系	固原县共辖26个乡镇（其中：1个城关镇，4个建制镇）。城镇规模中以城关镇最大，其余非农业人口均在3000人以下。城关镇为两级政府所在地，经济基础好，产业门类齐全，是县域的经济中心。三营镇由于毗邻县城，发展较快，其余城镇行政职能突出。城镇主要沿县域南北轴线——银平公路分布，北部较集中，南部较少。 固原地区共辖建制镇18个，其中城关镇6个。城镇规模以固原县城最大，其余城镇规模均较小。固原县县城为地区的中心城镇。城镇职能以商贸流通业和农林牧产品初级加工为主，行政职能普遍较为突出。城镇主要沿银平公路、309国道、312国道等交通主要轴线分布	全市共有城镇263个，其中小城市1座，建制镇46个，集镇和村镇216个。按城镇非农人口分，榆林市为9.43万人，1～5万人的镇有8个，0.5～1万人的镇有6个，其余的皆为不足5000人的小镇，城镇职能分为综合性地方中心城市，综合性城镇，工矿性城镇，交通枢纽城镇和地方中心城镇五类。城镇沿长城和无定河呈"人"字形分布，总体上南部各县城镇数量多，分布密度大，北部长城沿线城镇分部稀疏。随着神府煤田开发，北部长城沿线的城镇数量有所增加，城市空间分布重心北移至长城沿线地区	全市城镇81个，其中中等城市1个，建制镇7个，集镇73个。按城镇规模分，一级中心城市2个（人口7～22万），二级中心城市3个（人口2～5万），三级城镇5个（人口>0.1万），以及四级集镇71个。市域内大部分城镇发展水平低，以农产品市场贸易为主。城镇呈以沿兰州—白银公路和白银地区—平川城区公路为发展轴，其他县城和乡镇依托国道和省道散点分布的格局
13	在区域中的位置	固原县城是固原地区、固原县两级政府驻地，经济发展条件和现状基础在南部山区都较好，是宁夏南部山区的中心城市	榆林市历史上就是晋、陕、内蒙古、宁交界地区的商贸流通中心，也是国家级历史文化名城；所处区域煤炭、石油、天然气资源丰富，是国家重点建设的能源重化工基地，是陕西省规划中的陕北城镇密集区的核心城市	白银城市既是白银市的区域中心城市，又与兰州同属于陇中经济区，是国家的有色金属工业基地和甘肃省的重要工业城市

资料来源：根据西安建大城市规划设计研究院，中国城市规划设计研究院编制的固原、榆林、白银三城市总体规划文件整理。

化水平和城市化水平的差异，固原、榆林两地的人均GDP与白银差距明显。

与不同相比，在未来的发展中三座城市也具有很多相同或相近的方面：

首先，国家西部大开发战略的实施，使这三座城市面临着社会经济和城市建设高速发展的巨大历史机遇。因此作为城市规划来说，如何应对、体现未来城市的这种变化，这无论是对城市规划，还是对城市发展、建设，都是一个巨大的挑战。

其次，由于历史和地域因素，三座城市目前的总体发展水平较低，而西部地区的社会经济整体发展速度的加快以及这三座城市的地域优势和资源优势，将使得它们具有较大的发展潜力。如固原距西安、银川、兰州适中的距离，六盘山风景旅游资源的开发；榆林将成为陕北及陕、晋、内蒙古交界地区的中心城市，国家能源重化工基地以及白银与兰州联动经济的发展，国家级的有色金属工业基地和省级能源、化工、建材工业基地的建设，陇中经济圈重要中心城市的建立等等，将促使这三座城市的社会经济和建设走上快速发展之路。

第三，在具有良好发展机遇的同时，这三座城市也面临着一些发展的不利因素，如经济整体水平差、科技力量薄弱、资金缺乏等。然而，最重要的因素还是生态环境的脆弱。如在固原，林地只占全县土地总面积的6.41%，耕地占了总面积的43.39%，而在耕地中，又有88.2%是旱耕地。在榆林，虽然经过多年的努力，"三北防护林"取得了很大成绩，但林草成活率低、保存率低、防护林体系整体质量不高、树种单一、灌木居多、郁闭度低，土地荒漠化和风蚀沙化威胁仍然存在；全市水土流失面积为3.69万km^2，占土地总面积的38.7%。在白银，绿化植被覆盖率低和工业污染是生态环境的主要问题。在这几座城市内部，由于长期以来环保意识的薄弱和资金的缺乏，生态问题同样很突出。如垃圾的处置、污水的排放、噪音的干扰、废气的侵袭以及城市绿地的欠缺、黄土裸露造成尘土飞扬等现象，使得城市内部的生态环境也较为恶劣，给城市居民的日常生活带来了很大影响。

第四，随着西部地区社会经济的发展及基础设施的建设，城市所在"区域"的概念将变得越来越大，越来越复杂。"区域"的扩大使得中心城市对周边的辐射力以及周边城市对其的影响力同步增强。如固原县城所在地，在以往其最重要的角色是"县城"，其次是"固原地区行署所在地"，今后，它将成为"宁夏南部地区"和"宁陕陇省（区）际区域"的中心城市。榆林城市将在目前"榆林中心城市"的基础上逐渐加强"陕北地区中心城市"和"陕、晋、内蒙古三省交界地区（黄河河套地区）中心城市"的地位。白银城市目前为地区中心城市，未来将成为"兰白经济区"中具有举足轻重作用的中心城市之一。

在城市布局方面，三个城市具有以下特点。

白银市（白银区）是国家"一五"期间随着白银有色金属公司、军用银光化学工业公司等骨干工业项目在白银的建设而发展起来的新兴城市。城市东南地势平坦，西、北临山，白宝铁路和白兰高速公路分别从城市的北部和南部横穿而过。目前城市布局较为松散；工业用地占到了城市建设用地的40%以上，量大、分布广，几乎将城市四周包围起来；一些污染工业占据了城市的上风向，已有一些工业伸进了居住用地；城市中心的地位不突出，规模小，分布零散；城市布局没有充分

图 5-5　白银城市现状图（资料来源：中国城市规划设计研究院．白银市城市总体规划（2000 ~ 2020 年）．2000）

利用山、水形成的环境特点形成城市自身的特色；道路系统结构不完整（图 5-5）。城市产业结构单一是影响白银未来发展建设的最重要、最核心的问题。它不仅影响到城市的产业发展，而且对城市人口的就业、城市环境的改善、以及城市社会的安定都会产生很大的影响，同时还对城市布局结构的调整完善和城市的发展建设、规划布局产生直接的影响。

固原城市东、南边临山，西部相对平坦，城市内部及周边局部由沟壑、土塬及小丘陵将城市不规则地划分（图 5-6）。固原建城历史悠久，目前城市内还残留着汉代和明代的城墙残垣，而城市建设也是以旧城为核心向四周扩展，因此城市的形态及基本路网结构从某种角度上来说是旧城的延续。但是，随着城市的发展，城市规模的扩展，城市功能的增加，城市地位、作用的变化以及人们对城市认识的不断加深，固原城市越来越不能适应新的发展需要。从布局上说，虽然依托于旧城的固原城市形态及路网结构相对完整，但城市内

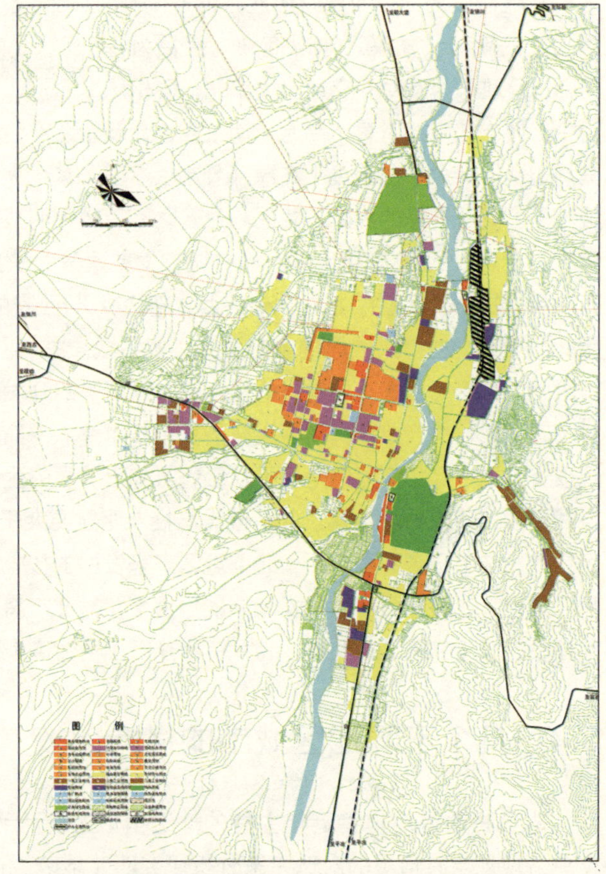

图 5-6　固原城市现状图（资料来源：西安建大城市规划设计研究院．固原城市总体规划（2000 ~ 2020 年）．2000）

部用地较为松散，各类设施标准不高且不够完整。其中较为突出的问题有两个：一个是工业用地较少，这从一个角度说明了该城市还是一个农业城市，城市发展缺乏动力；另一个是城市建设未同城市内部及周边的环境有机地结合，即城市建设缺乏生态意识、景观意识，没有把改善自然生态环境、挖掘自然环境特色与城市规划与管理实施结合起来。2001年固原已撤县（地）设市，固原作为宁夏南部中心城市的地位在未来将更加突出。因此，发展动力问题和环境改善问题将成为未来固原城市要解决的最重要的问题。

榆林城市是我国的历史文化名城，目前明代城垣及其内部道路格局、重点建筑保存相对完整。城市发展建设至今主要分为两大片。一片在旧城周边形成较为狭长松散的布局形态，另一片跨榆溪河，在西部（西沙）形成同样较为松散的新城。榆溪河东以商业、生活为主，河西以行政办公及对外交通（火车站、飞机场）为主。城市东南部为黄土高原，南、西、北及东北部为毛乌素沙漠。城市及其周边地形特点是东南黄土高原部分起伏参差，其余大部分由河流、沟壑分成若干个高低不等的片区，片区与片区之间有较为明显的高差，但片区内地势相对平坦。到1990年代末，榆林城市发展建设的最大问题是缺乏（或没有利用）城市发展动力。榆林地处陕西北部边缘，与西安的交通联系相对薄弱，因此尽管有一些得天独厚的旅游资源（如名城、民俗、红碱淖等），但很少有人问津，而储量大，质量好的煤、油、气田等的开发以及要形成庞大的规模工业、冗长的产业链，需要大量的资金技术注入，而对于像榆林城市这样规模实力的一己之家显然是力不从心。再加上脆弱的生态环境，相对零碎的自然环境，使榆林城市建设的基础设施投入明显要大于其他城市（图5-7）。而目前榆林市已被列入陕西省北部地区未来发展的核心城市和全省的能源重化工基地，在国家西部大开发战略的作用下，榆林市将有望实现社会、经济和建设的快速、跨越式发展，成为陕西省21世纪初期城市发展的一个范例。

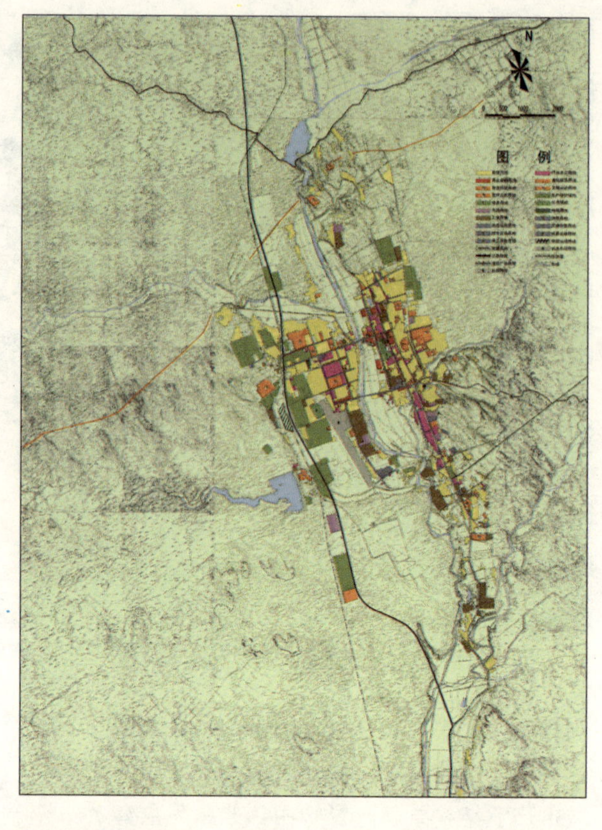

图5-7 榆林城市现状图（资料来源：西安建大城市规划设计研究院．榆林城市总体规划（2000～2020年）．2000）

5.4 几个不同地区城市的横向比较

本节将通过对作者近年主持的珠三角地区及西北地区的几个中小城市总体规划当时情况的对比，来分析研究西北地区城市的差距以及未来发展可能遇到的问题。

博罗、鼎湖、固原及榆林基本情况

表 5–5

<table>
<tr><th>序号</th><th>名称</th><th>博 罗 县</th><th>鼎 湖 区</th><th>固 原 县</th><th>榆 林 市</th></tr>
<tr><td>1</td><td>人口</td><td><table><tr><td rowspan="2">1996 年</td><td rowspan="2">总居住人口</td><td rowspan="2">常住人口</td><td rowspan="2">暂住人口</td><td colspan="3">城镇居住人口</td></tr><tr><td>常住人口</td><td>暂住人口</td><td>城镇化水平</td></tr><tr><td>全县</td><td>766800</td><td>716290</td><td>50510</td><td>167907</td><td>42010</td><td>27.38%</td></tr><tr><td>罗阳</td><td>129964</td><td>114164</td><td>15800</td><td>84619</td><td>15000</td><td>—</td></tr></table></td><td>全区：总居住人口 158316 人，常住人口 151116 人，暂住人口 72000 人。城镇化水平 39.8%。
城镇居住人口：城区常住人口 50582 人，暂住人口 5116 人；城镇常住人口 60325 人，暂住人口 7200 人</td><td>全县：总居住人口 511926 人，非农业人口 76736 人，农业人口 445190 人，县域城镇化水平 15.4%。
县城：总居住人口 97235 人，非农业人口 66871 人，农业人口 14449 人，暂住人口 15915 人</td><td>全市：总人口 3298200 人，农业人口 2867900 人，非农业人口 430300 人，城镇化水平 13.0%。
市区：总人口 153649 人，农业人口 15149 人，非农业人口 108500 人，暂住人口 30000 人</td></tr>
<tr><td>2</td><td>土地情况</td><td>人口密度 252 人 /km^2；
人均土地 0.398hm^2，为全省人均数的 1.5 倍；
人均耕地 0.072hm^2，为全省人均数的 1.6 倍；
农用地占土地总面积的 89.17%，耕地占 18.63%</td><td>人口密度 262 人 /km^2；
人均土地面积 0.381hm^2；
人均耕地面积 0.063hm^2；
农用地占土地总面积的 90.67%，耕地占土地总面积的 18.18%</td><td>人口密度 131 人 /km^2；人均土地面积 0.767hm^2；
人均耕地面积 0.333hm^2；农用土地占土地总面积的 76.68%，耕地占土地总面积的 43.39%</td><td>人口密度 74.47 人 /km^2；人均土地面积 1.34hm^2；人均耕地面积 0.36hm^2；农用地占土地总面积的 89.87%，耕地占土地总面积的 27.14%</td></tr>
<tr><td>3</td><td>经济发展</td><td>"八五"期末，全县完成国内生产总值 30.31 亿元，年均递增 25.5%，三大产业在国内生产总值中的比重为 24：49：27，人均国内生产总值 4186 元，年均递增 37%，农村人均纯收入 2586 元，年均递增 19.8%。
"九五"期末，全县完成国内生产总值 82.5 亿元（现价）。按可比口径计算，五年年均递增 15%，三大产业比重为 21：57：22，人均国内生产总值 10950 元，五年年均递增 14.2%，农村人均纯收入 3535 元，年均递增 6%</td><td>1998 年末，全区国内生产总值 17.46 亿元，人均国内生产总值 11743 元，三大产业比重为 33：41.7：25.3；1991 ~ 1998 年全区国内生产总值年平均增长 19.8%，人均国内生产总值年平均增长 17.4%</td><td>1998 年末，全县国内生产总值 65399 万元，其中第一产业 27822 万元，占 42.5%，第二产业 12482 万元，占 19.1%，第三产业 25095 万元，占 38.4%，人均国内生产总值 1282 元</td><td>1999 年末全市实现国内生产总值 623113 万元，人均国内生产总值 1966 元，农民人均纯收入 960 元，国内生产总值中第一产业占 16.0%，第二产业占 47.4%，第三产业占 36.6%。国民生产总值 1991 ~ 1999 年 9 年平均递增 10.0%</td></tr>
<tr><td>4</td><td>与所在区域关系</td><td>地处广东省中南部，珠江三角洲东北端，东江中下游，是珠江三角洲经济区的组成部分，属于惠州市管辖。县城所在地罗阳镇，距广州 122km，距惠州 32km，距深圳 112km，距汕头 350km
县域内形成了以制糖、建材、制药、纺织和食品为主体、以机械、电子、化工为重点的工业体系</td><td>鼎湖区是肇庆市管辖的一个区，位于广东省中部偏西，珠江三角洲西北部，西江下游，是珠三角经济区的组成部分。西江航道、三茂铁路、321 国道从区内通过。距广州 58km 肇庆市主城区距端州区 10km。初步建立起了纺织、食品饮料、工艺品制造、农副产品加工、旅游等符合区内资源现状的支柱产业，是广东省现代农业示范区和肇庆市粮产区及"菜篮子"基地</td><td>位于宁夏回族自治区南部，地处六盘山区，银平公路、宝中铁路、清水河纵横南北，北距宁夏自治区首府银川市 328km，南去陕西省会西安市 399km，西至甘肃省会兰州市 335km，是固原地区经济文化政治中心。县内初步形成了电力、采掘、建材、陶瓷、食品、酿造、纺织、毛皮、制革、造纸、木器、五金、机械、化工等工业门类</td><td>位于陕西北端，与宁夏、内蒙古、山西交汇，西包铁路、神朔铁路、国道 301、国道 210 贯穿境内，是陕、宁、内蒙古、晋交汇区的交通枢纽，是陕北地区的经济中心，也是陕西省重点发展地区</td></tr>
</table>

续表

序号	名称	博罗县	鼎湖区	固原县	榆林市
5	城镇体系	全县22个镇，以非农业人口计算的城镇化水平为21.9%，城镇密度为0.8个/100km²。规模大于8万的城镇1个，人口3万的城镇1个，人口0.7～0.8万城镇3个，人口0.3～0.5万的城镇7个，人口不足0.3万的城镇10个；城镇主要沿广州—梅州、广州—汕头公路、东江、小金—龙门公路分布；城镇多以外来加工工业为主，职能分工不明确且严重重复，缺乏特色	鼎湖区共辖2个街道办事处，6个建制镇，以非农业人口计城镇化水平29.7%，城镇密度1.3个/100km²。全区城镇中，除城区人口5万外，其余镇人口规模均不足0.5万人。城镇主要沿321国道和西江两条轴线密集分布。现状城镇职能分工不明确，自身发展能力有限，目前主要依赖招商引资发展加工工业	固原县辖26个乡镇，1个城关镇，4个建制镇，城镇密度0.13个/100km²，以非农业人口计算的城镇化水平15.0%。全县城镇以城关镇规模最大6.4万人，其余城镇规模均不足0.5万人，城镇职能以城关镇经济职能突出，其余镇行政职能突出，经济职能较弱，城镇主要沿县域南北交通主轴线银平公路集中分布	全市共有城镇263个，其中小城市1座，建制镇46个，集镇和村镇216个，按城镇非农人口分，榆林市区为9.43万人，1～5万人的镇8个，0.5～1万人的镇有6个，其余的皆为不足5000人的小镇。城镇从职能上分为综合性地方中心城市、综合性城镇、工矿性城镇、交通枢纽城镇和地方中心城镇五类。城镇在空间布局上以榆林为中心，形成沿210国道和古长城沿线分布格局
6	森林覆盖率	森林覆盖率47.5%	森林覆盖率48.8%	森林覆盖率6.41%	—
	城市发展状况	城市性质（1991年规划）：博罗县的政治、经济、文化中心，以地方轻工业和对外加工工业综合发展为主导，为惠州市提供配套服务的新型城镇。 1997年规划性质：全县的经济、文化与行政中心；以发展食品工业和与珠江三角洲高新技术产业配套的技术含量高的加工工业为主，并逐步向高新技术产业过渡，环境优美的现代滨江城市 县城规模：1990年城区总面积3.5km²，总人口约4.7万人，1996年城市建设用地7.34km²，总人口约8.2万人。 耕地变化情况：1979～1997年共18年时间，耕地共减少了17.14万亩，减幅19.74%，平均每年减少9522亩。 “八五”期间，由于“城镇化”和开发区热影响，全县已征用或已平整填土尚未建设有闲置地面积计有1万亩左右，闲置地主要分布于县城周边镇、西部平原镇和广汕、广梅等主要交通干线沿线填区，其他各镇亦有200～700亩不等	城市性质（1994年规划）：具有较好的交通位置和突出的旅游资源优势，城市建设用地充裕。现状食品工业有一定基础，将继续发展成为以旅游业为龙头，食品工业为主体，轻型工业发达，商贸业活跃的现代化花园式城市（区），也是肇庆水运枢纽港的主体港区所在地，其东部将成为肇庆重要的工业区。 城市性质（2002年规划）：近期发展成为肇庆市域以现代农业为基础，特色旅游与适用技术产业为主导的现代化的环境优美的核心城区；远期发展成为区域性经济、科技与文化中心，珠江三角洲及周边地区重要的生态旅游与高新技术产业基地。 城市规模：1994年建成区人口3.70万，建成面积5.70km²。 1999年建成区人口5.1万，建成区面积6.0km²。自1988年成立鼎湖区起至1999年，共减少耕地0.162万hm²，尤以1992～1993年为甚，两年共减少耕地0.119万hm²，其中非农业建设征用占47.8%。受城镇和房地产建设过热影响，1992～1993年两年间，城镇建设共用、预征土地0.115万hm²，其中60%是耕地与鱼塘，这些土地目前仅部分利用，其余闲置	1999年规划城市性质：固原地区主要农副产品加工基地，宁夏南部地区政治经济、科教文化中心和重要经济增长极，省际区域旅游商贸、综合服务中心。 1990年全县建制镇用地611km²， 1996年全县建制镇用地1697km²，年均增加181hm²。 1990年建城区人口4.24万人，建城区面积5.63km²。 1998年建城区人口9.72万人，建城区面积11.50km²	1994年规划城市性质：国家历史文化名城，工业以毛纺皮草和服装工业为主，是全区的中心城市和晋、陕、内蒙古三角地区最大城市。 2000年规划：榆林是国家级历史文化名城，西部地区重要的新型能源重化工基地，陕、内蒙古、晋接壤区的现代化中心城市，陕北地区经济、文化、科技及旅游服务中心。 1994年城区人口9.34万人，建成区面积711hm²，1999年城市人口15万，城市建设用地2090hm²；1996年全市城镇用地3900hm²

资料来源：根据西安建大城市规划研究院编制的博罗、鼎湖、固原、榆林四城市总体规划文件整理。

通过表 5–5 对四个城市的比较，可以得出以下结论：

四个城市在规划时的人口规模虽有差别，但人口都在 10 万人左右，并且未来都将至少发展成为中等城市；在经济方面，博罗在 1990 年代以前（1986 年）人均国内生产总值只有 1996 年的 1/10（鼎湖在 1990 年代以前未建制），与固原、榆林目前的经济水平相当。另外，虽然博罗、鼎湖（图 5–8、图 5–9、图 5–10）位于广东省的珠三角地区，但经济实力在珠江三角却相对落后，1990 年代初的开发热对它们的影响相对较小，经济发

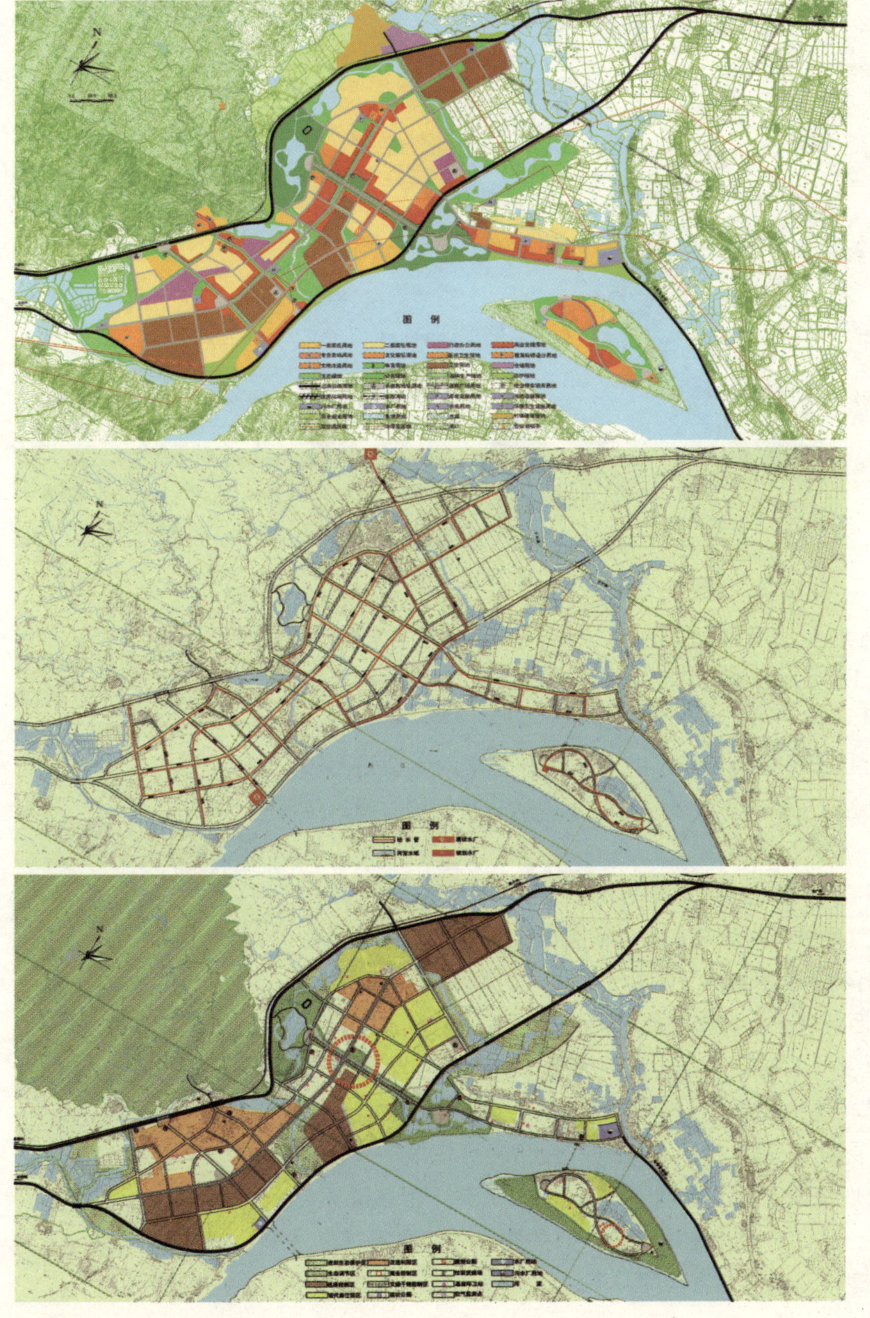

（上）图 5–8　肇庆鼎湖城区总体规划图远期

（资料来源：西安建大城市规划设计研究院．肇庆市鼎湖城区总体规划（2002 ~ 2020 年）．2002）

（中）图 5–9　肇庆鼎湖城区给水工程规划图

（资料来源：西安建大城市规划设计研究院．肇庆市鼎湖城区总体规划（2002 ~ 2020 年）．2002）

（下）图 5–10　肇庆鼎湖城区环卫环保规划图

（资料来源：西安建大城市规划设计研究院．肇庆市鼎湖城区总体规划（2002 ~ 2020 年）．2002）

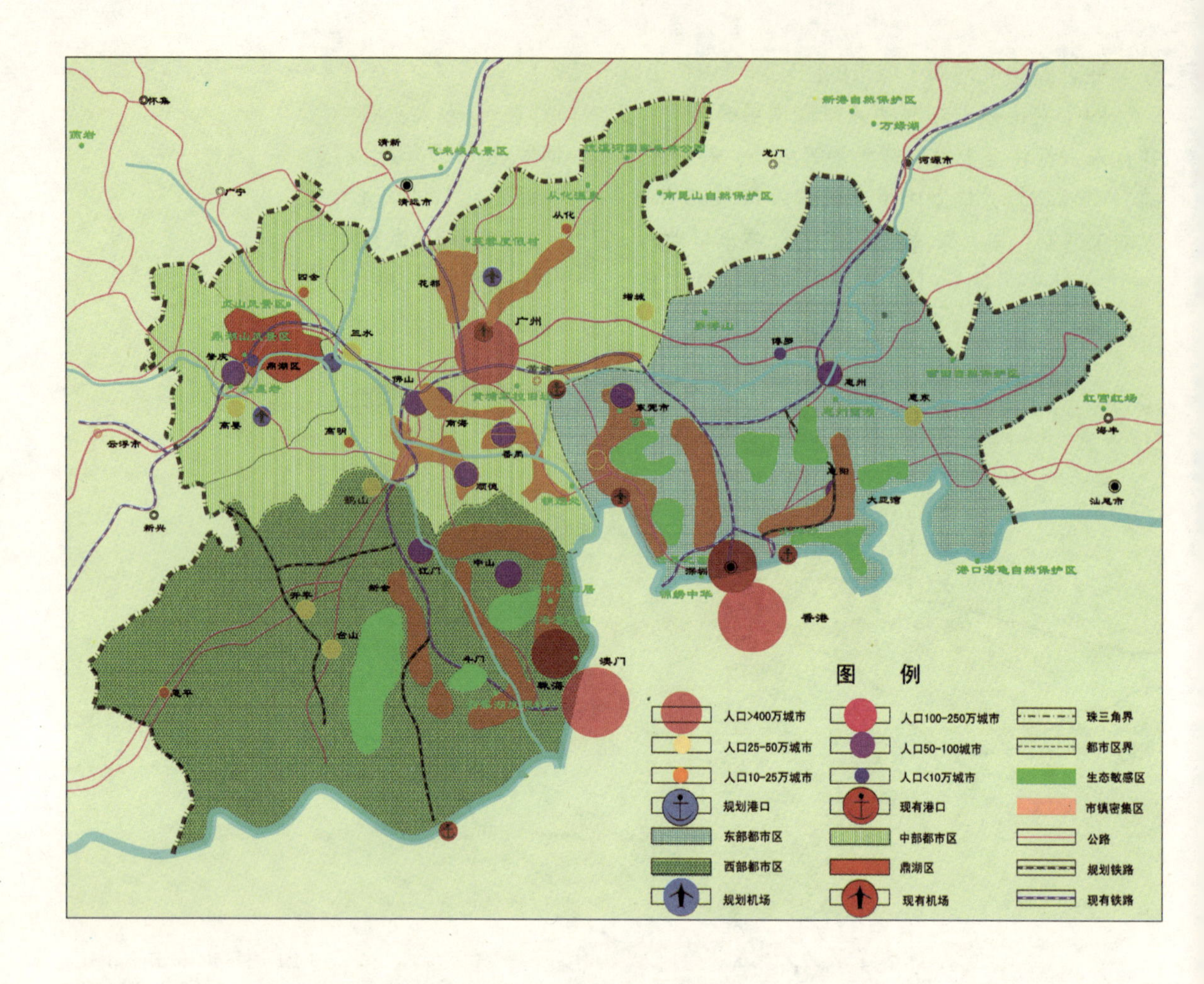

图 5-11 珠三角城镇分布图
(资料来源：西安建大城市规划设计研究院．肇庆市鼎湖城区总体规划(2002 ~ 2020年)．2002)

展还未达到质的飞跃。随着珠三角经济区的持续发展和产业结构的调整(图5-11)，这两座城市也出现了经济腾飞的势头。这与固原、榆林两城市目前面临的状况有类似之处。

对于地处西北的固原和榆林，其城市的发展建设在学习借鉴沿海较发达地区经验的同时，还应注意避免发展过程中出现的一些问题，同时结合自身情况形成特色。

第一，是观念上的转变。西北地区与珠三角相比，前者是等国家政策，并经常以自身条件不好为理由拒绝看起来难度很大但完全有可能成为现实的机遇，而后者则是充分利用国家政策，并敢于尝试一切前所未有的事物。因此，观念的转变对于西北地区的城市发展来说是首当其冲的事。

第二，在城市快速发展的初期，将会出现大量未经落实、只有发展意向的项目涌入的状况，这种现象在1990年代的珠三角地区极为普遍。造成的结果，一是鱼龙混杂，一些对当地的社会、经济及环境很不适合的项目盲目上马；二是大规模快速地“圈地”，造成农田荒芜，生态破坏；三是城市摊子铺得太大，公共市政设施跟不上；四是建设施工只重速度、数量，不重质量，城市建设只追求高容积率，不考虑环境质量的高水准；

五是管理在一定程度上形同虚设，长官意志，管理法规不健全，管理人员素质低的问题时刻干扰着城市的健康发展。因此，作为相对“后发”的西北地区城市发展与建设，一定要以南方城市发展的教训为鉴，使其社会、经济、环境健康均衡地发展。

第三，总体来说，小城市在其快速发展的初始阶段，其产业在充分考虑当地的资源特色的同时，应以劳动密集型产业为主。因为此类产业资金投入小，吸纳农村剩余劳动力较多，并有相对较大的商业服务业需求，容易形成初级的城市气氛。珠三角地区小城市的发展已充分证明了这一点，而这一点也是西北地区城市化水平提高的一条必由之路。需要特别注意的是，像固原、榆林这样的城市在发展劳动力密集型产业时也应当把不对生态造成破坏作为经济发展的一个前提来对待。

第四，应当充分重视规划对城市发展、尤其是快速发展阶段的指导作用。目前在西北地区，人们对规划的认识普遍要低于南方较发达地区。如果说造成这种状况的原因是由于过去城市发展较慢，人们感受不到规划对城市发展、建设的影响的话，那么在西部大开发背景下，西北地区城市面临着快速发展的机遇的时候，城市规划就绝不是可有可无的事情了。

第五，针对西北地区的具体情况，在借鉴珠三角地区城市发展和建设经验的同时，西北地区的城市规划发展建设还应有所创新。如在发展经济与改善生态方面，在对农村剩余劳动力的吸纳政策方面，在城市布局的紧凑发展、分阶段实施方面以及在城市的自然生态与人工生态的有机结合方面等等，都可能形成自己的特色。

第六，由于城市的发展和建设改变了原有用地性质及城市周边环境、城市内部环境，因此其生态状况自然都会产生变化，这是无法避免的。而作为城市规划以及随后的建设管理实施应当使其向好的方向变化，即尽最大努力少占农田及良好的植被区，城市在建设过程中尽可能紧凑发展，尽量减少对原有自然生态环境的破坏；对新扩展的城市建设用地，应从规划到实施管理的每一个阶段认真抓好人工生态建设，使其成为城市生态系统的一部分。与此同时，充分利用城市内部及周边的自然生态特色，创造人工生态特色，并使自然生态与人工生态有机结合，形成城市的特色。

城市的快速扩展、建设对自然环境产生的影响目前在西北地区虽有所表现，但由于其正处于起步阶段，因此表现得还不够充分。而在珠三角及广东省其他地区，1990 年代初出现的开发热已使这一影响表现得十分清晰。这里同样用博罗和鼎湖两城市来说明问题。

博罗县城 1990 年代以前发展缓慢，面积只有不到 $2km^2$，从 1990 年代以后，县城开始快速发展，以每年接近 $1km^2$ 的速度扩展，1991 年完成的总体规划中确定的远期（2010 年）建设用地规划为 $15.3km^2$，而到了 1993 年的开发热时期，远期用地规模被修改为 $57km^2$，增加了近 4 倍。与此同时，县城周围呈现出一片“繁忙”景象：近 $30km^2$ 的用地几乎被购买一空，农田很快变成了“准建设用地”，植被茂盛的丘陵被移为平地，水塘、鱼池被建筑取代。为了搞开发，甚至不惜牺牲植被茂密、环境优美、生态条件极好的东江南岸地区。此外，由于城市迅速扩展带来的污水处理排放问题没有能够及时解决，使得东江水质有一定程度的污染。几年过去后，随着开发热的冷却，只有少部分成为现实，大部分用地闲置着。在这些闲置地中，有一部分开始恢复为农业用地及绿化植被，还有一部分由于种种原因仍然荒芜。

鼎湖1988年设区，近年开始快速发展。城区所在的坑口、水坑区域水网纵横植被密布，但近年的规划和建设同样走了填塘、砍树的路子，使得原本极富自然特色和生态特色的环境又有可能走上一条无法调头的单行不归路。

相比之下，也许是由于整体经济发展水平的原因，固原和榆林在这方面的情况要好得多。在固原，城市总体上还属于紧凑发展，目前的主要问题是其内部和周边的原有自然生态状况较差，另外由于经济发展水平较低，城市内部的人工生态基本属于“放任自流”的状态。榆林城市的情况与一般城市相比有着一定特殊性：一方面，虽然有“三北”防护林的建设，但若论真正质量较高的绿化植被，还要属那些人们日常活动能够到达的地方，即所谓“人进沙退”。根据当地居民对环境的感受，城市规模的扩展与生态的改善是成正比的。另一方面，虽然处于沙漠与黄土高原结合地区，但当地的水无论是水质或水量都达到了相当水准，近年的建设也很好地保护了水系中的中心河流——榆溪河。这些都为形成榆林城市独特的生态环境打下了一个很好的基础，即城市及其周边的环境不仅与建设有直接的关系，而且它也是形成城市生态的重要因素。另外，它也十分明显地反映出这一个城市的地域环境特征，是城市文化的一个重要组成部分。

■ 本章小结

在前面各章对西北地区的整体情况以及与规划布局相关的规划理论的描述、分析和研究之后，本章针对西北三省（区）的中小城市基本情况展开研讨，并将其与发达地区和全国的平均水平进行比较。资料是无情的，数据是严峻的，这些不带任何感情色彩的资料和数据，留给人们的只能是强烈的感观刺激和内心震动。一方面，三省区中小城市发展建设明显低于全国水平、即使水平相对最高的咸阳也未达到全国平均水平的现实带给人们沉重的忧虑，而绝大部分城市缓慢的经济增长率更加深了这种忧虑；另一方面，通过与发达地区的对比，我们又有一些庆幸并发现了希望：经济发达的珠三角某些地区在1990年代初期其人均GDP也只大致相当于1990年代末的西北三省区的中小城市，其快速发展也只是近十年的事；而西北地区由于发展缓慢，城市周边的农田、林木等自然生态得以保存，尚未遭到破坏，这为未来城市的生长、可持续发展提供了一个良好的前提条件，也必将成为西北地区中小城市的城市发展、规划的“后发”优势。

6 规划中的城市生长——“生长型规划布局”实践与研究

本章将在实践的基础上，选取具有代表性的规划实例与珠三角地区的城市总体规划实例进行比较，从六个不同角度来探讨研究城市的总体布局如何体现城市的生长。这些不同角度涵盖了规划的理想方法、理想方法在实际项目中的变形，用变形后的方法完成的规划在实施中的效果等。

6.1 城市布局的自组织生长与规划干预

6.1.1 城市布局的自组织生长

自组织（self-organization）的概念来源于物理学。比利时物理学家普里高津通过对热力学第二定律——"熵"这一概念的重新认识与研究，提出了"耗散结构"理论[1]（又称为"非平衡系统自组织理论"）。耗散结构是一个开放的非平衡系统，它通过不断地同外界进行物质与能量的交换产生自组织现象，使系统实现由无序到有序状态的转化，并产生新的物质形态。这一理论不但对物理学的发展具有重大意义，而且带来了人们对物质世界认识的新角度，也使人们对城市及城市规划的理解上升到一个新的高度。

自组织的理论含义为：如果向系统注入能量使得一定的参数达到某个临界值，系统往往会自己形成某种秩序和模型。[1]也就是说，对一个特定的系统，在一定的条件下其外在的力量不能决定内部的行为，它只能激励系统内部自发形成某种有序的过程。

城市系统是一个远离平衡状态的开放系统，每天都在和外界进行技术、资金、信息、物资、人口等的交换，与此同时系统内部的子系统又具有非线性的相互作用关系。这些子系统包括了城市系统内的自然、社会、经济、文化、人口等方面，它们的非线性的相互作用就是自组织。外部环境对城市系统的影响有积极的一面，也有消极的一面。在外部环境的正面积极影响下，当外界控制参量达到、超过了某个临界值后，城市系统在其内部的自组织机制作用下，会产生突发性的非平衡相变，从原来的定态转变为新的定态，形成在功能上、时间上、空间上的新的，有利于城市社会经济发展的有秩序结构。这时，城市的布局通过自组织机制的作用体现出一种非规划状态下的相对合理与完整，即在发展（不平衡）过程中获得自发的平衡，虽然这种平衡可能是不健全的。这实际上也反映出城市作为一个有机体，一个生物体对环境的适应能力。

这样的例子在城市发展中比比皆是。不用说城市规划作为学科诞生以前古今中外城市的发展，也不用说城市规划作为行业、作为工程普及以前城市的发展，只说当今在绝大多数城市人们对城市规划一词已耳熟能详、并能对城市规划、城市建设进行或偏或全的品头论足的状况下，城市的发展、运行实际上也是在相当程度上通过非规划，或曰自组织实现的。

广东的博罗县位于珠三角的东北部地区。受开发热影响，1990年代中期县城扩展迅速。原本只有七八平方公里的县城通过卖地、"炒地皮"在一两年间一下"扩展"到了三四十平方公里，各种可能的和不可能的、合适的和不合适的项目纷纷

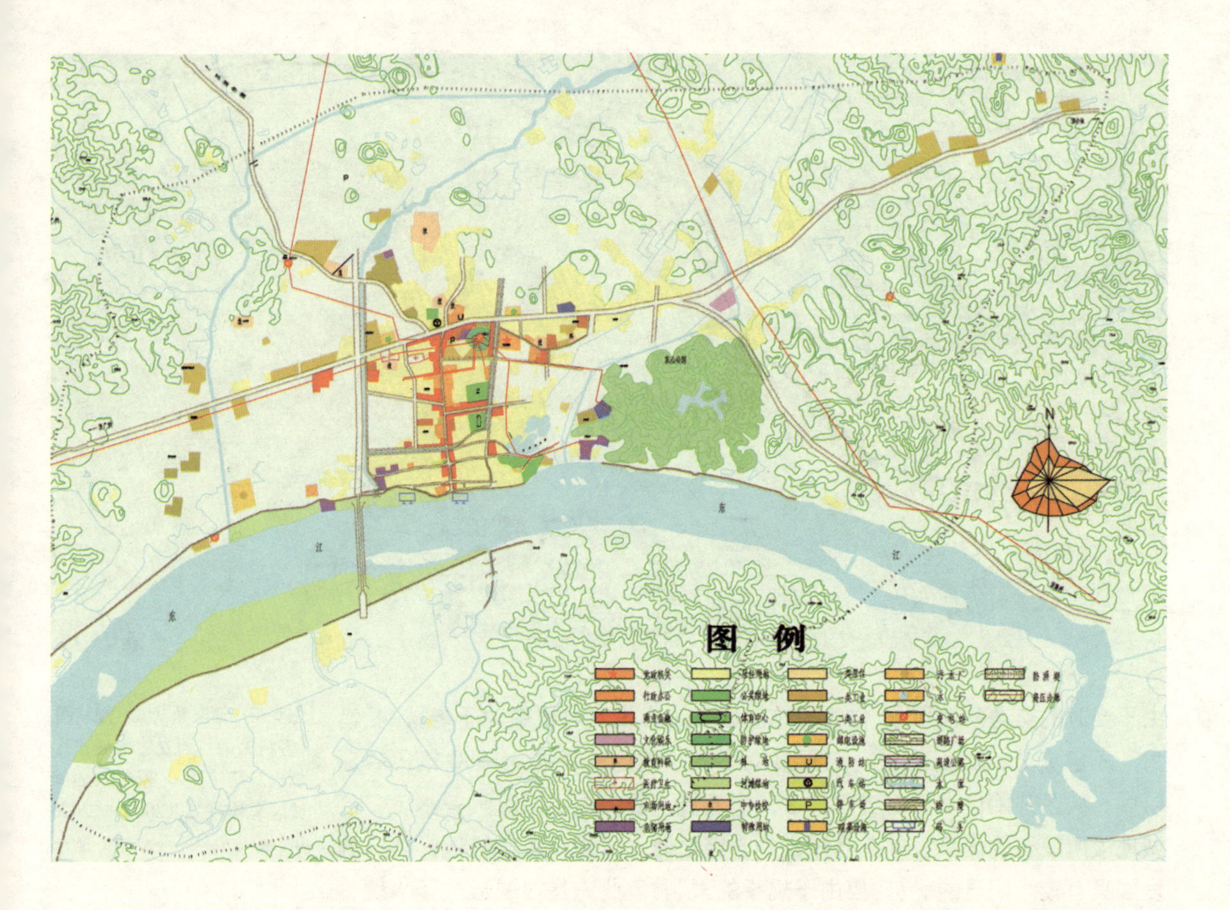

图 6-1 博罗县城现状图（资料来源：西安建大城市规划设计研究院．博罗县县城总体规划，1998）

涌入。为了引进项目而实行的"三通一平"最先落实在"平"上：天然的水塘与丘陵、优质的农田和林木被推土机无情地"格式化"。开发热"热"过之后，尽管引进了一些项目，尽管县城整体无论是在社会经济，还是城市建设，或是人口增长方面都上了一个台阶，但城市布局却显得破碎零乱。大量的已批、已平土地荒芜闲置、污染工业与居住交叉混杂，新建区域的公共、市政设施跟不上等现象体现出当时城市建设、城市布局的"无序"（图 6-1）。然而，经过几年的发展，城市的这些问题在一定程度上发生了变化：一些不合适的污染工业纷纷下马，而远离县城和交通线的工业项目也呈现出疲态，寻求新的发展出路；离城市中心较远的住宅或人去楼空，或干脆一直就无人问津，而在城市中心的边缘却很快发展起成片的公共服务和市政设施配套齐全的住宅新区；一些当时未来得及推平的水塘、丘陵也被充分地利用起来。城市的自组织机能使得原本杂乱无章的状况在一定程度上向有序转化。

肇庆鼎湖城区在 1990 年代中期以前的发展主要集中在东部的水坑、桂城一带，并且形成了较为集中成片的城市新区雏形。但这里的发展却存在着两个"先天不足"：一是在当时的城区规模、经济实力背景下，城市的发展建设未能利用鼎湖城区所具有的得天独厚的鼎湖山风景区资源，来往鼎湖山的游客与城区擦肩而过；二是距离肇庆市中心端州区相对较远。

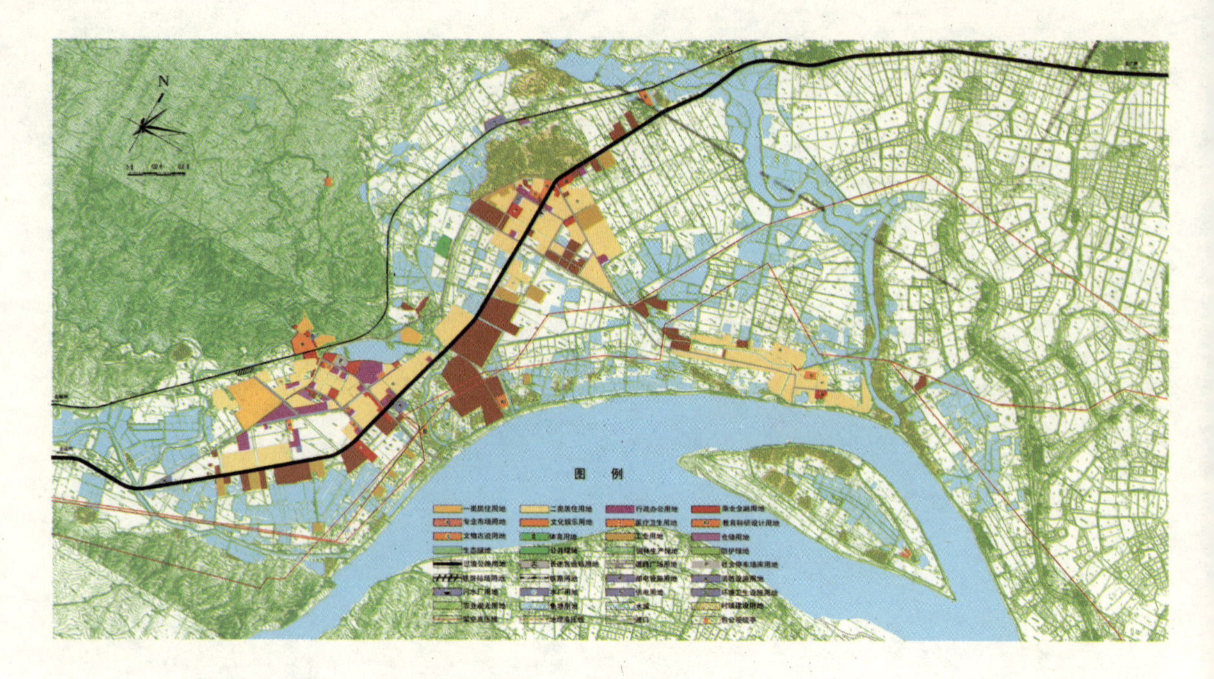

图 6–2　肇庆鼎湖城区现状图（资料来源：西安建大城市规划设计研究院．肇庆市鼎湖城区总体规划（2002 ~ 2020 年）．2002）

由于当时的交通条件所限，作为城市新区来说在发展过程中对于老城的"借力"不够充分，因而也在一定程度上影响了城区的发展。1990 年代中期以后，城区开始自发地向坑口片区集中发展，因为这里同时具备水坑、桂城地段所没有的优势：是上鼎湖山的必经之地，离端州距离较近。坑口的发展具有较为明显的优势，但由于规模的限制，因此先是很快形成了水坑—桂城、坑口两个片区，而后水坑—桂城片区又逐渐衰落，再后随着周边区域经济环境的变化，两片区又趋向于连成一体的发展态势（图 6–2）。

西北地区的城市虽然发展相对缓慢，但同样存在着城市布局的自组织演化现象。榆林城市在 2000 年以前的建设分为两大片：以历史文化名城为核心的老城片以及西沙片，榆溪河从两片之间穿过。尽管西沙片区是新城，且城市的行政中心、火车站、机场等在这个片区，但城市居民更愿意居住在老城，而无论是商业服务设施还是房地产开发，老城明显地比西沙更火爆，更具人气。榆溪河作为城市发展的一道"门槛"，不但对城市规划，而且给城市的自组织布局带来巨大的影响。

宁夏石嘴山原分为三个片区，其中大武口区、石嘴山区是城市的两个主要片区。虽然该城市的形成、发展、建设具有较明显的计划经济特征，但同任何一个城市一样，在发展过程中或多或少地显现出自组织机能。如长期以来其工业"基地"——与煤炭相关的产业主要分布在石嘴山区的河滨工业区，而大武口区为城市的生活服务基地和行政中心，两区间隔六七十公里。由于城区的间隔较远，加上工业区较为集中，以及城市较低的经济水平和较低的就业率，这就使得相当多的工厂职工别无选择且想方设法地要居住在污染严重的河滨工业区，因而形成了该区成片的居住用地和一些生活服务设施（图 6–3）。这也是一种自组织演化，是典型的工矿城市在发展初期交通问题没有得到充分解决之前生活跟着生产走的“自组织”例证。但这种自组织并不是健康的、正常的，它是在病态下的一种相对“正常”。就象病人与健康人的表征、行为虽不相同，但每一个病人都有符合其病症的表征、行为。这说明自组织的合理化趋向是有前提的，而这个前提就是外界对其的作用，不管这个作用是有利的还是不利的，健康的还是病态的。

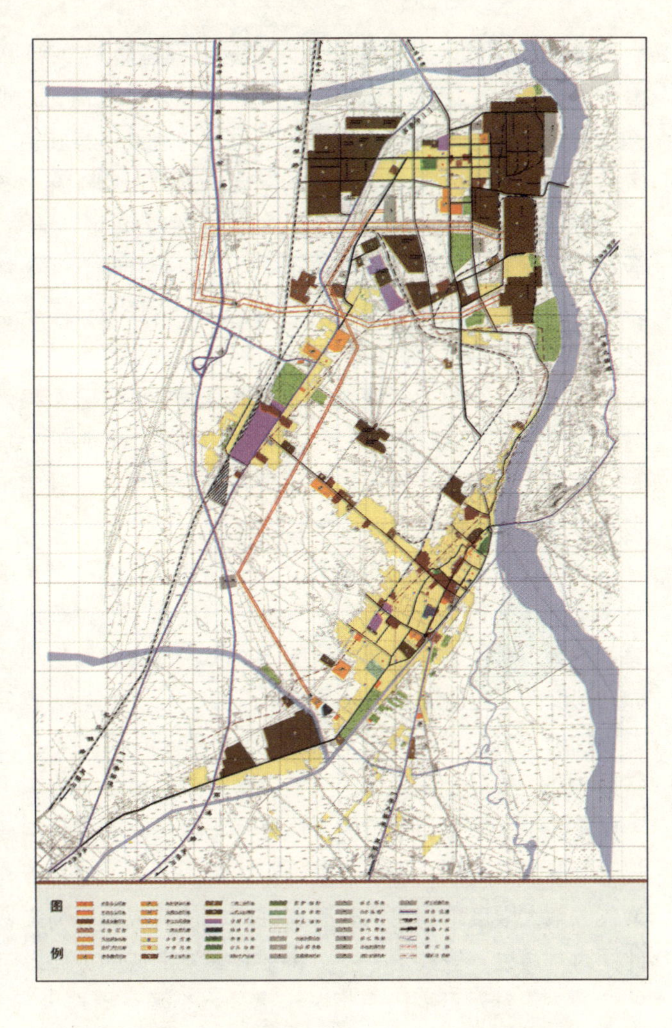

图 6–3 石嘴山市惠农区现状图
（资料来源：西安建大城市规划设计研究院．石嘴山城市总体规划，2004）

6.1.2 城市布局的规划干预

以上这些例证说明了城市的自我协调，即自组织机能，它从哲学的意义上反映了在一定程度上城市的运行、演化是不以人的主观意志而转移的。但是，这并不说明人对城市是无法控制的。恰恰相反，城市只有通过人们对其的控制，才能最大限度地走上理性、有序、良性和健康的发展、生长之路。而城市规划，应该说是目前人类对城市发展和建设最为有效、最为专业的控制手段。这里要特别强调的是，规划干预和自组织演化，反映的是城市在不同发展层面上的主动与被动需求，因此，它们对于城市的发展与生长来说，都是不可缺少的。下面通过同样的城市实例，来说明规划对城市发展的干预——当然，这种“干预”同样有成功和不成功之分。

上面曾经提到：在 1990 年代的开发热中，博罗县城推平了许多水塘、丘陵，使原本自然生态良好的城市周边环境遭到破坏，既无益于农业生产，也无益于城市建设。根据这种情况，1998 年规划在对现状充分调查的基础上，最大限度地保留了当时还存在的水渠、丘陵，并将规划的绿地、体育用地等以绿为主的用地与之结合，形成了具有鲜明特点的城市“绿环”，不但使城市的每一个片区都能充满绿色，而且将自然有机地纳入城市内部并贯穿始终。另外，针对县城位于景色秀丽的东江沿岸，而原来老城中心接近东江，但新城发展却背离东江的状况，规划中提出滨江城市的理念，使城市的中心区和开敞空间再次更充分地靠近东江。像这样在短时间内目的性、针对性极强地调整城市布局结构，使之趋于更加合理、更加有特色的做法，只靠城市布局的自组织演化是远远不够的，必需通过规划的干预才能够得以实现。

肇庆鼎湖城区发展的根本问题是没有将鼎湖山、西江水得天独厚的集文化、景观、自然、生态为一体的特色资源加以充分利用。长期以来，人们提到肇庆只知道星湖，而绝大多数人并不知道景观与星湖各具特色，但生态更好、且更具研究价值的鼎湖山。很多去星湖的游客从鼎湖山脚下穿过却不见西江水，错过鼎湖山，造成资源的浪费。城区发展在相当一段时间内"人云亦云"，一味强调发展工业，致使工业发展得不理想而环境也在一定程度上受到了破坏。针对这种情况，规划采取了多种措施，其中最重要的措施是一方面设计了一条能充分反映鼎湖城市人文、自然、景观特点的城市轴线，将鼎湖的山、水、林、城、岛融为一体，另一方面将过境公路沿西江设置，使过客通过轴线充分领略鼎湖之美，美的内涵之丰富，进而留下来成为游客，通过旅游、休闲、疗养等方式进一步感受鼎湖的魅力。与此同时，鼎湖也将通过环境优势吸引对环境要求较高，具有较高文化品位和科技含量的教育科研、高科技产业的进入。

石嘴山城市的大武口城区，是一座由于石嘴山城市的设置而完全以人的意志在平地上建设起来的城市。这种"人的意志"通过规划被充分地体现出来并通过建设成为现实。抛开初期的利弊得失不说，在目前该城区至少存在着这样几个问题：①城区不在区域的交通干线上，属于"尽端式"；②距城市的主要工业区——石嘴山河滨工业区有六七十公里，距离偏远，联系不便；③作为整个石嘴山市的行政中心、商业文化中心、生活服务基地，人口与石嘴山区大致相当，中心地位不突出。未来石嘴山城市的发展要从根本上改变这种格局是不可能了，作为城市规划，其能做的只是最大限度地扬长避短：通过挖掘不利因素中隐含着的有利因素，并最大限度地利用这些有利因素，使其成为石嘴山城市布局的特色所在；与此同时，通过一些技术手段，将不利因素造成的负面影响降至最低。在这种理念的指导下，针对石嘴山有相对丰富的水资源、地广人稀、煤矿蕴藏量大等情况，规划提出将现河滨工业区在以煤化工、火电厂为主的工业类型基础上做大做强，使之成为至少是西北地区重要的高耗能、高耗水工业基地，形成规模经济。同时搬迁工业区内的居住人口至大武口，在大武口至河滨工业区之间现已有国道的基础上再修建一条全封闭的汽车专用路，使职工上下班的行车时间控制在40min左右，总时间控制在1h之内。规划希望通过这种干预方式，使石嘴山城市具有建立在自身条件下的可持续的发展动力，并使城市布局在合理的基础上更具特色。

榆林城市的发展在一段时间内面临着两难问题。一方面，由于用地及名城保护的限制，在老城周边的发展从长远看显然是没有前途的；另一方面，榆溪河以西虽然用地广阔，但面对这样一个经济实力的状况，城市发展也力不从心。因此，从规划对城市发展的干预角度来说，跨区的发展最重要的是要把握时机，使经济发展、人口增长与城市的扩张同步，以达到高效、和谐、均衡的目标。目前的西沙片区在相当长的一段时间内不景气，缺乏活力，尽管市政府已搬迁到这里，但仍然不能带动整个片区的发展。尽管是规划行为所至，但由于这种行为没有与城市某一阶段的内在能力和外在需求结合起来，因此使规划的实效大打折扣。

以上的例证说明，城市在发展过程中的规划干预是必不可少的，但又不是万能的。一个好的规划可能促进城市的发展，并同时形成城市的特色，而一个有问题的规划也会在城市未来的发展中体现出来，给城市的日常运转、城市居民的日常生活带来不好的影响。对规划的干预来说，重要的是要符合城市的实际情况，要把握住城市的内在潜能和发展趋势。正如毛泽东所说："外因是变化的条件，内因是变化的根据，外因通过内因而起作用"。在这里，城市是内因，而规划是外因。

6.2 规划中的布局结构生长

城市生长的核心是城市结构的生长，而体现在规划布局上面的则是布局结构的生长、变化。这种生长变化在我国以往的规划中主要体现在不同轮次的规划布局的集合上，其基本构成是由若干张过去轮次的规划总图和一张本轮次的规划总图来完成的。因此，这种生长变化回顾的性质多，预期的性质少；反映具体问题的多，描述结构内容的少。这种做法不但使得城市的总体规划陷入一些任何组织与个人都无法控制的城市未来发展的细枝末节的具体问题之中，而且不能充分体现出城市规划对城市未来发展的宏观、整体结构生长变化的把握与控制。这正反映了我国规划界对大多数城市总体规划舍本求末做法的一句经典评价：粗不够粗、细不够细。笔者认为，在城市总体规划中，"粗"应该反映在对宏观（即跨区域）、长远（即跨时限）的控制上，而"细"则应体现在对结构、对结构的生长过程的描述上。只有这样，才能使规划粗中有细，更适合城市的发展，"随心所欲不逾矩"。

6.2.1 鼎湖城区

肇庆鼎湖城区在 2001 年时的现状建设如图 6–2 所示。当时的城区现状有以下几个特点：①布局分散，分成了桂城—水坑、坑口两个片区和广利镇镇区共三个部分，而人口却只有 5 万；②城区内部和周边沟、渠、塘、湖等构成的水网星罗棋布，几乎占到了总面积的 1/4；③虽然身处鼎湖山与西江所夹的具有优质自然景观与环境质量的区域之中，但却丝毫感觉不到城市发展、建设与它们的关系。鼎湖山作为联合国"人与生物圈"研究的定点站所具有的环境优势和品牌效应，鼎湖的文化传统、历史传说没有充分地纳入城市的发展建设中。

针对这种情况，新的总体规划提出了二十四字的规划布局结构：带形发展，组团结构，平行布局，分期建设，"田园"风格，"绿色"贯穿。

带形发展意为鼎湖城区未来的基本发展走势应顺应山、水（西江）所夹的自然地形，同时交通要符合带形城市的基本要求，即设有几条纵贯带形城区的城市与过境交通线。

城内的水网除相当一部分为渔塘之外，还有一部分分担着鼎湖区的

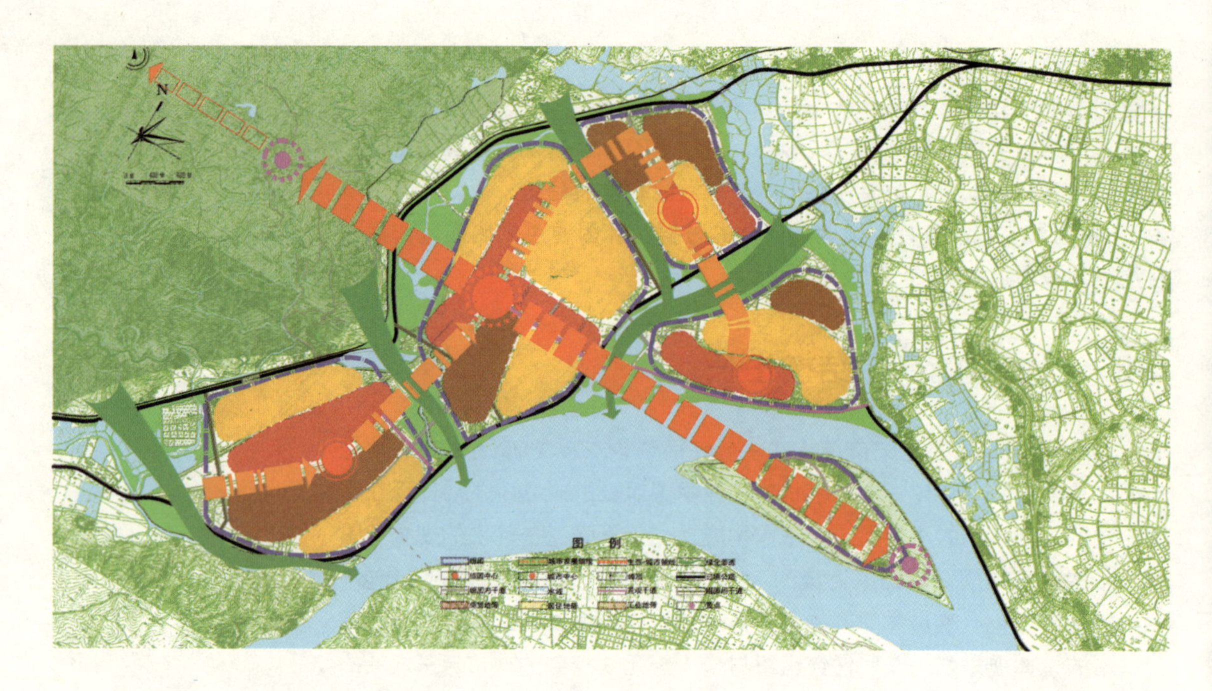

图 6-4　肇庆鼎湖城区总体规划——规划结构图

（资料来源：西安建大城市规划设计研究院．肇庆市鼎湖城区总体规划（2002 ~ 2020 年）．2002）

雨水排放功能，尤其是几条主要的沟（当地叫涌）更是承担着山体排水泄洪的重要职能。规划因势利导，将主要的水系保留下来并进行整治，结合功能结构的不同形成了既相对完整又各具特点的城市布局的组团结构。坑口组团以行政办公、商住和劳动密集型产业为主；水坑组团以商贸和高科技产业为主；凤凰组团为混合工业区；广利组团以旅游服务为主；砚洲组团以休闲娱乐为主。每个组团之间以自然形成及人工修整的水网和大片绿地分隔、联系。

平行布局意为城市的主要用地顺着带形的走势发展，形成几条垂直于带形的用地构成。沿西江向鼎湖山推进，几条相互平行的带为：休闲娱乐疗养、工业、商业服务、城市居住。

分期建设强调城市在发展过程中的紧凑高效，后面专有论述，此处不再赘言。

田园风格之所以要在布局结构中加以强调，是希望其在未来局部地段的详细规划和城市设计当中成为规划设计师在考虑布局结构、形态时的重要原则，即使城市与鼎湖山、西江水相融合，与区内农田、水网、自然植被相融合，建筑低层、低密度、自由布局。

"绿色"贯穿意为使自然生成的植被与发自鼎湖山的水系有机地渗透到城市的各个部分，形成人工与自然的高度融合，最后又注入西江，使鼎湖的山、城、林、水形成一个整体（图 6-4）。

6.2.2　博罗县城

根据博罗县城的用地状况和发展潜能，县城未来的发展重点仍然在东江北岸，向东、西、北三个方向"摊大饼"式发展。尤其是西部和北部，用地平坦，且与现状建设形成良好的衔接关系，因此将成为未来城市发展的首选地区。而江南则应适时、谨慎发展，以不破坏整体的生态环境为基本前提条件。

城市的中心区由现状的单核线性布局向未来的“士”字形布局过渡，并与江北东部、北部和江南的三个规模较小的分中心在一起，形成“一个中心，三个基本点”的结构，中心区位置由目前的“内聚型”向“沿江型”转移、扩展，以形成滨江城市特点。

城市的工业集中于三个区，即以一、二类劳动密集型工业为主的西部工业区，以高新技术产业及惠州配套产业为主的汤泉工业区以及东江南岸的高新技术产业江南工业区。

绿化系统始出于植被茂盛、景色优美的东山（象头山），经过城市街道，水渠及小丘陵的内容不同、形式各异的绿化的串连，最后汇入东江，形成一个自然、生动的“绿环”。同时以“绿环”为纽带，绿地系统向各片区、各用地渗透，形成“绿环”与点线面相结合的绿化结构系统，与城市的其他结构系统形成有机的联系。

城市交通在现状的基础上形成环路加方格网路的基本骨架结构，现穿越城市的过境公路（广汕二级公路）一次性改线于城市北部高速公路南侧。随着东江南岸的发展，江南江北的交通网络通过两座桥梁联系。

6.2.3 固原城市

固原位于宁夏自治区的南部，属宁南地区的中心城市。2000 年总体规划修编时期仍为县城、地区行署所在地，但 2001 年即撤县（地）设市（地级市）。因此规划时是按照地级市、宁夏南部中心城市的标准进行的。

城市现状的道路基本骨架为一个“环线”套一个“十字”。即由北环路、银平公路、清河路形成环线；由中山街、文化街构成十字。规划的路网结构在此基础上强化这一特点，形成环线、方格网加放射线相结合的城市道路系统，过境交通系统在城市边缘外环线上通过城市。

城市中心区由现状和近期的单中心向未来的一个中心、一个副中心发展，由低档次向中、高档次发展，由“线型”向“片状”发展，由商业零售向贸易批发发展。中心区在现中山街、文化街、政府街的基础上形成“卄”形结构，在西部的开发区形成副中心。

未来城市的工业区形成东北、西南两条平行的带形片区。东北区利用原有工业基础，以农副产品加工和少量的污染工业为主，西南区以高新技术产业和非污染工业为主。

城市的生态绿化系统由清水河引出，以各种不同的绿化方式连接固原城市的沟壑、土塬、水库、街道，以及位于城区东西两侧的东岳山、短山头两个空间制高点，形成环状加放射状的富有特色的绿化结构。

6.2.4 榆林城市

榆林为陕西最北部的地级市、小城市。它同时又是陕西省在未来重点发展、且也有较大发展潜力的城市。由于榆林的矿藏、用地、区位等方面的优势和国家宏观发展战略和陕西省经济发展计划的支持，榆林将有可能在一个不算太长的时间里从一个小城市发展成为大城市。而由于榆林城市的用地特点，未来城市的布局结构将显现出与现状截然不同的结构特征。

榆林城市的结构特征为：布局环抱“绿心”，“绿脉”贯穿城市，组团平衡发展，建设分期实施，生活轴线连通，快速干道围合（图 6–5）。

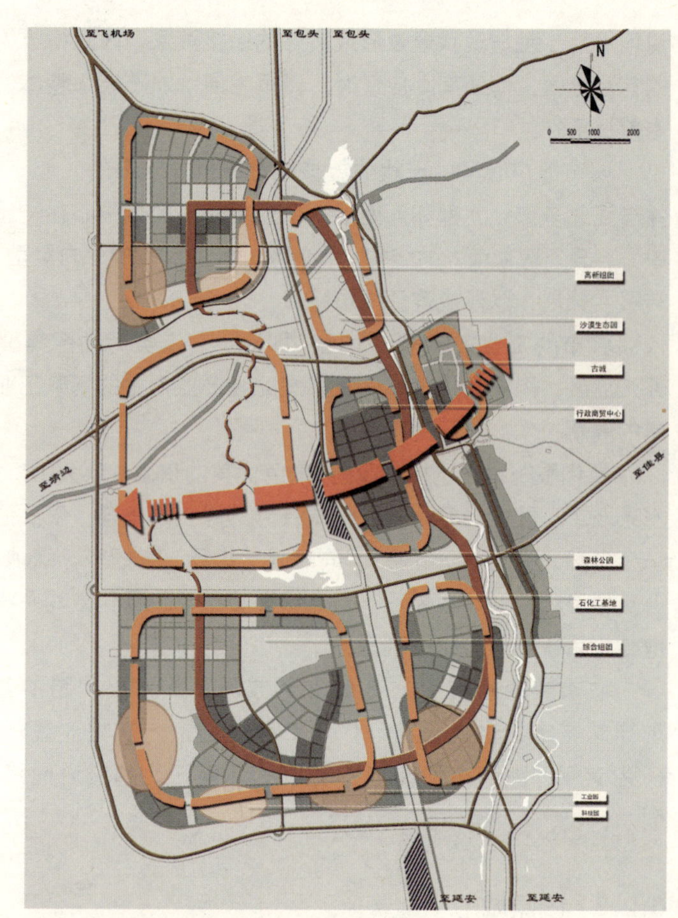

图 6–5　榆林城市总体规划——规划结构图
（资料来源：西安建大城市规划设计研究院．榆林城市总体规划（2002 ~ 2020 年）．2000）

未来的榆林城市有七个组团，核心组团由东到西演进，由目前的老城组团向近、中期的西沙组团，再向远期及其之后的生态组团过渡。其时的布局结构体现出一种生态城市的结构理念。即以“自然”为核心，“自然”向城市中渗透，成为城市布局中的一个不可或缺的因素（图 6–6）。

榆林城市七个组团分别为：以历史名城为核心的老城组团，以行政、商贸为主的西沙组团，以现代石化工业为主的南沙组团，以沙生科研、人文旅游为主的红石峡组团，以石化工科研、生产为主的尤家峁组团（是榆林由中等城市迈向大城市的重要组团，根据需要又可分为东西两片），以高新产业、研发为核心的远景组团，以及以现已形成的、展现榆林人治沙成果的森林公园为基本构成的、位于未来城市核心地位的生态组团（图 6–6）。

图 6–6　榆林城市总体规划——城市布局模式图
（资料来源：同图 6–5.）

组团间及城市外围以便捷的快速环路连接，各组团与快速路有两个以上的接口。生活轴贯通各个组团，各组团的公共服务及商业中心围绕生活轴展开（图 6–7）。

榆林城市的文化中心，行政商贸中心和生态中心由东至西，地势由低至高展开，它象征、代表着社会的发展和人的观念的发展，是榆林城市的一条“观念轴”。除老城、镇北台、红石峡之外，修复的长城、沙生植物园、森林公园、尤家峁水库以及榆溪河风景带将成为榆林城市新的旅游观光点，为榆林的历史文化名城带来新的内涵，给城市的发展带来新动力。

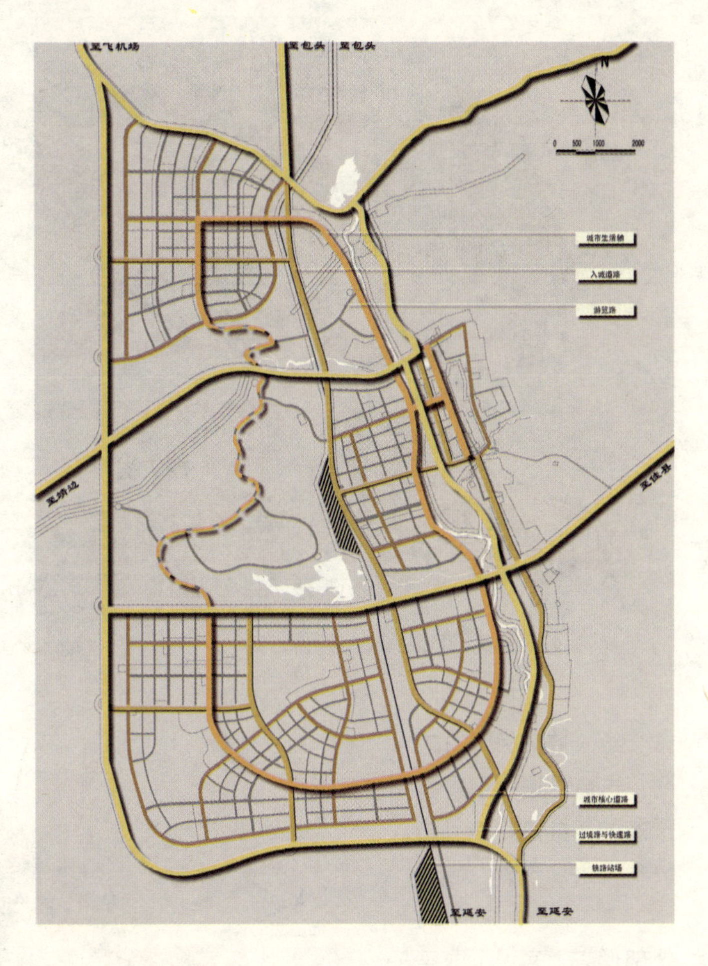

图 6–7 榆林城市总体规划——道路交通规划图
(资料来源：同图 6–5.)

6.3 规划中的城市布局形态变化

导致城市发展变化的内在原因不管如何，其最后都无疑体现在形态上。对于某个城市在某一时刻的具体形态，可以认为它是一种偶然，但必然的因素往往起着更重要的作用。这是因为城市布局形态是城市社会、经济、文化、建设在空间地域上的投影，并且这个投影又经过“形态化”处理——即经过抽象、概括、归类后才真正形成的。

在城市的规划布局当中，结构与形态有着密切的关系，可以说结构决定了形态。然而，这并不意味着形态的无所作为或可有可无。事实上，城市布局中结构与形态的关系更像是动物体中骨骼与肉的关系。骨骼支撑了动物的基本框架，而肉的多少却更充分地显示出动物的外在特征。在城市中，相同或相似的结构却体现出差异极大的形态特征的例子随处可见。同样地，本节所研究的一些城市的布局形态虽然从结构上来说可能接近，但形态却千差万别，各不相同。

6.3.1 博罗与固原

之所以把这两个相距数千公里，经济水平、生态条件差异极大的城市放在一起来说，是因为它们的布局结构与基本形态有着某些类似之处，即规划时都为县城，而远期规模都超过 20 万人，且基本上为单中心、摊大饼式扩展，在河（江）的另一侧有少量的城市发展，城区内部道路以方格网、环路为主，绿化系统以“绿环”为核心等。但这并不意味着两个城

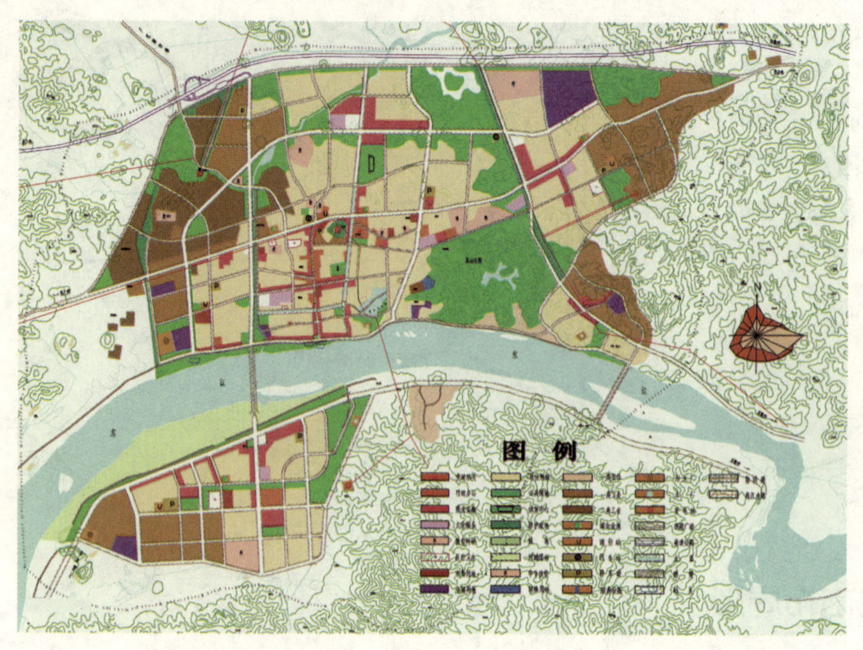

图 6-8 博罗县城总体规划——远景规划图
（资料来源：西安建大城市规划设计研究院．博罗县县城总体规划，1998）

市会给人带来相同的感受，这恰恰是由于具体形态的差异造成的（图6-8、图6-9）。

首先，从城市的外部形态上来说，两座城市虽然都为紧凑式布局，但博罗却由于东边惠州市区、西边义和镇的影响以及北边广惠高速公路的限制而呈东西长、南北短的不规则长方形形态，江南为由绿色包围的紧凑布局组团，东江水量充足，水面宽阔，由东向西横跨城市而过；固原为宁夏南部地区中心城市，周边城镇相对较远，其城市的形态发展只需考虑自身的需要与可能，因此规划布局体现出的未来城市外部形态是一个紧凑的，边缘较为明确的四边形形态，城市东部的清水河水量少、水面窄，南北向穿城而过。

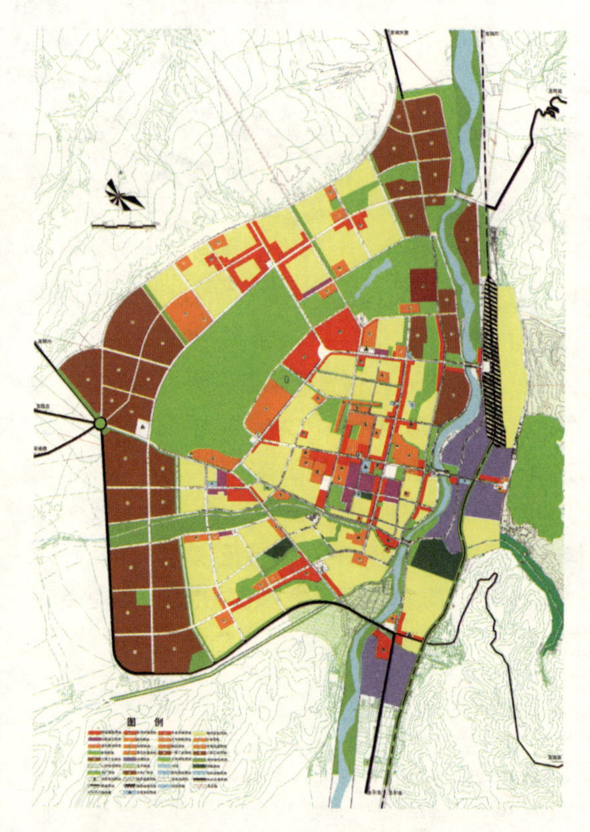

图 6-9 固原城市总体规划——远景规划图
（资料来源：西安建大城市规划设计研究院．固原城市总体规划（2000 ~ 2020年）．2000）

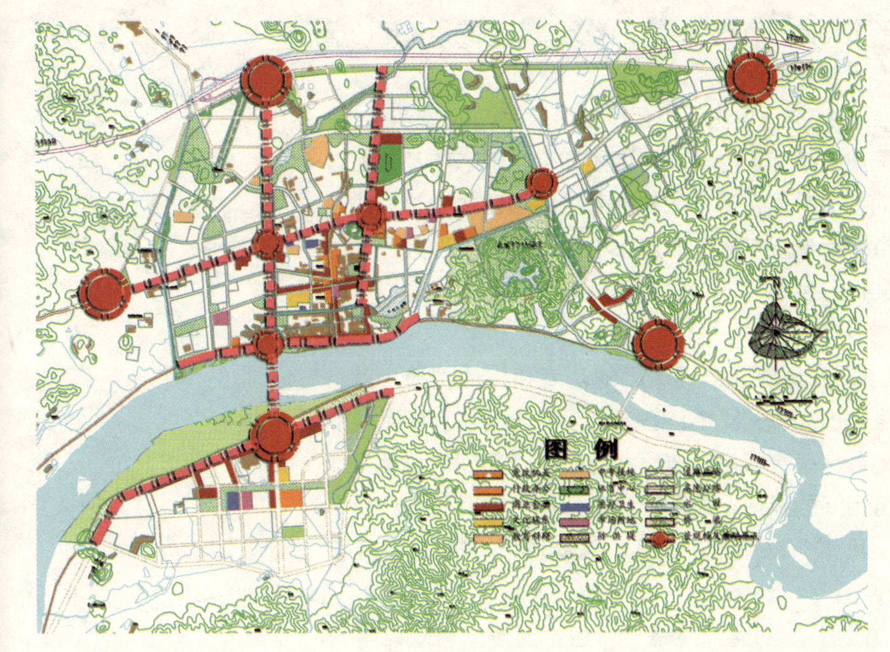

图 6–10　博罗县县城总体规划——公建及景观结构图
（资料来源：西安建大城市规划设计研究院．博罗县县城总体规划，1998）

从城市的内部形态上看，博罗城市的工业区分为三个相对集中的片区，即东部、西部、北部，每个片区呈不规则形状，城市中心呈"一个中心，三个基本点"分布，沿江地带将成为城市居民活动较为集中的地带；固原城市未来工业则主要分布在城市的东北与西南两块，且呈现出较为规整的两条平行带状分布，城市中心由一个主中心和一个副中心构成，道路以环路、方格网路加放射路的形式混合而成，绿化则是"环"与放射线的结合。总体上看，由于一些自然因素的原因，固原城市的内部形态比博罗更为丰富而有序。

从城市的空间环境、景观形象上看，博罗紧紧抓住东江和城市内部由水系、丘陵、林地等构成的自然元素，在强调自然景观融入城市的同时又设置了五条人工景观轴（图 6–10）以及重要节点；固原城市凸出的有塬，凹隐的有沟，清水河从城市内穿过，四面山塬叠嶂，它们构成了固原这个地域环境形态的基本肌理，成为这座城市永远的印记。规划通过不同形式的绿化强调突出这一点，使之在形成风格独特的景观构成的同时成为整个城市景观体系中的一个重要组成部分，并与城市其他系统保持良好的衔接关系，使环境与城市形成一个有机整体。城市的整个景观形态形成以中山街、文化街十字为核心，环线加放射线的高低参差、形式各异的虚实空间构成。

6.3.2 鼎湖和榆林

这两个城市同样为一南一北：一个位于发达的广东珠三角地区，一个位于目前暂时还很落后的陕西省最北部。规划布局虽然凑巧都是"组团式”结构，但体现出的形态特征却有着相当大的差异，甚至连组团间的绿化在两个规划里所起的作用都是截然相反的。

鼎湖城区虽然是组团式结构，但由于组团间的距离紧凑且地势平坦，因此城市总体来说还是呈现出带状形态。广利组团在带状形态的基础上转折、变化，丰富了单调的带状布局；而砚洲岛顺着广利组团的走势形成一个独立组团，同时它的道路和景观布局又与城市中心、鼎湖山形成一条内涵极为丰富的集景观、文化、生态为一体的空间轴线。它们共同形成了城市的外部空间形态。

城市的内部空间形态充分体现了鼎湖城区的功能和性质构成，以及结构特点。即每个组团呈现出高度的紧凑，基本上没有方向性；组团内的公建、工业、居住等用地形态呈带状平行布局；组团与组团间的各类用地具有良好的衔接关系；组团间的绿地在起分隔组团作用的同时更强调将相邻组团的居民聚在一起（即成为城市市民的休闲活动场所），因此更具有“连”的作用。

在城市的景观形态方向，规划通过对路径（包括通廊、景观轴等）、边界（包括对平面及立面轮廓的整体考虑）、区域（分区、分片的形态形象）、节点（重点地段）以及地标（指起标志、统领作用的建构筑物）的设置，使城市景观与自然景观密切结合，将人文与自然融为一体，形成具有特色的城市布局形态（图 6–11）。

榆林城市的组团结构与鼎湖城区相比，更具有实质意味。因为，从某种角度上来说它是“不得不”如此——地域环境和现状的一些交通设施将城市未来有可能使用的用地自然划分为若干块。规划要做的，实际上只不过是在这样的状况下使城市的布局从整体上更加有机、合理、具有特色，从局部上突出每个组团的重点，并形成组团发展的“有序化”。规划后的榆林城市外部空间形态呈现出一种十分有趣的模式，即城市共有七个组团，而七个组团的核心是以绿化植被为特征的生态组团。这个生态组团的一个

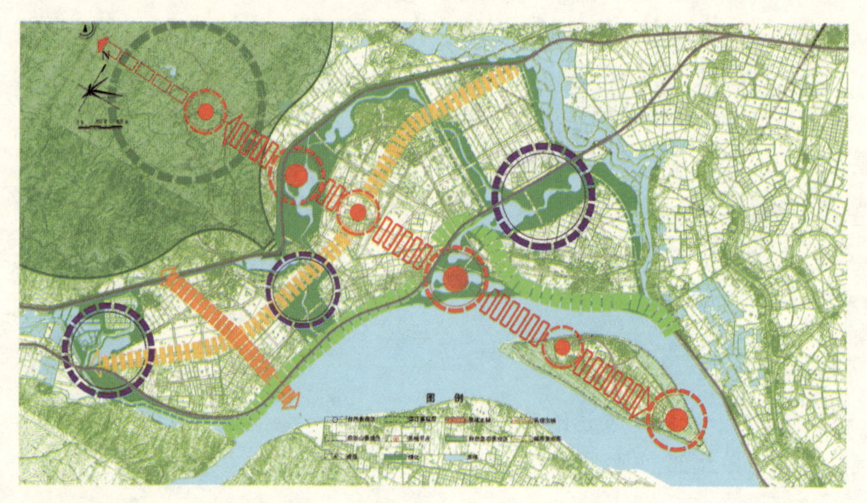

图 6–11　肇庆鼎湖城区总体规划——景观结构图

（资料来源：西安建大城市规划设计研究院．肇庆市鼎湖城区总体规划（2002 ~ 2020年）．2002）

（左）图 6–12　榆林城市总体规划——景观体系图

（资料来源：西安建大城市规划设计研究院．榆林城市总体规划（2002 ~ 2020 年）．2000）

（右）图 6–13　榆林城市总体规划——历史文化名城游览规划图

（资料来源：同图 6–12）

面与自然融为一体，另几个面通过沟壑、水系将“绿”的触角伸入其他各个组团，形成各组团的绿化系统。布局形态体现出以生态思想作为一种文化观念的规划理念。（图 6–12、图 6–13）

榆林城市的内部空间形态在强调整体布局协调的同时更加强调每个组团的特点与“就地平衡”。即城市中心设置在位于几何中心的西沙组团，而其他各功能组团都有一个组团中心，所有的中心通过一条“生活轴”串在一起；考虑到城市未来的工业类型、发展模式等因素，工业重点设在城市的南部，形态呈分散下的集中；居住在各组团分散设置，一方面考虑城市在发展过程中人口增长与产业发展的同步，另一方面也充分考虑城市居民生活地点与工作地点有一个好的可达性，同时也避免某些组团在非工作时间成为“空城”、“死城”的现象。由于地形和工业性质的因素，各组团间的绿化用来严格划分各个组团，其自身以防护及为城市提供新鲜空气为主。

城市景观在强调各组团呈现不同景观特点的同时，注重将生态景观、自然景观、历史文化景观与城市景观密切结合。尤其是在历史文化景观即文脉方面，通过对过去、现在、未来以及空间、时间方面的文化元素的挖掘，使榆林这座历史文化名城的文化特点不仅仅体现在老城上，而且体现在总体布局的理念、方法、形态、路网系统、景观以及市民的日常生活中（图 6–14）。

图 6-14　榆林城市总体规划——文脉分析图

（资料来源：西安建大城市规划设计研究院．榆林城市总体规划．2000）

6.4 规划布局的动态生长

从前面对规划布局理论的研究中可以发现，城市布局的结构理论和形态理论中的主要内容中包括了结构和形态的增长与变化。也就是说，城市规划的本体理论中包括了城市和规划的动态方面的内容。这与城市发展的实际情况是相符的。而在我国的城市规划领域，人们一方面认可城市动态变化这个事实，另一方面却又认为所谓动态只不过是体现在实施和不同轮次的规划编制中。即动态只是被动地由“过程”体现，而没有认识到更重要的是在规划文件中体现“过程”。当然，说目前的规划完全没有体现“过程”也不十分准确：毕竟近期与现状相比，远期与近期相比也是“过程”。但问题是这种“过程”的跨度太大，就像把电影中的连续镜头换成了一头一尾两张图片，人们无法、无从了解头尾之间到底发生了什么，是怎样从头过渡到尾的。这种做法对城市规划的管理实施带来了很大不便，也带来了建设过程中的土地大量随意投放、各种市政设施需要增大投入却效益低下或市政设施滞后于土地开发等问题。这些问题或多或少、或轻或重地存在于我国所有的城市及其规划中。作者在近年主持完成的总体规划中进行了一些探索，试图寻求一种在满足现行规划编制办法要求的同时解决目前总体规划从编制层面上看静止、缺乏动态意识问题的方法。这种方法名曰“分期规划”。按照这种方法完成的总体规划得到了所有当地规划建设部门以及绝大部分专家的认可，并给予了高度评价。在广东惠州市所属的博罗县城总体规划评审会上，惠州市规划局提出这种方法应推广到惠州市的其他各市县的总体规划中去。

动态规划理念与方法在几个规划实例中的体现如下。

6.4.1 博罗

作者最早将动态规划思想、方法（即分期规划）较为完整、清晰地体现于规划实践中的实例是博罗县城总体规划。1997年，“开发热”已经过去，但在珠三角的任何一个地区还都能清楚地感受到“热”的后遗症：大片大片被出卖但都闲置的土地，随处可见的“烂尾”工程，原本绿色葱茏其时却红土裸露的环境。这些现象无论是给城市还是给城市以外的乡村的发展都带来了负面影响。然而，应该公正地说，1992年的开发热是当时我国、尤其是“南巡”讲话发表后，经济水平、城市发展建设水平相对落后的东南沿海地区与周边思想解放、观念更新较快的港澳台发达地区发生“碰撞”的一种必然结果。说其必然，是因为面对着突如其来、从“天”而降的发展机遇，从各级领导层到开发商到城市规划设计人员和管理人员一是没有思想准备，二是没有经验和理论储备，因此只能仓促上阵，“现学现卖”，凭想像、凭热情去面对真实的和不真实的现实。这种必然反映在城市规划上面的，则是各地你追我赶地比拼看谁的规划规模更大。由于有了巨大的规模而又没有对开发建设时序的安排，各级政府又引资心切，拍胸脯下保证提供一切便利条件，在项目还没有影子，有些是刚有影子的时候便将规划图中几乎所有的规划用地砍树拨苗、填河挖山，进行“三通一平”。因此就造成了天女散花、跑马圈地、虎头蛇尾、剜肉补疮等城市建设的混乱局面。对于这种必然，绝大多数人归咎于城市规模定得太大（从1990年代中期以后到至今的近十年里，我国建设部门和国土部门对城市用地规模控制的力度在不断增强），作者在赞同这种说法的同时认为这还不是问题的最根本的原因。最根本的原因在于规划没有为实施提出一种路径，即规划成果没有体现出与城市发展相对应的动态机制和操作方法。

作者以为，目前我国城市建设对土地利用的主要问题不是在规模上，而是在效率上。我国城市化的整体水平还较低，而城市化水平的提高最终则是通过土地改变其使用性质得以实现的，因为起码到目前我们还无法建设一个不占土地只占空间的城市。目前，应特别重视的应该是对土地的无端占有和低效使用，像炒买炒卖地皮待价而估的现象则是更应该严令禁止的。城市规划的编制应该给规划管理提供城市发展时序的安排，而规划管理部门按照这个安排制定土地的投放计划。由于这个安排侧重于空间而淡化时间，因此，可以根据城市发展的整体状况进行而不受时间对于空间的制约，达到城市发展紧凑、高效、动态、弹性的目的。

博罗县城总体规划在对博罗县城自身和所在区域现状以及未来发展深入研究的前提下，提出了城市的远景规模以及达到远景规模的大致时间。规划认为在大的外力作用下这个远景规模应该就是城市的可能规模与终极规模。这个规模是35万人，时间应是在2040年左右。规划根据这个规模进行了总体布局。然后将城市的发展从现状到远景分成六个阶段，使每个阶段在前一个阶段的基础上扩张的同时又保持一种良好的结构衔接关系（图6–15～图6–21）。江北片规划布局的基本形态为紧凑的摊大饼式布局，

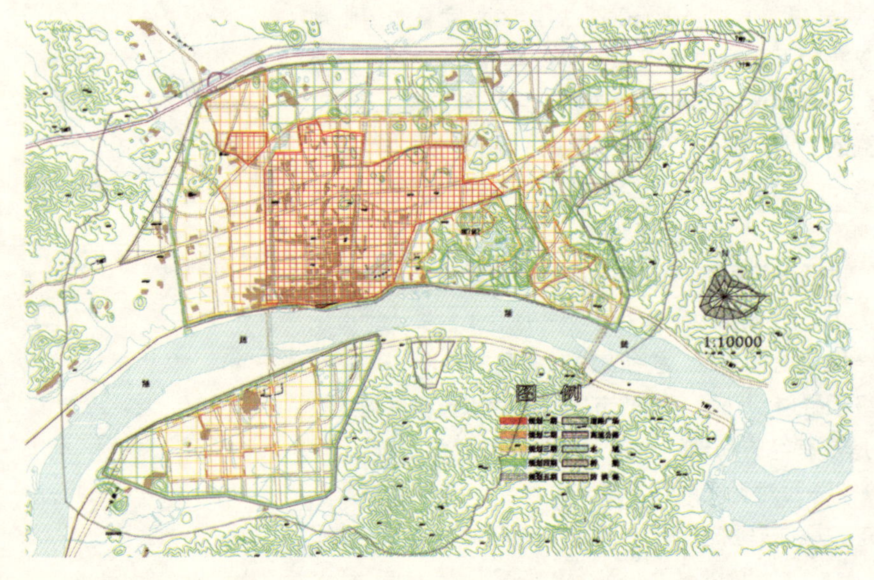

图6–15　博罗县城规划分期图
（资料来源：西安建大规划设计研究院．博罗县县城总体规划，1998）

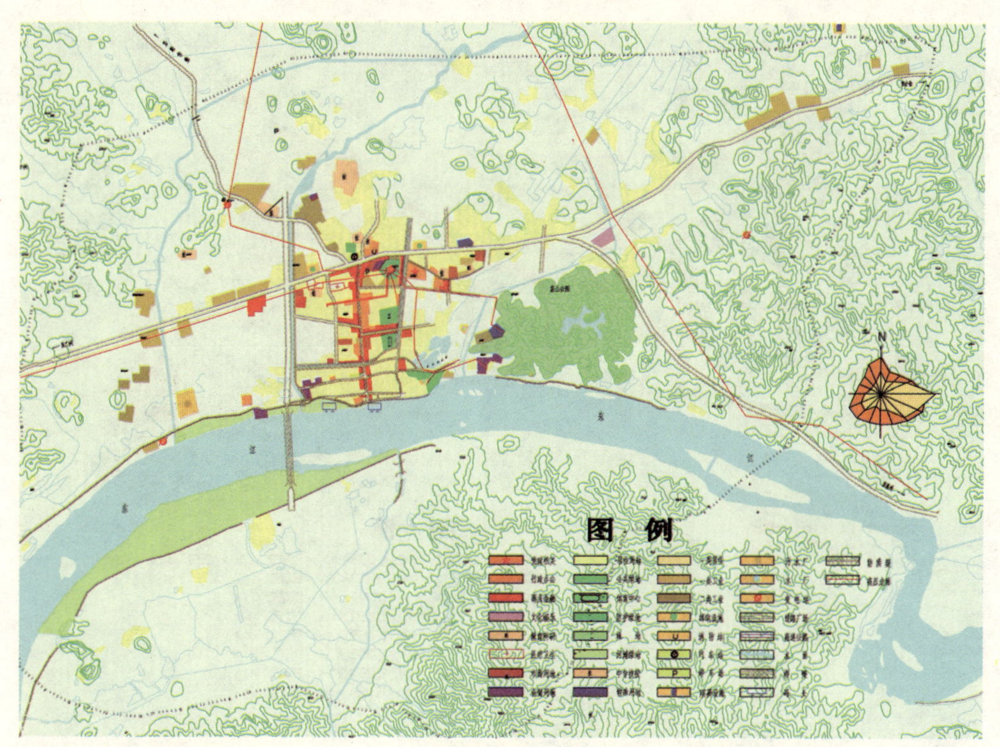

图 6–16　博罗县城现状图
（资料来源：同图 6–15）

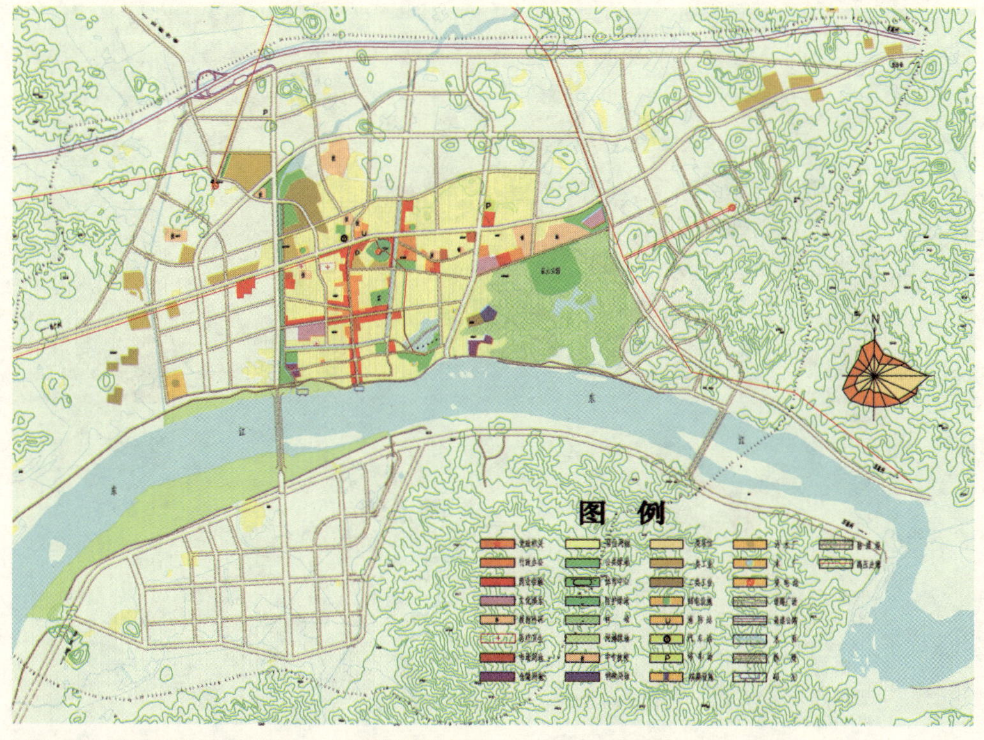

图 6–17　博罗县县城总体规划——近期建设图
（资料来源：同图 6–15）

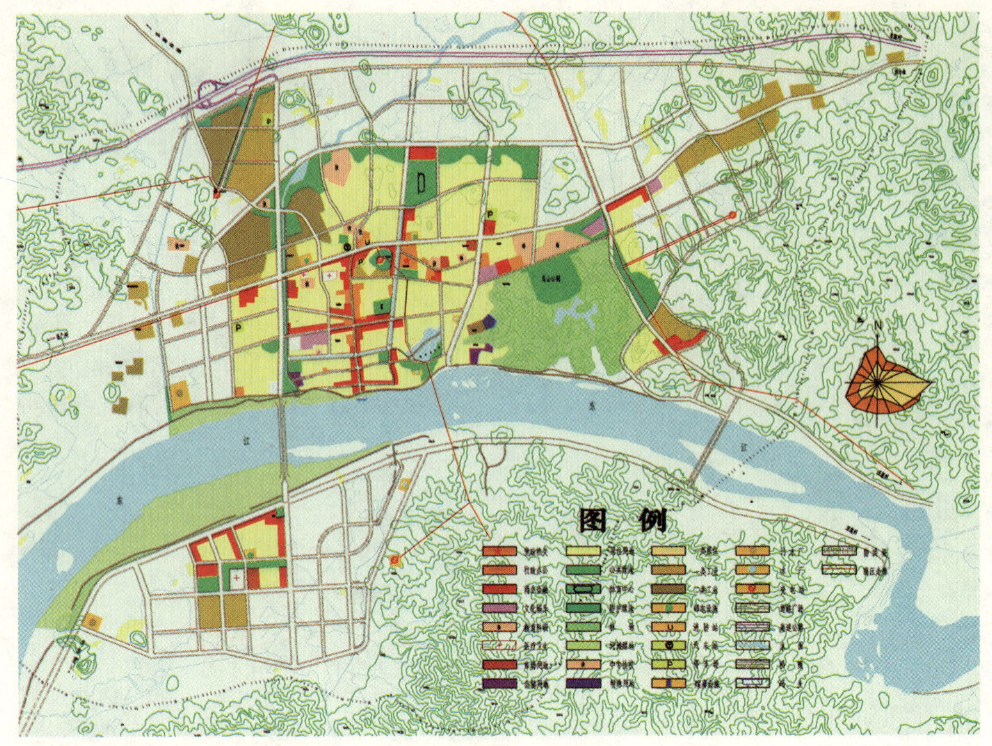

图 6–18　博罗县县城总体规划——总体规划图（二期）
（资料来源：同图 6–15）

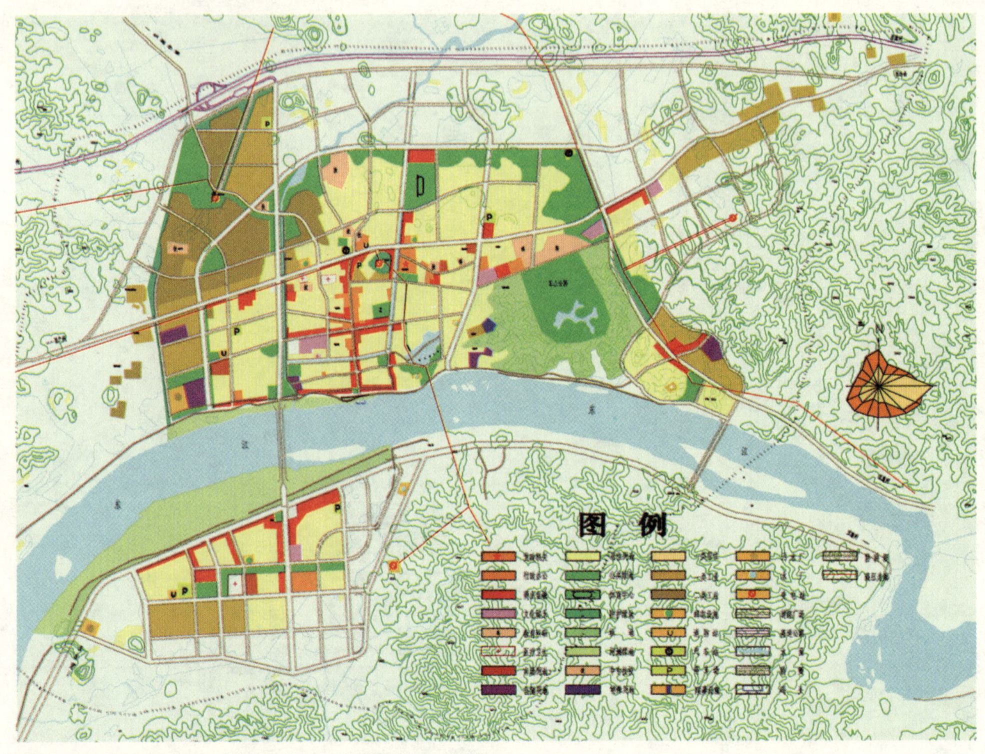

图 6–19　博罗县县城总体规划——总体规划图（三期）
（资料来源：同图 6–15）

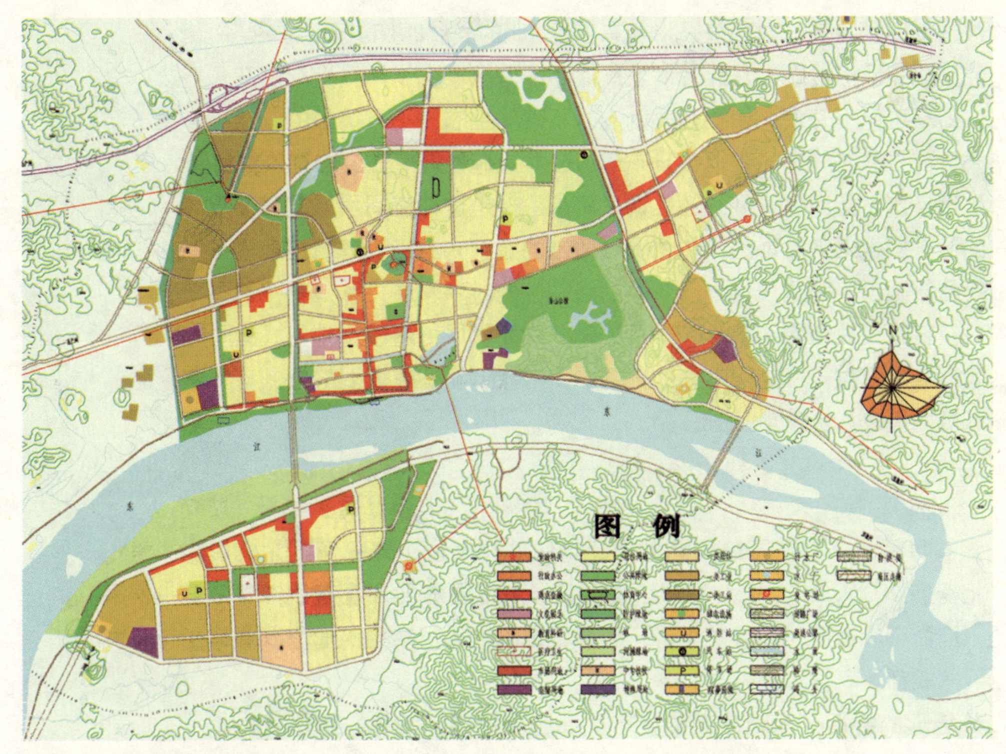

图 6–20　博罗县县城总体规划——总体规划图（四期）
（资料来源：同图 6–15）

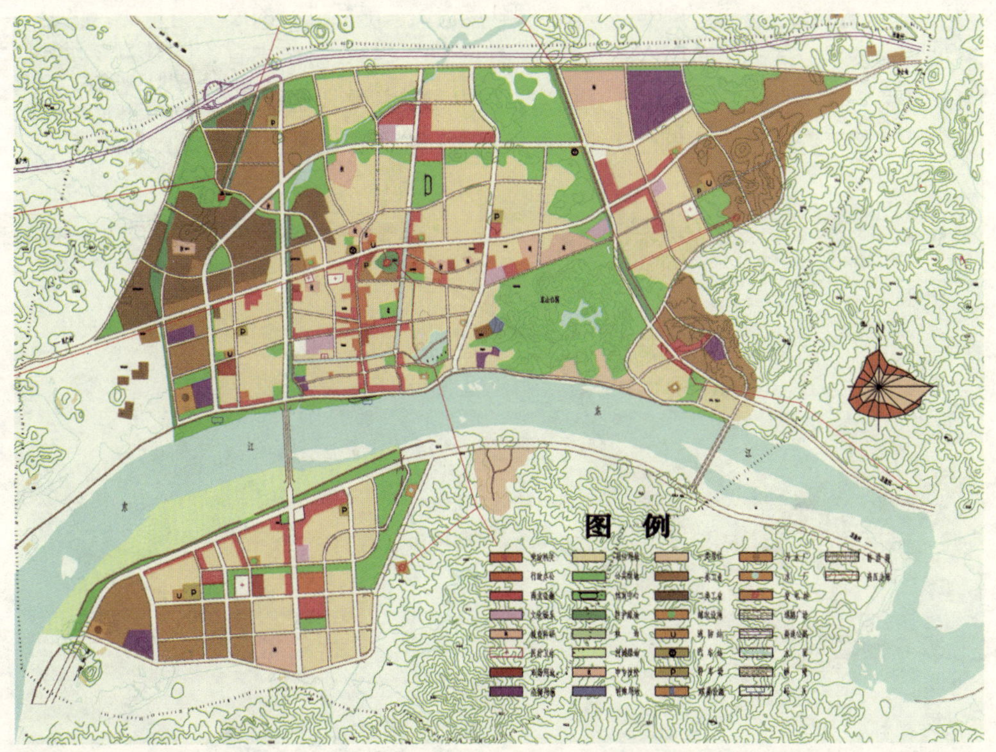

图 6–21　博罗县县城总体规划——远景规划图
（资料来源：同图 6–15）

而结构则是以现状为基础向外——沿着东、西、北的发展时序增长、扩展。而江南片，规划提出应跳出江北片对发展时序的考虑，实施严格控制的开发策略，即尽可能不开发，如要开发则应以不破坏生态、不破坏大的自然景观格局为前提，实施有一定规模且市政、公共设施能及时跟上、建设周期较短的项目。与此同时，规划还强调了两点：一是这种空间发展时序不是绝对的，可根据未来发展的具体情况做适当的调整，但仍应遵循用地紧凑、高效的原则；二是这仅仅是一个大的结构性的时序发展关系，它并不意味着只有将某一块地完全填平补齐后才能向别处发展。通过这种方式给规划的管理实施提供一个充实有力的依据，使得城市能够在规划的控制与引导下有机、健康、合理地生长。

6.4.2 鼎湖

鼎湖与博罗，一个位于珠三角的西北地区，一个位于珠三角的东北地区，相距有200多km，从大的自然条件和经济发展水平来看有很多类似之处，但由于城市所处环境的差异，因此城市的性质、结构、形态以及未来发展方式都具有很大的差异。

由于地形的特点，未来鼎湖的城市发展形态结构以带状、组团式为基本特征。而城市的分期动态发展也是在此基础上展开的。

根据规划对城市及区域所做的综合分析，未来鼎湖城市的终极人口规模为30万人，达到这个规模的时间大约在2050年前后。随后进行的总体布局将城市的发展分成五个阶段（图6–22～图6–26），每个阶段都有自己的发展重点，总体上按照由南向北、由西向东的发展时序，以组团为基本单元，功能区平行式布局的思路使城市由小到大有序、有机地生长。

图6–22 肇庆鼎湖城区总体规划——近期规划图（一期）
（资料来源：西安建大城市规划设计研究院．肇庆市鼎湖城区总体规划（2002～2020年）．2002）

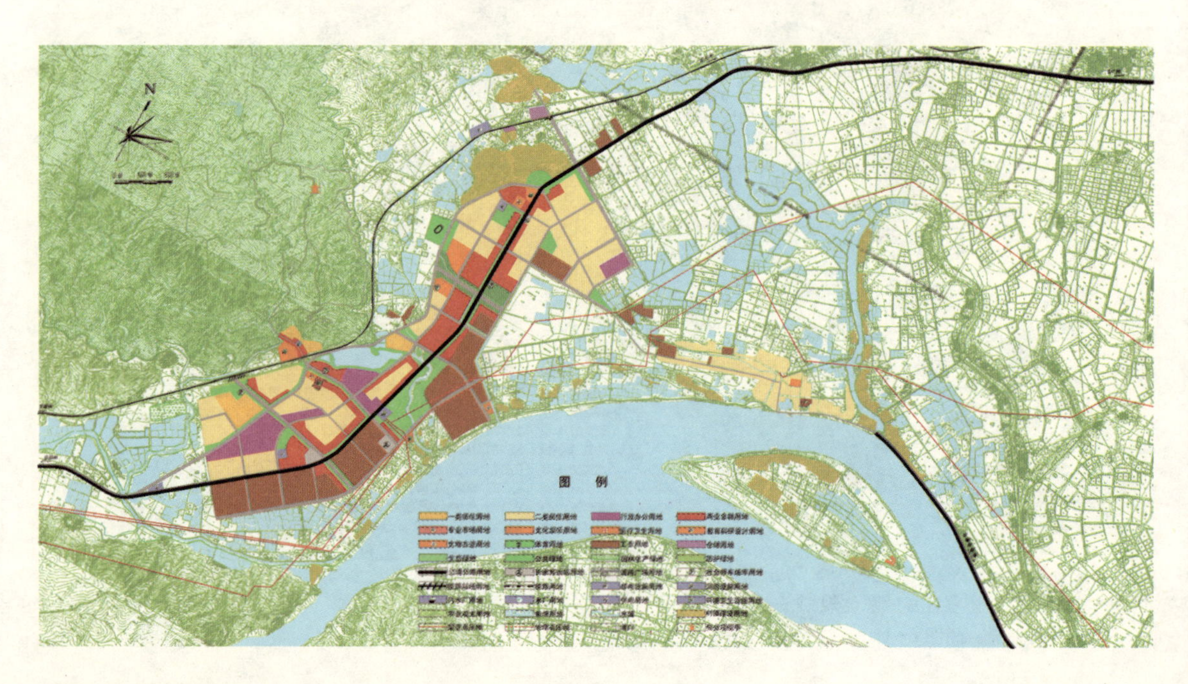

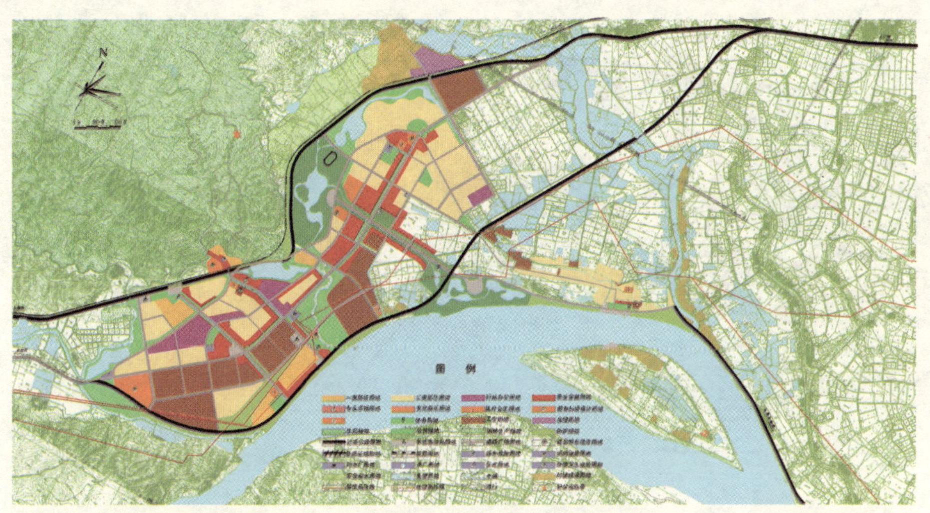

图 6–23　肇庆鼎湖城区总体规划——总体规划图（二期）（资料来源：同图 6–22）

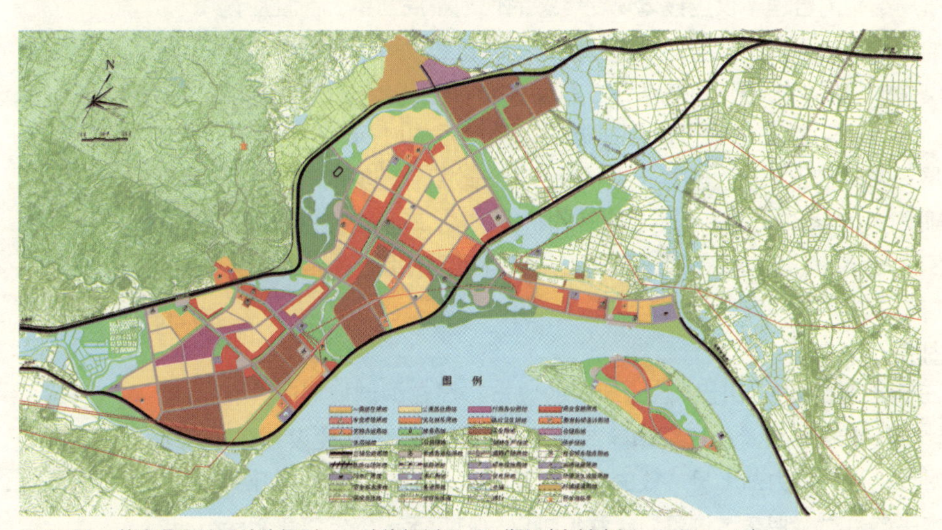

图 6–24　肇庆鼎湖城区总体规划——总体规划图（三期）（资料来源：同图 6–22）

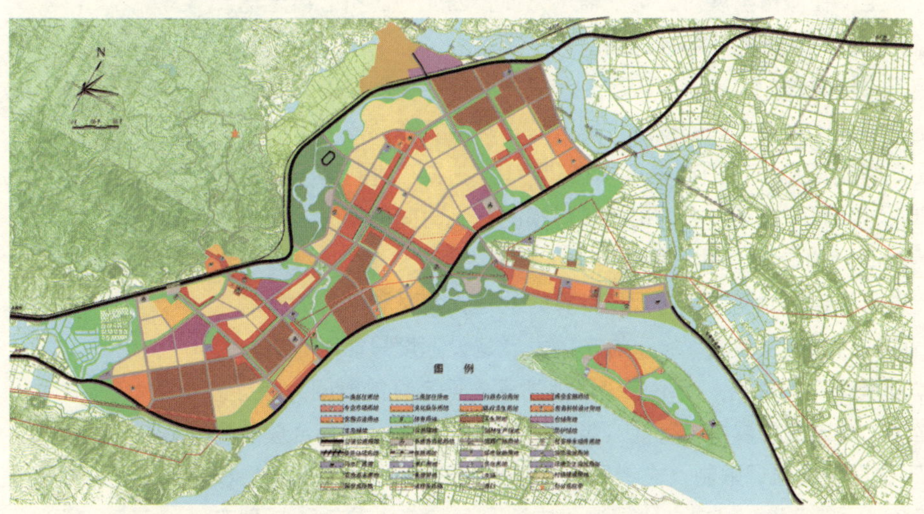

图 6–25　肇庆鼎湖城区总体规划——总体规划图（四期）（资料来源：同图 6–22）

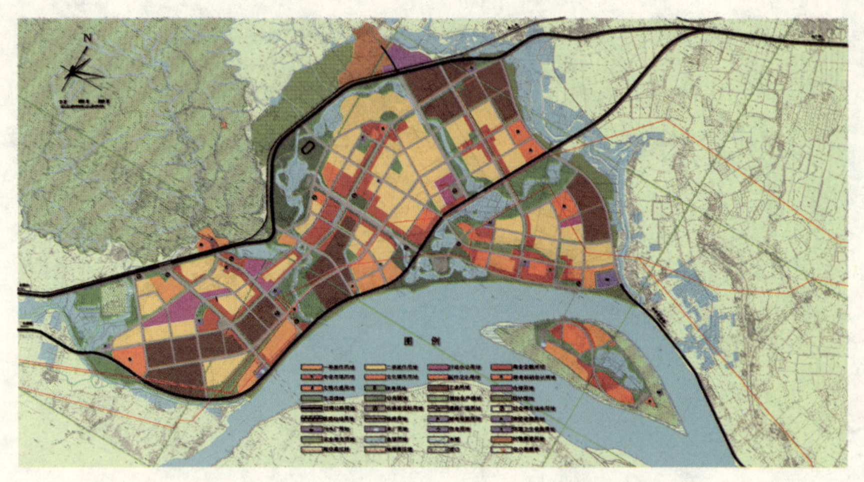

图 6–26　肇庆鼎湖城区总体规划——远景规划图
（资料来源：同图 6–22）

规划认为布局结构的合理不仅应该体现在终态的规划布局当中，而且应该体现在结构的生长过程中，只有这样，才能保证城市在发展的过程中始终处于一个良好的发展状态中。而鼎湖城市的现状恰恰表现出一种结构性的布局松散、不合理。因此规划提出应在近期，用最短的时间，通过适当工业的发展来带动商业服务、房地产业的发展，一改目前桂城和坑口两片各自独立却规模小、影响力小、聚不起人气的状况，"合二而一"产生合力，使鼎湖城区成为一个有机整体，在此基础上形成具有特色的组团式带状结构。

6.4.3 固原

与珠三角地区的城市相比，西北地区的城市布局在编制规划时具有某种优势，即不必面临大量的已征未建或虽建却停用的土地和建设项目，因此不必对现状进行费力却难见成效的整合。这种现象虽然更多地意味着整体发展水平的落后，但是透过落后，我们可以为城市未来的发展寻求一些后发优势。至少在城市扩展对土地的需求方面，西北地区不必再走珠三角地区所经历过的对环境的破坏性道路。

2000 年，固原城市人口为 11.3 万人，根据城市在宁夏自治区以及周边省域所处的地位、城市未来的发展可能、城市环境及资源等因素的限制的分析，规划提出固原城市的远景规模在 35 万人左右，达到这一规模的时间应在 2040 年到 2050 年。在指出远景规模的达到时间的同时，规划也提出了对"时间"的看法，即"有时间论，不唯时间论，重在过程"。也就是说，远景所设定的时间只具有规模计算时的理论意义和一般的参考意义，它绝不应成为城市发展的羁绊。城市的发展建设速度只能以城市社会经济的整体发展速度为依据，而不应该以规划事先设定好的时间为依据；规划应该强调为城市的发展提供可能（当然这种"可能"一定是合理前提下的），而不是一味地强调限制（或者另一个极端：无为）。由于远景规模时间的"不确定"，因此，城市在发展过程中达到每一个"分期"规划布局目标的时间也不会确定（这两者的关系反过来说也成立），但有一点是必须确定的，那就是每个规划分期的布局必须是合理的，且与它之前的一个分期具有良好的衔接关系。

规划将固原城市的发展分为五个阶段。由于地形的限制，城市未来的结构形态增长具有以下特点：一是以老城为中心向西南、西、北扩展；二是仍为紧凑式布局；三是随着城市规模的扩展，原本周边的环境中的一些自然因素成为城市布局结构中的重要因素，与城市原有的特征有机地结合，形成内容更为丰富、更具特色、更加完整的城市布局（图 6–27 ～图 6–32）。

与规划布局的动态相呼应，规划中对于城市经济的发展以及在区域中所处的位置也进行了动态研究，提出了城市不同发展阶段性质的变化，即在起步阶段，经济发展重点放在以农林牧资源为原料的劳动密集型加工工业和商贸流通业，逐步增强科教功能；当经济发展到一定水平后，开始注意有意识地引导资金、技术密集型的高新产业的进入与发展，与此同时，原有的劳动力密集型产业开始向外扩散，形成名副其实的、以固原城市作为宁夏南部、宁陕甘三省区中心城市的区域城镇体系。

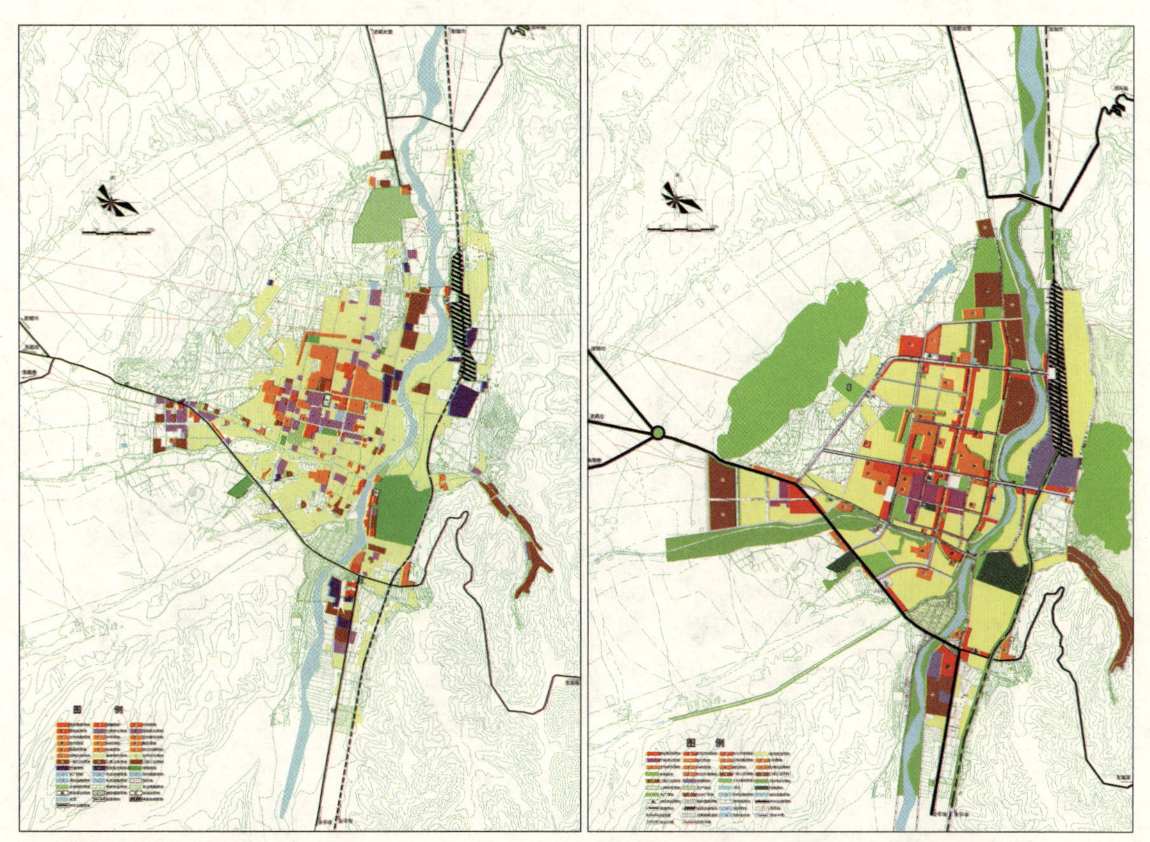

图 6–27　固原城市现状图
（资料来源：西安建大城市规划设计研究院．固原城市总体规划（2000 ～ 2020 年）．2000）

图 6–28　固原城市总体规划——近期建设规划图
（资料来源：同图 6–27）

图 6–29　固原城市总体规划——总体规划图（二期）（资料来源：同图 6–27）

图 6–30　固原城市总体规划——远期规划图（三期）（资料来源：同图 6–27）

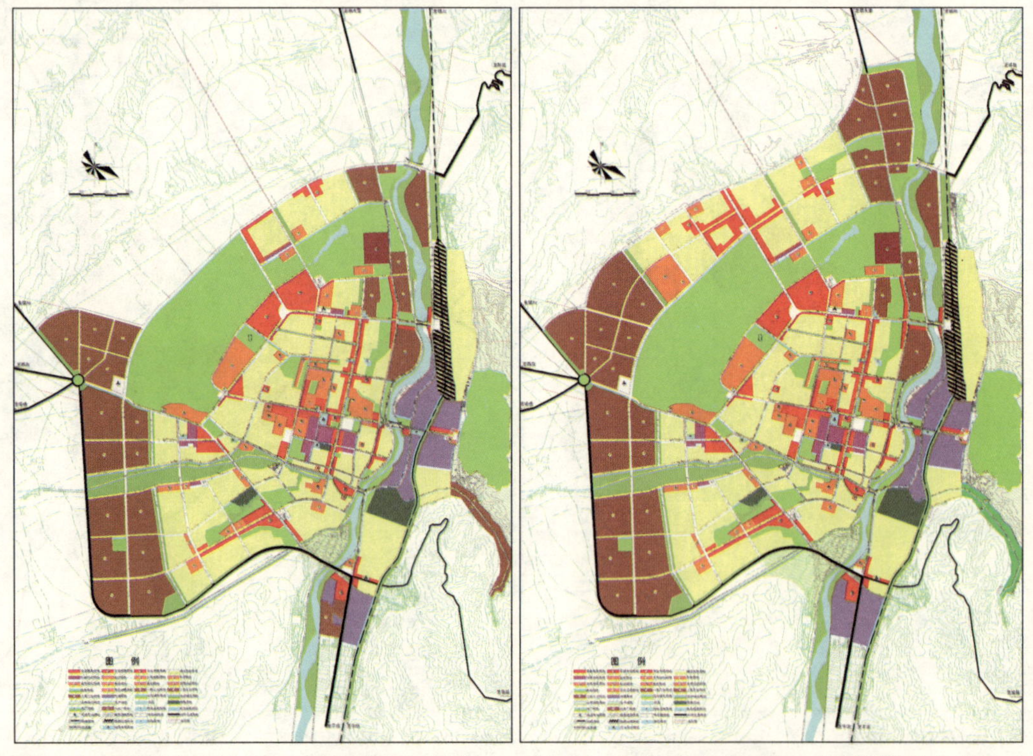

图 6–31　固原城市总体规划——总体规划图（四期）（资料来源：同图 6–27）

图 6–32　固原城市总体规划——远景规划图（五期）（资料来源：同图 6–27）

6.4.4 榆林

榆林城市总体规划与前面几个总体规划的最大不同在于，前面几个规划是实际委托项目，而榆林城市总体规划为全国投标项目。由于是投标项目，因此规划从理念上到方法上可以有更多一些的理想成分、概念成分，对一些问题的研究更具有战略性、原则性。

榆林城市总体规划提出，未来城市的发展在具有宏伟的发展目标、完善的功能结构形态的同时还要具有较强的可操作性。而对于可操作性，规划认为重要的不是在于提出了在什么时间发展多少、哪些项目，而在于为发展中的城市从规划编制方面提出有利于管理实施的机制。而这个机制，就是具有动态特征的分期规划。

榆林城市总体规划对分期规划的考虑与前几个城市的规划相比有两个显著特征，一是更具结构规划的意味，即布局更多地是从结构层面上考虑而不是纠缠于具体的地块性质；二是在考虑分期动态发展之时将城市发展的动力机制变化与生长模式变化对应起来，使城市的生长在布局上的表述与社会经济的发展联系更为密切。如在规划的五个发展阶段中，第一阶段重点发展南沙组团南片，这时城市动力机制为以发展石油化工产业为主，城市经济结构重型化，而城市的生长模式为南向开发新区，调整旧城布局；第二阶段动力机制为发展行政商贸，完善城市经济结构，生长模式为内部填空补缺，西沙组团空间功能置换；第三阶段动力机制为延伸石化产业链条，城市经济结构轻型化，生长模式为拓展西南片石化新区，城市经济中心向西南偏移；第四阶段城市已达到相当的经济规模与用地规模，这时的动力机制强调完善石化研发机构，促进城市向服务基地转变，而生长模式为继续向西拓展新区，强化南片产业经济中心地位；第五阶段，即远景，城市动力机制在原有产业结构基础上发展高新技术产业，以促进城市经济结构的升级，这时的生长模式为北向开发高新产业园区，平衡城市产业空间和建设空间格局（图6–33 ~图6–38）。

图6–33　榆林城市总体规划——分期模式图（资料来源：西安建大城市规划设计研究院．榆林城市总体规划，2000）

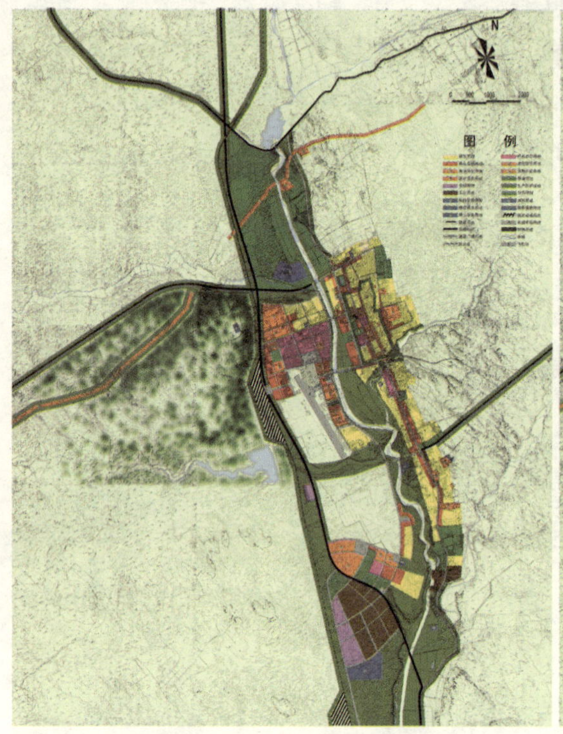

图 6-34　榆林城市总体规划——近期建设规划图
(资料来源：同图 6-33)

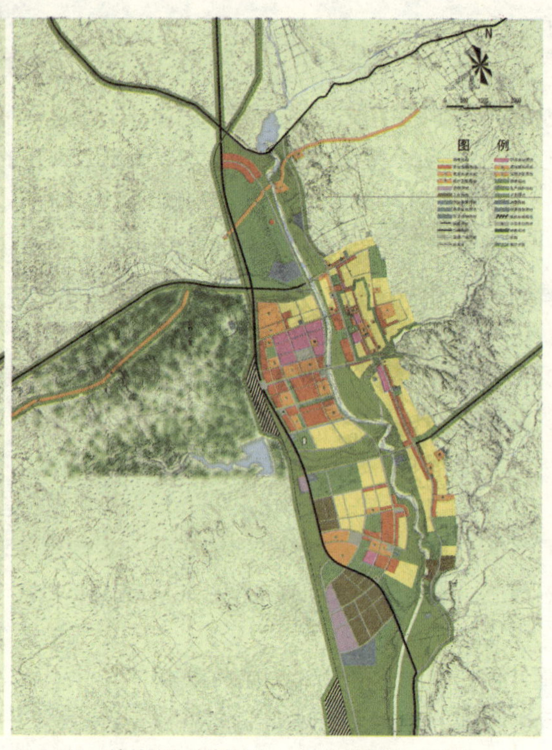

图 6-35　榆林城市总体规划——总体规划图（二期）
(资料来源：同图 6-33)

图 6-36　榆林城市总体规划——远期总体规划图（三期）
(资料来源：同图 6-33)

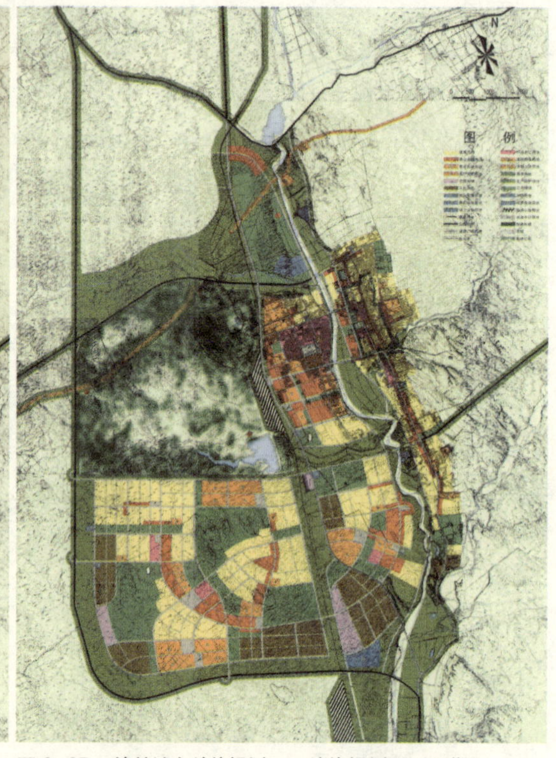

图 6-37　榆林城市总体规划——总体规划图（四期）
(资料来源：同图 6-33)

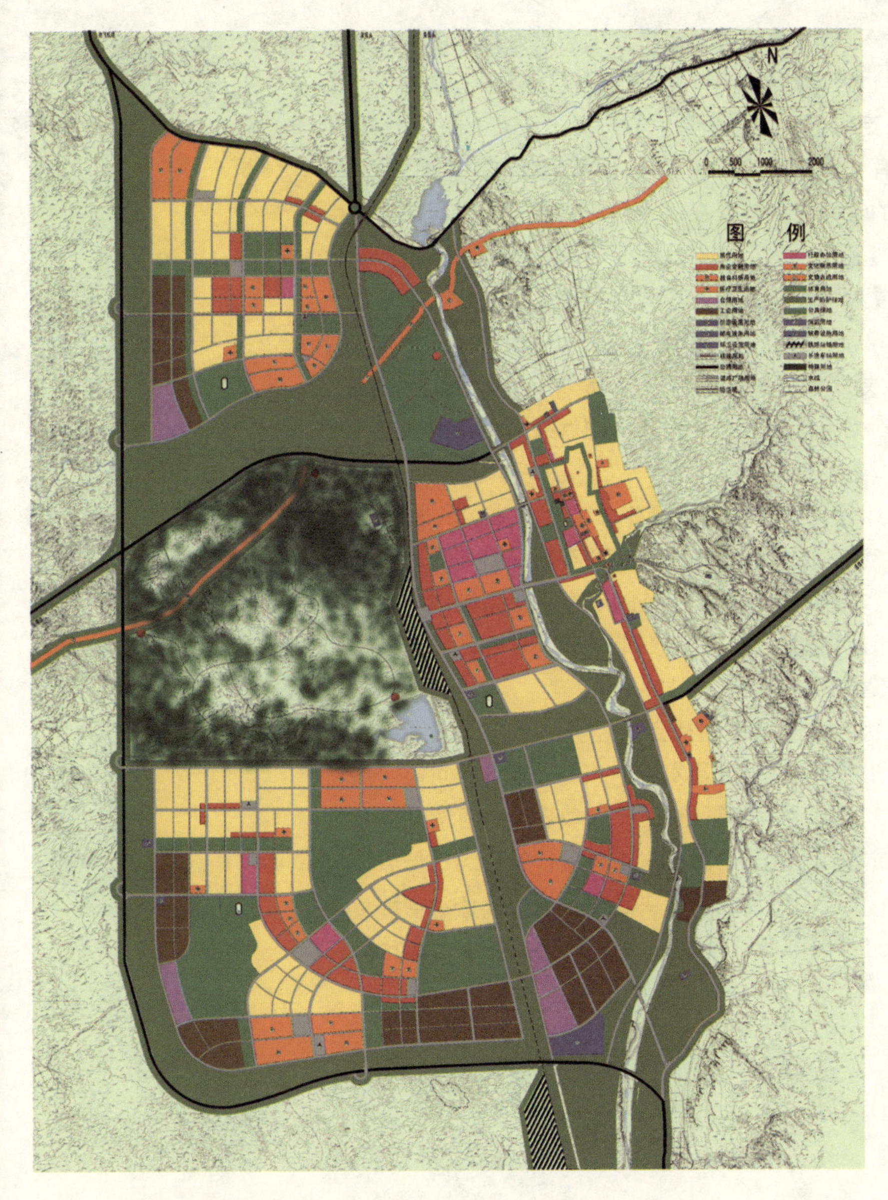

图 6-38　榆林城市总体规划——远景规划图
(资料来源：同图 6-33)

6.5　规划布局生长过程中的生态导向

对于一个生命体来说，其生长是与生态直接联系在一起的，也就是说，生命体的生态状况直接影响到其生长的整个过程。不能想像一个生态状况糟糕的城市又具有着良好的生长条件。因此，从某种角度说，城市的生态状况决定了城市未来健康、可持续发展前程。前面曾经提到，在城市中影响城市生态的因素和城市生态作为一个完整系统的体现是方方面面的。而对于城市的总体规划，尤其是总体布局来说，能够体现出来的则是十分有限的，它与专门的“城市生态规划”应该具有严格的区分。因此，在城市总体规划当中，生态只是作为规划的一个导向对城市未来的布局产生影响。

在相对较早的规划如博罗、榆林总体规划当中，生态更多地是由绿化及水系统来体现，尽管规划时也考虑地形地貌等因素，但远远谈不上系统和“生态化”。虽然布局具有一定特色，但这个特色却与真正意义上的“生态型”规划布局的实质内容具有一定距离。在博罗、榆林两个城市的总体规划中，规划布局对于生态问题的考虑主要体现在以下几个方面：一是城市周边生态基质对城市内部的渗透，充分利用城市外围江河水系、山体丘陵、农田林地，通过一些自然的或人为设计的廊道与城市内部发生联系；二是最大限度地保留，利用城市内部原有的自然“斑块”——丘陵、水塘、树林（果园）、沟壑，使之成为规划布局中的“亮点”；三是城市内部形成完整的，既与外部结合又串通了各类用地和各个“斑块”的点线面结合的生态绿化系统（图6–39、图6–40）。

在稍后进行的固原和鼎湖城市总体规划中，对生态在城市规划布局的认识以及体现方法有了较大的发展，其中与规划布局结合得更为密切的当属鼎湖总体规划。[2] 鼎湖总体规划对于生态的研究除借鉴国内规划界在城市生态规划和生态城市规划的理论、实践的最新成果外，还借鉴了生态科学、环境科学及系统工程的一些研究方法。

在充分考虑鼎湖现状及未来城市的社会、经济、环境的发展可能及发展需求的前提下，规划对鼎湖城市远景发展的人口规模应用可能—满意度法进行分析计算。从计算得出的各条目相对于人口规模的可能—满意度值中发现，住房、空气质量、用能三个因素对人口规模的合理程度有较大影响。但城市人口容量不仅仅由单项因素所决定，系统整体协调与部分单因素之间的代偿功能会对那些限制性较强的因子产生某种替代或代偿作

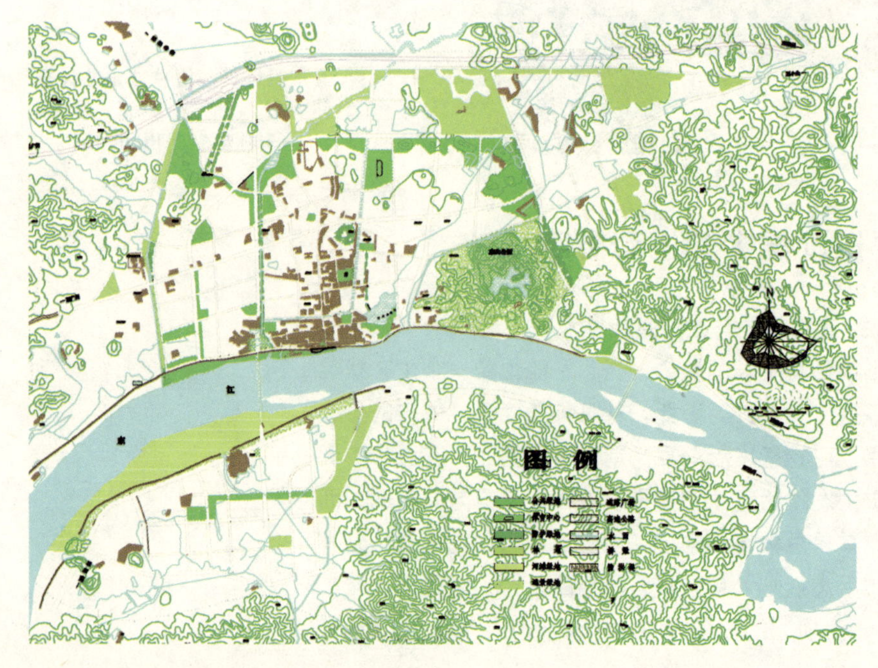

图6–39 博罗县县城总体规划——绿化体系图
（资料来源：西安建筑科技大学城市规划设计研究院．博罗县县城总体规划，1998）

用，相对弱化或增强它的功能。依据系统整体协调与部分代偿原理，从不同的观察角度可以列出六种方案（表 6-1）。可能——满意度一般以不小于 0.7 为合理指标，不小于 0.8 为理想指标，不小于 0.9 为最佳指标。从人口容量和可能满意度综合考虑，本研究选择第四种方案为鼎湖城市的人口控制方案。即鼎湖城区远景人口控制在 30 万人以下。通过可能——满意度法预测出鼎湖城区远景发展的合理人口规模之后，再运用承载能力分析法进行检测，30 万人口在其环境承载能力范围之内。该方案基本符合鼎湖地区目前的实际情况和发展规划。

通过对鼎湖综合情况的分析，规划认为鼎湖环境限制因子中最为重要的应是对空气质量的保证。因为鼎湖的特色之一就是空气质量好：鼎湖区因鼎湖山而闻名，鼎湖山作为北回归线上的

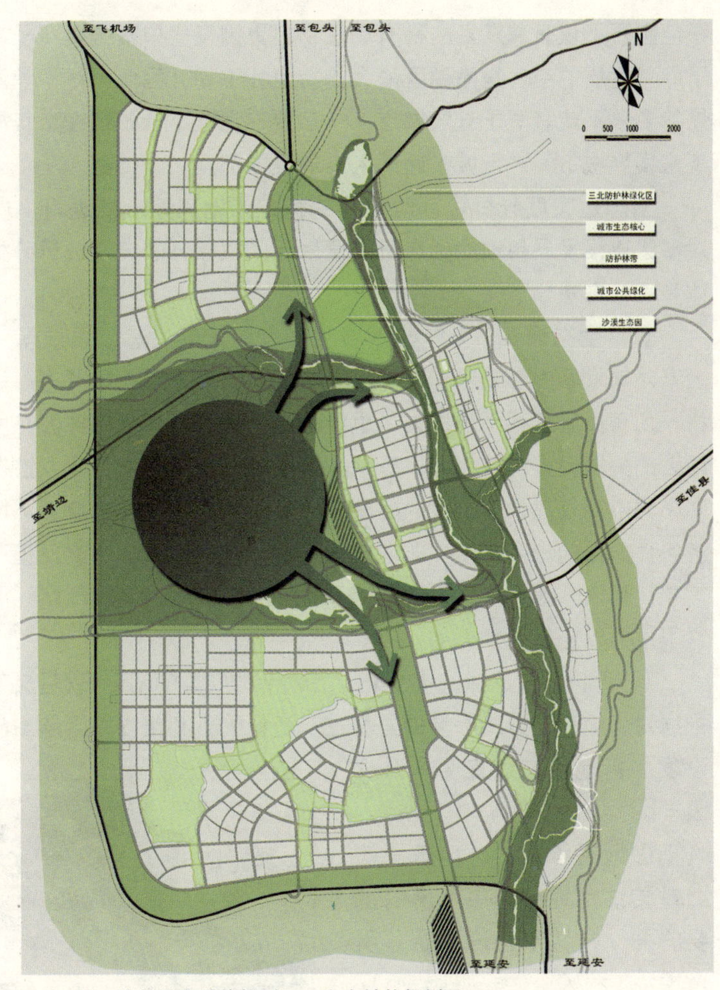

图 6-40　榆林城市总体规划——生态结构规划图
(资料来源：西安建筑科技大学城市规划设计研究院．榆林城市总体规划，2000)

鼎湖城区人口规模目标方案对照表　　**表 6-1**

方案	考虑因素												远景城区人口规模（万）	可能满意度值（合理度）
	经济水平	社会生活						生态环境				人口对比		
		就业	交通	用水	用能	住房	教育	绿化	垃圾	空气	人口密度			
一	所有因素全部同时满足												29	0.38
二	所有因素可以相互补偿												35	0.75
三	三方面考虑部分相互补偿											同时满足	32	0.68
四												不考虑	≤ 30	≥ 0.7
五	三方面同时满足											同时满足	31	0.43
六												不考虑	≤ 27	≥ 0.7

资料来源：孙立．体现可持续发展思想的中小城市总体规划方法研究．西安建筑科技大学硕士学位论文．2002.5.

绿色宝石不仅有着众多的稀有动植物，更因空气中富含负离子被称为负离子库，优质的空气是鼎湖区最大的特色和王牌。因此，对于鼎湖区空气质量的要求不能等同于一般城市，一定要在保证不低于现在空气质量的前提下来发展城市，进行城市远景人口规模预测。

生态适宜度分析可针对不同的特定土地用途分别进行，规划主要针对城区建设发展用地的生态适宜度采用加权评分的方法进行分析研究。具体步骤与方法如下：

(1) 生态调查。影响鼎湖城区开发建设的生态因素很多，而且这些因素对其发展的影响并非等同，有些因素会显得更为重要些。评价不可能将一切有关因素都考虑进去，重要的是首先考虑对鼎湖城区开发建设影响最大的关键因素。综合考虑鼎湖城区用地现状、开发目标、性质以及当前中小城市规划建设中出现的问题等因素，本研究从有关自然环境、社会经济条件方面的十个要素，即地质、地形地貌、土壤、水文、植被、气候与气象、环境质量、土地利用、特殊价值和交通作为重点调查、分析对象。这里主要以自然要素为主。

(2)评价因子选择。从搜集的上述十类要素的基础资料(文字或图)中，依据对土地利用方式影响的显著性及资料的可利用性，筛选出鼎湖城区建设发展用地生态适宜度的评价因子。

①地基承载力。地基承载力是传统用地分析中考虑的主要方面，是城市建设发展必须考虑的工程因素之一(图6–41)。

②土壤生产性。鼎湖城区周围原有的农业用地已有很多作为未来城市发展用地被提前平整，造成大片土地撂荒。土壤生产性是综合反映土地生产力的指标，用单位土地的年产量产值来衡量（图6–42）。

③植被多样性。是自然引入城市的重要因素，它的存在与保护使城市居民对自然的感受加强，并能提高生活质量，是保护城市内多样的生物基因库和改善环境的重要因素。按植物的种类、分布和价值进行评价（图6–43）。

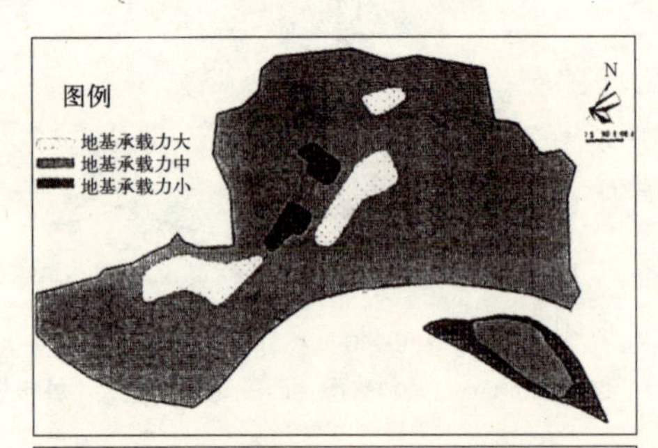

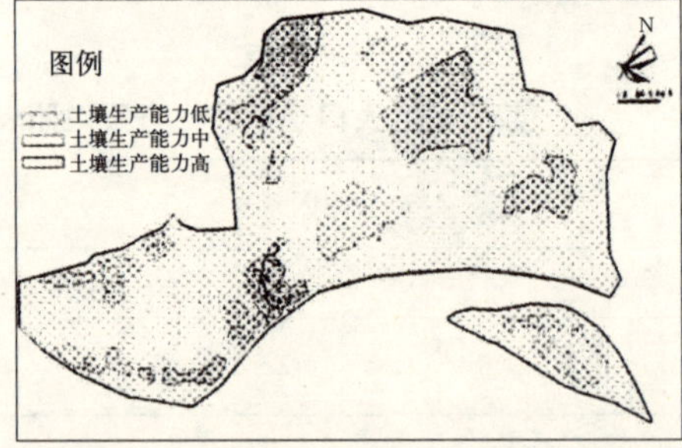

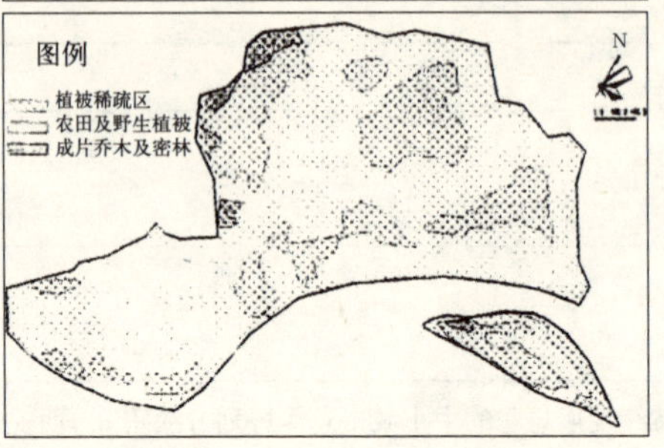

(上)
图6–41　鼎湖城区建设发展用地单因子分析——地基承载力分析
(资料来源：孙立，体现可持续发展思想的中小城市总体规划方法研究，西安建筑科技大学硕士学位论文，2002.5)

(中)
图6–42　鼎湖城区建设发展用地单因子分析——土壤生产性分析
(资料来源：同图6–41)

(下)
图6–43　鼎湖城区建设发展用地单因子分析——植被多样性分析
(资料来源：同图6–41)

④土壤渗透性。充足的地下水资源对维持本地水文平衡极为重要，在开发建设中应保护渗透性土壤，使之成为地下水回灌场地，顺应水循环过程。土壤渗透性也是地下水污染敏感性的间接指标。渗透性越大，地下水越易被污染。

⑤地表水。在提高城市景观质量、改善城市空间环境、调节城市温湿度、维持正常循环等方面起着重要作用，同时也是引起城市水灾、易被污染的环境因子。合理的开发和保护能为水生生物提供栖息地，增加岸边植被多样性，并且为居民提供休闲、游憩环境。鼎湖城区周围遍布大量鱼塘，水冲纵横，地表水丰富是城区的特色之一，应给予高度重视（图6-44）。

⑥开发建设程度。城市现状建设规模是影响开发、工程建设的重要因素之一，也是规划中确定现状建设保留或集中搬迁的依据（图6-45）。

⑦坡度。坡度是影响建设投资和开发强度的重要控制指标之一（图6-46）。

⑧景观价值。景观价值评价依据人文和自然因素两方面进行（图6-47）。人文评价考虑以下三方面因素：

A. 视频：沿主要景点及道路看到物象的次数。

B. 视觉质量：人对各景点的感觉，即悦目性。

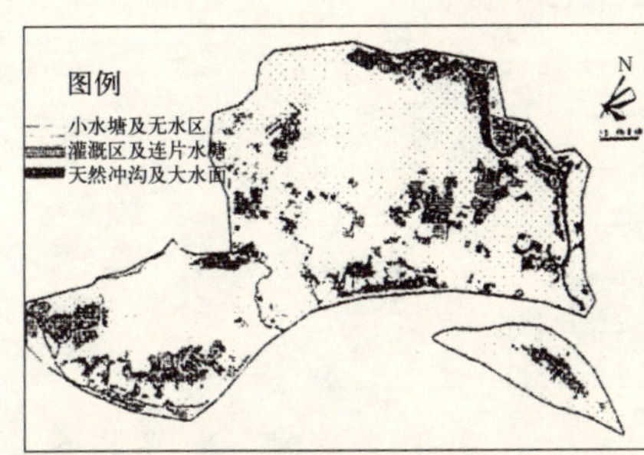

图6-44 鼎湖城区建设发展用地单因子分析——地表水分析
（资料来源：同图6-41）

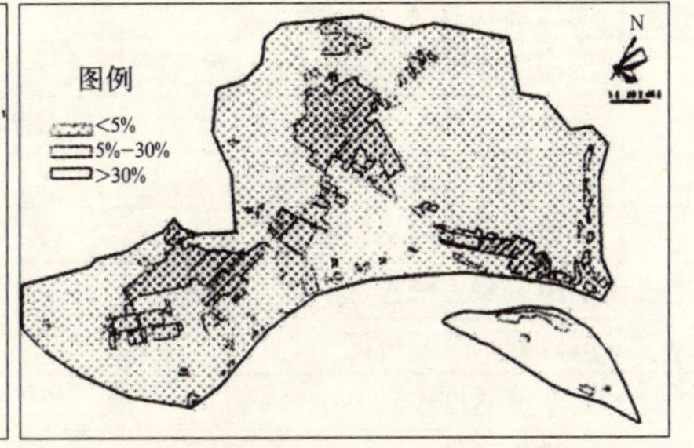

图6-45 鼎湖城区建设发展用地单因子分析——开发建设程度分析
（资料来源：同图6-41）

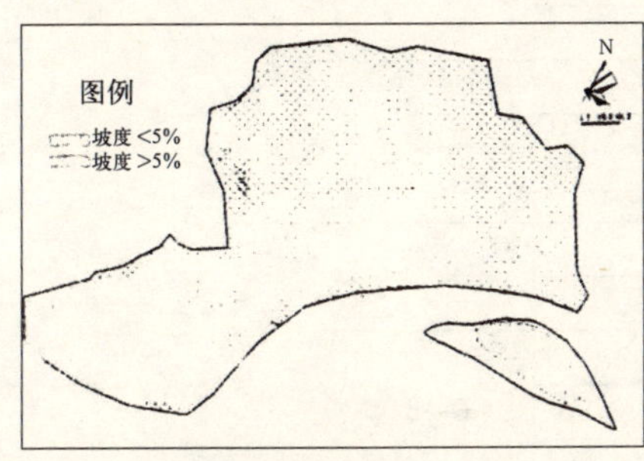

图6-46 鼎湖城区建设发展用地单因子分析——坡度分析
（资料来源：同图6-41）

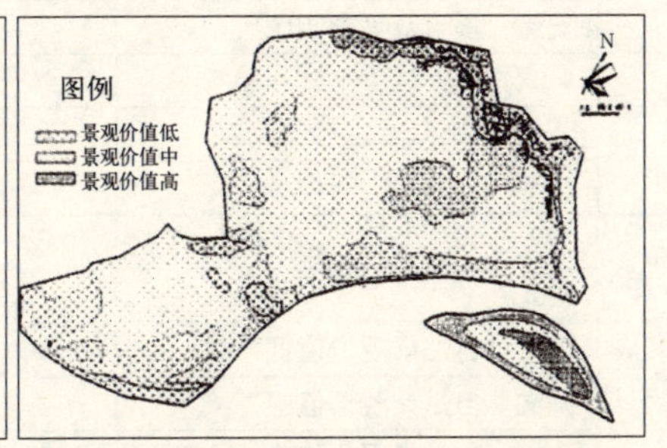

图6-47 鼎湖城区建设发展用地单因子分析——景观价值分析
（资料来源：同图6-41）

C. 独特性：指地方独特程度。

自然评价考虑以下三个因素：

A. 地貌：河谷、平地，河谷往往成为良好景观点。

B. 水系：水面大小及游乐潜力。

C. 植被：植被的好坏与景观价值成比例。

综合人文评价和自然评价结果，得到以下三类景观类型。

一类：有丰富植被的丘陵、河流，视觉条件好，有历史文化价值，有一定独特性。

二类：自然条件较好，视觉质量一般，独特性中。

三类：其他区域。

(3) 制定单因子生态适宜度分级标准及其权重。

将评价生态因子的原始信息（文字或不同比例图）等级化、数量化。这里单因子适宜度一般分为三级，用 5、3、1 表明其对某种土地利用适宜度高低，特殊情况分为两级。各单因子对土地的特种利用方式的影响程度不尽相同，根据影响赋予不同的权值，对影响大的因子赋予较大的权值。各生态因素的适宜度等级及其权重见表 6–2。

鼎湖城区发展用地单因子分级标准及权重　　表 6–2

编号	生态因子	属性分级	分值	权重
1	地基承载力	地基承载力大	5	0.10
		地基承载力中	3	
		地基承载力小	1	
2	土壤生产性	土壤生产性低	5	0.10
		土壤生产性中	3	
		土壤生产性高	1	
3	植被多样性	旱地、自然植被稀疏区	5	0.15
		农田、野生植被区	3	
		成片乔木、密林区	1	
4	土壤渗透性	土壤渗透性小	5	0.10
		土壤渗透性中	3	
		土壤渗透性大	1	
5	地表水	小水塘及无水区	5	0.15
		灌溉渠及大水塘	3	
		支流、溪流及其影响区	1	
6	开发建设度	$< 5\%$	5	0.12
		$5\% \sim 30\%$	3	
		$> 30\%$	1	
7	坡度	$0\% \sim 5\%$	3	0.10
		$> 5\%$	1	
8	景观价值度	人文、自然景观价值低	5	0.18
		人文、自然景观价值中	3	
		人文、自然景观价值高	1	

资料来源：孙立．体现可持续发展思想的中小城市总体规划方法研究．西安建筑科技大学硕士学位论文，2002.5.

(4) 单因子叠加获得综合适宜度，制定综合适宜度分级标准，绘出综合评价图。

根据表 6–2 的评价及分级标准、权重及加权公式可知，综合评价值（理论上）从 1.0（均不适宜）～ 5.0（均适宜）变化。这里将综合生态适宜度分为五级，每级含义为：

最适宜发展：指土地开发基本无需环境补偿费用，环境对人工破坏或干扰的调控能力很强，自动恢复很快；

适宜发展：指土地开发的环境补偿费用低，环境对人工破坏或干扰的调控能力较强，自动恢复较快；

允许发展：指土地开发需要一定的环境补偿费用，环境对人工破坏或干扰有一定的调控能力，可以自动恢复，但较慢；

控制发展：指土地开发的环境补偿费用高，环境对人工破坏或干扰的调控能力弱，自动恢复难；

禁止发展：指土地开发的环境补偿费用很高，环境对人工破坏或干扰的调控能力很弱、很难或不能自动恢复；

对表 6–2 的 8 个生态因素加权叠加得到鼎湖城区发展用地综合评价值 SL 在 1.86 ～ 4.58 之间变化，取 1.86—2.69—3.15—3.55—3.95—4.58 区段为综合适宜度分级标准。

$3.95 < SL \leqslant 4.58$ 最适宜发展用地

$3.55 < SL \leqslant 3.95$ 适宜发展用地

$3.15 < SL \leqslant 3.55$ 允许发展用地

$2.69 < SL \leqslant 3.15$ 限制发展用地

$1.86 < SL \leqslant 2.69$ 禁止发展用地

根据上述分级标准，对综合适宜度叠加结果进行再处理、聚类，划分出五类用地，即最适宜发展用地、适宜发展用地、允许发展用地、限制发展用地和禁止发展用地（图 6–48），从而建立鼎湖城区发展用地生态适宜度模型。模型的建立为土地合理配置、有序开发提供了科学依据，使鼎湖城区发展形态更趋合理。

在规划中，为保证自然资源的永续利用与发展、协调开发与保护，还进行了生态敏感性分析，对自然生态给予进一步强调。影响一个地区生态敏感性因素很多，这里选用了对鼎湖城区开发建设影响较大的 5 个自然生态因子，即土壤渗透性、植被多样性、

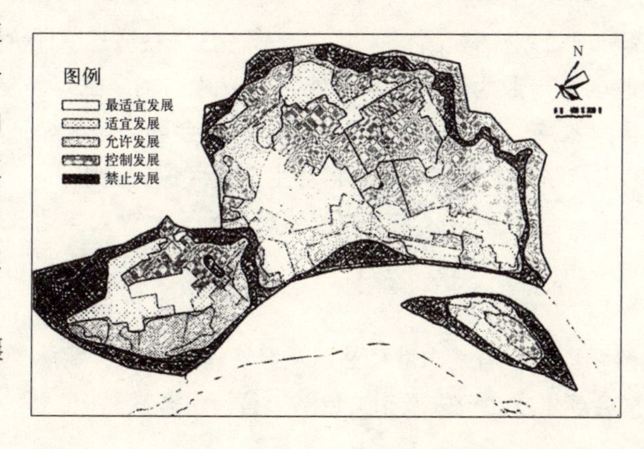

图 6–48 鼎湖城区建设发展用地单因子分析——地基承载力分析

（资料来源：孙立．体现可持续发展思想的中小城市总体规划方法研究．西安建筑科技大学硕士学位论文，2002.5）

鼎湖城区生态敏感性分析单因素分级标准及权重 **表 6–3**

编号	生态因子	评价标准	分级	评价值	权重
1	土壤渗透性	保证地下水回复，减少对地下水、土壤的污染	渗透性高	5	0.1
			渗透性中	3	
			渗透性低	1	
2	植被多样性	景观游憩，生物多样性，环境改善，水土流失	密林、立体种植果园	5	0.3
			果园、灌木草丛区	3	
			农地及其他	1	
3	地表水	景观游憩，野生生物生境，污染敏感性	溪流及其影响区	5	0.2
			大水塘、灌溉渠	3	
			其他	1	
4	坡度	水土流失，土壤侵蚀	＞20%	3	0.1
			≥5%	1	
5	特殊价值	生态保护，美学价值，历史文化价值，娱乐价值	价值高	5	0.3
			价值中等	3	
			价值一般	1	

资料来源：孙立．体现可持续发展思想的中小城市总体规划方法研究．西安建筑科技大学硕士学位论文，2002.5.

地表水、坡度、特殊价值，作为生态敏感性分析的生态因子，其分级标准及权重见表 6–3。

经单因素图加权叠加、聚类，得出综合评价值 SL 最大为 4.2，最小为 0.9，即在 0.9 ~ 4.2 间变化，取 4.2—3.6—2.8—2.0—0.9 为综合评价值分级标准，按此分级标准分为四类敏感区。其中：

$3.4 < SL \leqslant 4.2$ 最敏感区

$2.6 < SL \leqslant 3.4$ 敏感区

$1.8 < SL \leqslant 2.6$ 低敏感区

$0.9 < SL \leqslant 1.8$ 不敏感区

在此基础上进行生态环境区划，完成鼎湖城区生态敏感性综合适宜度评价图。

Ⅰ类敏感区（最敏感区）一般为河流及其影响区。成片的水面生态价值高，该区域对城市开发建设极为敏感，一旦出现破坏干扰，不仅会影响该区域，而且也可能会给整个区域生态系统带来严重破坏，属自然生态重点保护地段；

Ⅱ类敏感区（敏感区）一般为平缓区域上的植被繁茂区等，对人类活动敏感性较高，生态恢复难，对维持Ⅰ类敏感区的良好功能及气候环境等方面起到重要作用，开发必须慎重；

Ⅲ类敏感区（低敏感区）一般有荒山灌草丛以及经济作物分布，能承受一定的人类干扰，但严重干扰会产生水土流失及相关自然灾害，生态恢复慢；

Ⅳ类敏感区（不敏感区）主要是旱地农田等，可承受一定强度的开发建设，土地可作多种用途开发。

不敏感区、低敏感区所占面积较大，而敏感区和最敏感区面积最小，说明鼎湖城区建设发展用地较为充裕，城区扩展空间较大。

为突出自然生态优先的原则，鼎湖城区发展同时兼顾用地适宜度模型、生态敏感性模型及土地承载能力。三者相互对照、综合平衡，确定如下发展模式：

鼎湖城区用地范围内分布的Ⅰ类生态敏感区及部分Ⅱ类生态敏感区，必须保护作为鼎湖城区的自然骨架，如建设自然公园或生态保护区等；鼎湖城区东部、北部生态敏感性较高，应从缓开发；可以再通过对居住用地、产业用地、科研用地、绿化用地等用地的生态适宜度分析评价（评价侧重点不同，选择因子也有所不同），进一步揭示鼎湖城区用地的“适宜发展方向”，为建构鼎湖城区发展形态提供依据。鼎湖城区土地利用、布局按以上的生态联系，首先控制生态敏感地段，确定不宜建设区域和“适宜用地”，合理安排土地开发时序，避免开发活动对其的“过度消费”、“不当消费”，从而保证鼎湖城区的发展环境。鼎湖城区建设东西以山水为限，南北以天然水冲、水涌为界，由西（鼎湖山麓）向东（西江沿岸），由南向北分期推进；砚洲岛因其特殊的地理条件，可不受上述时限限制，根据情况适时整体开发。

6.6 对城市规划实施效果的调查

本节的调查成果分为三种类型：一是从专业部门得到的反馈信息，二是通过问卷向市民调查的结果，三是笔者的回访印象。笔者以为“三分规划，七分管理”这句话较为充分地体现了在城市规划的全过程中规划编制与规划实施管理的关系。规划编制所占比例虽小，但它却是规划管理的依据。如果编制有问题，那么，在占大比例的实施管理中就会出现长时期的、大范围的重大问题。因此，对规划实施效果的调查是及时发现，修正包括理念、方法误差的重要环节；是吸取教训、总结经验，使今后的城市规划在更加切合实际的基础上具有更强的包容性与预测性的重要措施；按照系统论的观点，这也是规划编制作为一个系统中的重要组成部分。

6.6.1 对规划的基本评价

广东惠州的博罗县城总体规划是作者第一次将分期规划理念及对城市的生态化的考虑应用于实践的规划项目。应该说，在规划编制中，对于理念转化为切实可行的、与我国规划编制办法实施细则相对应的方法经过了一个不断调整的过程，并且对当地政府及主管部门，尤其是专家是否认可这种方法心中无数。然而，令笔者感到意外的是，绝大多数领导和专家对这种方法持肯定态度，有一些专家评价甚高，甚至提出未来惠州其他县市的规划也应该采取这种方法。在规划评审会上，专家组一致认为本次规划指导思想明确，对城市发展的各项因素作了充分的分析定位，定性准确，规划恰当，布局基本合理，各项工程规划基本切合实际。规划中在动态发展方向提出的分期规划概念和利用县城周围良好的生态与县城布局相结合的思路符合当地实际情况，反映了现代化城市可持续发展的要求。[3] 博罗县政府和城市规划部门认为规划对 1990 年代初以来当地因开发热导致的开发建设混乱的状况及其带来的一系列问题，在规划方面提供了较为有效的解决方法，其动态思想下的分期规划在实际工作中具有较好的科学指导性，同时，在建设环境优美的滨江生态城市方面规划较为完善可行。

宁夏固原规划所遇到的情况与博罗县有较大差异。从规划编制来说，规划认为虽然固原为欠发达地区，但在国家西部大开发宏观战略的作用下，作为宁夏南部地区的中心城市，其发展潜力是巨大的。而规划应该未雨绸缪，避免南方一些城市在快速发展阶段出现的问题在类似固原这样的生态脆弱的西北地区城市中再次出现，以充分体现出“后发优势”。规划认为，从某种角度上说，分期规划的提出更适合于西北地区的城市。这种想法得到了当地行政主管部门的大力支持，但却未引起大多数专家的重视。尽管评审会及自治区政府的批复对规划的评价都很高（评审会认为该规划是当时自治区已有规划中“数一数二”的），但专家们却认为分期规划没有必要。这样，规划实际上就出现了两个“版本”，一个是为上报用的没有带与分期规划相关内容的版本，另一个是应地方要求带上了分期规划的版本。而事隔仅仅一、两年之后的情况使得自治区的一些专家和行业领导在一定程度上改变了看法（详情见后）。

与固原总体规划不同，鼎湖总体规划在开始编制之前，当地规划主管部门就主动要求规划按照分期规划的思路进行。之所以出现如此巨大的差异，作者以为还是城市发展建设的客观现实带给人们主观上对规划认识的变化造成的。由于一些客观因素的影响，规划编制的时间较长。而在这个较长过程中鼎湖城区所经历、发生的一些变化，从一定程度上也在不断印证着对鼎湖城区的发展要从“生长”角度进行考虑的问题。如工业项目的设置类型和位置，一些主要道路的走向，对林地、渔塘的保留与否，乃至鼎湖城区未来发展的主要功能构成等。最后确定的规划布局虽然在一些局部问题上有一些妥协，但从整体来看，对于从城市的动态、生态角度来分析研究，最后确定城市未来的发展的方法，无论是专家还是领导都给予了充分的肯定。在规划评审会上，专家认为规划指导思想明确，思路清晰；规划性质定位准确，对城区的建设提出了较为全面、细致的规划分期控制方案，图纸完整，质量较高，人口与用地规模适度，并在运用动态与生态有机结合的规划方法等方面有所突破。[4]

三个规划分别在陕西省的优秀规划评比中获得一、二等奖（固原、鼎湖为一等奖，博罗为二等奖）。

6.6.2 对规划实施效果的回访调查

以上三个总体规划由于完成的时间不同，因此实施时间也有着明显的不同。尽管如此，通过对规划完成至今的实施情况的调查，还是可以反映出一些值得思考的问题。

博罗县城近年的城市发展较严格地按照城市总体规划的近期规划进行，即以原建成区为核心向东、局部向西紧凑式发展。目前已经完全控制住了四处征地、八面建设的混乱局面。除此之外，一些为市民服务的公共设施，如公共绿地、大型公建、文化娱乐设施也已经或正在陆续建成，局部地段的详细规划正在积极地进行编制。目前的县城发展与建设水准比以前有了明显的提高（图 6–49、图 6–50、图 6–51）。经过四五年的实施可以明显看出，县城的发展建设正按照总体规划健康、有条不紊地持续着。然而，在 2003 年，县城总体规划又进行了修编。据了解，这次规划修编的主要原因为：①县政府调整了领导班子；②花惠铁路、广惠快速轨道线即将修建；③县城西边的义和镇归并至县城。这三条修编原因是很有代表性的，可以说能够折射出我国城市与规划关系的许多现实问题。首先，城市规划的权威性、严肃性问题在我国已经被提出了有二十来年，尽管有城市规划法为城市规划“保驾护航”，但一些城市的领导还是认为权比法大，并认为修编规划是体现其意图、“政绩”的最好、最轻松的方式之一，与其他实事相比，只需花很少的钱就能“搞掂”；其次，两条铁路的修建对于博罗县城的整体布局来说，属于局部问题，并且在原总体规划中已预留了位置。从目前的阶段性成果来看，与原有规划并无矛盾之处。这

图 6–49　博罗县县城实地照片（一）

图 6–50　博罗县县城实地照片（二）

图 6–51　博罗县县城实地照片（三）

实际上涉及到另一个问题，即对规划的理解问题：总体规划到底是干什么用的？它究竟主要是起把握方向、原则的宏观作用还是起对具体局部项目安排的微观作用？如果总体规划跳不出对具体事物的过分关注，那么，它不但起不到对未来城市发展的指引、指导作用，而且作为编制来说也将处于无休止的地步，因为城市在发展过程中"偶然事件"的发生是必然的，是层出不穷的；第三，城市界域问题应该说是作者主持的这轮总体规划的一个最大失误。尽管当时项目组曾与地方政府及行政主管部门为此问题交涉多次，但最后还是作了妥协。应该说，不管是从地域空间上说还是从布局性质上说，义和镇都应该纳入县城统一考虑，但当地主要是过多地考虑了行政关系上的敏感，因此最终放弃了这一主张。这是值得以后的规划引以为训的重要一点。

固原城市总体规划于2000年完成。该规划与其他规划相比有一个最大的不同，即在编制规划的时候固原城市还是一个县城，但当时已得到信息：在几年内固原将升级为地级市。无疑，规划编制应充分考虑固原作为一个地级市的发展，但在这一情况还在运作尚未公开的时候，规划的文字表述及某些资料的使用都有一个把握分寸、慎重处置的问题。最终完成的规划由于对固原城市未来的发展分析得较为透彻，因此在地改市后仍然对城市的发展建设具有良好的指导意义，城市的近期建设及局部地段的控规、修规得以按部就班地进行。然而，2002 年宁夏全区开始了加速城市化运动，各地、市响应自治区党委号召，掀起了扩充城市规模的热潮。在固原，新的市政府提出人口规模近期要达到总体规划中的远期指标，而远期要达到远景指标，并要求在自治区刚刚批复不到一年的总体规划中明确改过来，为此还专门组织了由地方政府及行政主管部门、自治区的建设厅、自治区规划专家和作者等（代表西安建大规划院）参加的规划调整讨论会。对此，作者的意见是，抛开近期、远期是否能达到总体中的远期、远景规模不谈，规划文件中的"分期规划"实际上已经最大限度地指出并保证了城市在发展过程中的实际速度与预期速度不一致时的应对。这对指导城市未来的发展已经足够，而不一定非要在文字上修改。更何况，作为西北地区的城市应该将 1990 年代南方城市及其规划的教训引以为戒。与会的大部分专家、领导以及地方行政主管部门同意作者的看法，并在此时肯定了原来不以为然的分期规划的做法。认为这种做法在具有超前性、灵活性的同时，又具有较强的可操作性。然而，经过会上会下的讨论、磋商，地方领导还是坚持规划要按他们的意见"调整"。尽管作者最后拒绝了这一做法（据了解地方还是另寻他人完成了"调整"），但还是心生感慨：观念与经济实力的落后，究竟哪个对城市发展的影响更大？笔者遇到的很多地方领导，其实也都在强调规划"一经批准，以后各任都要按此执行"，但前提是在其任上先把规划调整了。

肇庆市鼎湖城区总体规划 2002 年编制完成，由于规划得到了当地专家、领导和地方行政主管部门的一致认可，因此尽管时间很短，但实施效果良好。一些局部地段的详细规划、景观设计和专项规划正在陆续展开。另外，由于肇庆市2003 年新一届领导班子上任后调整了社会经济及城市发展建设思路，因此，从目前看对总体规划的实施进一步提供了保证。由于原来地方领导强调发展工业，因此尽管在规划的图纸和文字中做了一些处理，但毕竟工业还是占到相当比例。而按照现在的思路，鼎湖山的正面山下部分应以生态、休闲为特征。对这一变化，尽管与总体规划文件不符，但笔者还是感到十分欣慰，因为这是笔者的初衷（图 6–52、图 6–53、图 6–54）。

图 6–52　肇庆鼎湖城区实地照片（一）

图 6–53　肇庆鼎湖城区实地照片（二）

图 6–54　肇庆鼎湖城区 61 区公共绿地规划——鸟瞰图
（资料来源：西安建筑科技大学城市规划设计研究院．肇庆鼎湖 61 区公共绿地规划，2003）

6.6.3 对普通市民所做的问卷调查

城市规划尽管有很强的专业性，但由于它的规划对象是城市，而城市中最基本的人员构成为城市人口或曰普通市民，因此市民对城市的感受虽然谈不上专业，但却是最直观的，最感性的。国外十分强调规划的公众参与，将其纳入规划编制程序，这从一个方面反映了以人为本的规划理念，因为从本质上讲，规划是一门"为人民服务的学问"。

考虑到规划实施的时间性，对规划评价的客观性，以及城市发展的相对成熟程度，作者指导研究生选择了甘肃的白银和天水两座城市进行了针对城市总体布局的公众满意度随机抽样问卷调查[5]。接受调查的人数为183人，其中白银为83人，天水为100人，年龄层次从十七、八岁至六十多岁不等，职业包括了政府职员、企业员工、教师、工厂工人、个体商贩、在校学生、无业人员等。调查的问题涉及市民对城市性质的认同，居住与工作的空间位置的感受，对商业服务、文化娱乐设施的完善程度、城市交通的方便程度，城市环境优劣程度的评价与期望等（表6-4）。调查的结果如下：

1）城市性质：在白银接受调查的市民对城市性质的认同都集中在工业城市和矿业城市上，但对这个性质表示满意的只有44%，48%的被调查者希望白银是繁荣的商业城市，44%的被调查者希望是环境优美的园林城市，还有24%的人选择了现代的工业城市（注：可以多项选择）；在天水，所有接受调查的市民都认为天水是旅游城市，其中还有10%的人认为天水是工业城市。有95%的市民对这种城市性质表示满意，所有接受调查的市民都希望天水发展成为历史文化、风景旅游城市，35%的人希望天水同时发展成为现代化的工业城市。

城市性质是城市主要职能的反映，城市的职能又在一定的程度上反映了城市的发展动力，而城市的发展动力则是城市扩张的源泉。从被调查的两座城市看，职能单一，过于类型化以及发展动力限制因素较多是它们目前的共同问题（实际上也是西北地区绝大多数中小城市的共同问题），这些问题市民也在一定层面上感受到了。从生态学意义上说，这两座城市的整体生态位较低，因此对不同类型的产业、经济和不同职业、年龄人群的吸引力也较低。从调查的结果来看，市民的期望与规划专业人员的期望是相似的，即在保持特色的同时具有多样性。

2）居住与工作的空间位置与距离：由于被调查的两座城市规模不大，上班距离最长也只不过半小时，因此从城市居住与工作地点就近便利这一点来说基本上不存在什么问题。但"过于方便"又造成了另一个问题，即有32%的被调查者住在单位家属院，"走几步就到上班的地方了"。

对城市的布局来说，中小城市过于便利的居住—工作距离有有利的一面，如省时、交通需求量及需求类型少、进而导致节省市政投入、以及减少交通污染等，但也有不利的一面，如城市居住—工作用地过于混杂，规模过小，不易产生规模效益，也形不成好的城市形象，如果遇到污染企业（这种情况很常见）又会给周围的市民生活带来影响。因此，对于中小城市来说，城市的功能分区还应适当地明确、平衡，使城市居民居住——工作在方便的同时不会带来方便之外的负面影响。

城市总体布局满意度公众调查表 **表 6-4**

您好！这是一项关于城市总体布局满意度的民意调查，你可以通过选择答案（可多选）或表达自己的看法来完成问卷！感谢您配合这项调查，对占用您的时间表示歉意！

年龄：________ 职业：________

城市总体布局满意度公众调查表

1. 您认为我们的城市是一个：________

a. 工业城市 b. 矿业城市 c. 旅游城市 d. 商贸城市 e. 其他 ________

您喜欢我们的城市吗：________ a. 喜欢 b. 不喜欢

您希望我们的城市是一个：________

a. 现代化工业城市 b. 历史文化、风景名胜旅游城市 c. 繁荣的商贸城市

d. 交通枢纽城市 e. 环境优美的园林城市 f. 其他 ________

2. 您工作的地方离家有多远：________

a. 走两步就到了 b. 走路十几分钟 c. 走路半小时左右

d. 走路四十分钟到一小时 e. 走路一小时以上 f. 其他 ________

您认为这种距离合适吗：________

a. 这么远正好 b. 远了 c. 近了

您一般通过何种交通方式去工作：

a. 步行 b. 骑自行车 c. 坐汽车 d. 其他

3. 您常去什么地方买东西：________

a. 离家不远的小卖部 b. 离家不太远的小超市、商店 c. 集贸市场 d. 市中心的商贸区

e. 城市里的大型超市、大型集贸市场、批发市场 f. 其他 ________

您认为买东西方便吗：________

a. 方便 b. 比较方便 c. 不方便

您认为买东西不方便的原因是：________

a. 商业网点太少 b. 网点分布不均 c. 商业设施档次不高 d. 其他

4. 您认为图书馆、电影院、博物馆、舞厅等文化娱乐场所：________

a. 太少不能满足我的需求 b. 离家太远，我不常去 c. 能满足我的需求 d. 位置不合适，干扰我的生活 e. 这类场所太多，干扰我的生活 f. 其他 ________

5. 您认为我们城市的交通方便吗：________

a. 方便 b. 不方便

您认为交通不方便的原因是：________

a. 城市太狭长，从这头到那头太远 b. 道路布局不顺畅，总有些地方很挤 c. 缺乏交通管理

d. 没有公共汽车或公车太少 e. 路面窄，交通拥挤 f. 其他 ________

6. 您认为我们城市的绿化：________

a. 非常好，绿化多，种类丰富 b. 太少，且不好 c. 数量、质量一般，还行

d. 道路绿化不好 e. 居住的地方绿化不好 f. 没有街头绿地

g. 城市中心绿化不好 h. 河边绿化不好 i. 单位里的绿化不好 j. 城市公园太少 k. 其他 ________

7. 您平时喜欢去哪散步：________

a. 河边 b. 公园 c. 广场 d. 马路上 e. 逛商场 f. 其他 ______

原因是：________

a. 空气好 b. 绿化好 c. 空间开阔 d. 热闹、有娱乐项目 e. 其他 ________

8. 您认为我们城市的环境怎么样：________

a. 很好 b. 还行 c. 很糟糕

您认为城市的环境方面存在的问题是：________

a. 工厂离人们生活的地方太近 b. 工厂离人们生活的地方有一定距离，但防护绿化做得不好

c. 工业污染的治理 d. 城市面貌缺乏空间艺术设计 e. 城市环境卫生不好

f. 城市绿化太少 g. 需增强市民环境意识和公共道德 h. 其他 ________

（资料来源：李建华．生态导向的西北地区东部中小城市总体布局研究．西安建筑科技大学硕士学位论文，2003.5）

3）公共服务设施：在白银和天水，市民购物根据所需物品的不同有去城市商业中心区、附近集贸市场和单位、居住区周围的便利店几种不同选择。由于具有城市间交通便利的因素，白银有一些市民还会上兰州去买东西。在两座城市中，白银有56%的被调查市民认为商业服务设施档次不高，16%的人认为购物不方便；天水有30%的被调查者认为商业设施档次不高，35%的人认为商业服务网点分布不均，15%的人认为购物不便。在文化体育设施方面，白银有84%的被调查者认为图书馆、影剧院、体育场等设施不足、档次低，有16%的人甚至不知道图书馆在哪里，更不用说使用了；在天水市，60%的人认为这些设施基本能满足要求，25%的人认为太少，不能满足要求，15%的人不常使用这些设施。

对城市公共服务设施，可用充分性、经济性、有效性、可达性[6]和生态性五个指标来评价。城市公共服务设施的充分利用要求集中，这在中小城市有利于提高公共设施的经济性并营造城市氛围，加强城市的向心力、吸引力，但低档次的集中则会造成公共环境的恶化，缺乏生态性。以白银市为代表的工矿城市由于企业办社会现象比较突出，企业内部公共设施的社会共享程度较低，不利于形成自身经营管理的良性循环，因而造成城市公共服务设施的充分性、经济性和有效性指数较低，这从市民对其的满意度中可见。相对来说，天水市民对公共服务设施的满意度较高，但其风景旅游的城市性质要求公共服务设施的配置应强化为外来旅游人口服务的特点。从这一角度来说，天水城市的公共服务设施无论是档次，还是服务水平、质量，以及有效性等都急待提高。这也反映了这座城市公共服务设施的布局和建设还存在着一些需要改进、调整和完善的问题。

4）道路交通：白银有72%的被调查者认为城市交通比较方便，16%的人认为城市道路布局不够顺畅，局部地段比较拥挤。在天水，45%的人认为城市太狭长，路程太远，35%的人认为城市局部地段、尤其是老城区路面狭窄，交通拥挤。

道路交通系统是城市物流、人流、能量流、信息流的主要载体，其运行效率的提高有利于减少能源、自然资源特别是不可再生资源的消耗，以及资金、时间的消耗。城市的布局结构和布局形态决定了城市道路系统的基本特征和交通的基本方式，道路交通模式又反过来影响城市的各类用地布局。从白银和天水两座城市来看，它们的道路交通系统总体上较为适宜，但局部地段还存在着布局及具体设置不合理的问题。

5）城市绿地：白银市有76%的被调查者认为城市绿化太少且质量差，24%的人认为城市绿化总量和质量一般，有96%的认为城市公园太少，日常的休闲散步有绝大多数市民选择在城市道路，28%的人选择在公园，16%的人选择在河边；在天水，45%的受调查者认为城市绿地数量与质量一般，55%的人认为城市绿化少且质量差，有65%的被调查者选择在马路上休闲散步，35%的人选择在河边，45%人选择广场和公园，30%的人选择商场购物（此处可重复选择）。

6）城市环境：白银市有64%的被调查者认为城市环境很糟糕，36%的人认为还行。市民认为造成城市环境恶劣的主要原因依次是工业造成的环境污染比较严重、城市环境卫生不好、绿化少、城市面貌缺乏艺术设计。而在天水，认为城市环境还行的占到70%，认为糟糕的占到20%，有10%的人认为城市环境很好。

上述两项调查的内容直接与城市生态环境相关。从调查结果中可以看出，市民们对其日常生活工作的环境是不满意的。这种不满意主要是由城市绿地数量不足、质量不高、分布不合理而导致城市绿地应有的生态支持功能低效、不能对城市生态环境的改善起到明显的促进作用而造成的。本来，河流、公园、广场应是城市最好的休闲散步场所，但由于水体污染严重，公园数量和开放时间有限，广场数量少、设施不全、设计不合理，市民们更愿意选择马路，宁愿与汽车噪声、尾气和各类车流为伍。这说明在城市的规划布局和建设上还没有将城市的生态环境问题作为一个重要问题来对待，没有将城市的绿化、景观的认识上升到城市的品位以及"与人为本"的规划建设理念高度来认识。当然，这里面肯定有经济实力不足导致市政、公共设施跟不上的因素，但像工业对河流、对环境的污染，规划建设时对原有绿化的视而不见，以及城市公共场所的脏乱差等，应该说都是可以在规划建设管理中避免的。

■ 本章小结

博罗和鼎湖两城市都处于广东珠三角地区。虽然它们在珠三角内都是属于发展相对缓慢的区域，但由于珠三角经济发展整体水平的影响，因此比起西北地区像固原、榆林这样的城市来说，它们的经济水平还是要高得多。珠三角地区经历了改革开放以来，特别是1990年代以后的经济持续高发展，目前正处在产业结构转型期，即较发达地区的产业由原来的劳动密集型向技术、资金密集型转化。而像博罗、鼎湖这样的城市一方面要争取做到一步到位——直接引入技术、资金密集型产业，另一方面也许还需补课——仍需一些劳动密集型产业进行过渡。当然，不管什么类型的产业都不能以牺牲生态环境作为代价。

而从生态方面来说，尽管自然条件优越，像博罗、鼎湖这样的城市也仍然需要加以注意。如开发热形成的到处推光铲平的做法就对城市乃至区域的生态会造成不良影响。另外，一个很有特色的生态现象——水系，在这两座城市中原先大都没有得到当地有关部门和原规划的重视。以水、水系为主体的整个城市自然生态系统不仅能够形成城市良好的生态环境，而且能使城市景观得到极大的改善，并形成南国城市独有的特色（图6-55、图6-56）。

在博罗规划中，对动态的考虑首次用"分期规划"的方法来表示，地方主管部门的领导及专家都表示出了较大兴趣，因为这种方法在相当程度上解决了以往城市建设与规划所定的时间速度不一致，发展方向不确定以及侵占农田等问题。惠州市规划局的有关领导还建议未来惠州市及其所属的其他县市的规划要按此模式进行。而鼎湖规划根据自然地形中水网多的特点，规划布局以此展开并形成水系，最大限度地将人工与自然结合起来，形成独具特色的城市生态系统，也使得城市与西江、鼎湖山成为一个完整的有机体。

图 6-55　肇庆鼎湖城区总体规划——绿化体系规划图
（资料来源：西安建大规划设计研究院．肇庆鼎湖城区总体规划（2002 ~ 2020 年）．2002）

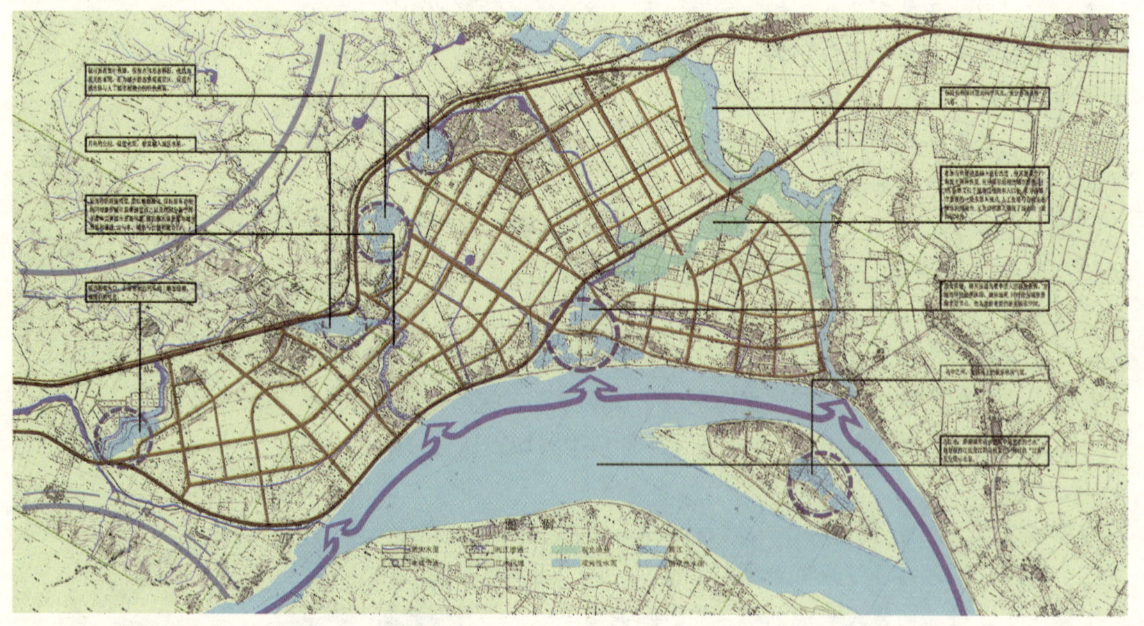

图 6-56　肇庆鼎湖城区总体规划——水体体系规划图
（资料来源：西安建大规划设计研究院．肇庆鼎湖城区总体规划（2002 ~ 2020 年）．2002）

通过广东珠三角这两座小城市的规划，可以给西北地区东部的中小城市规划以下启示：

（1）城市性质的规定一定要量力而行，因地制宜，“不因善小而不为”。

（2）城市的用地规模要适度，使之在发展过程中不断地保持“紧凑”的特点，摊子不要铺得太大，战线不要拉得过长。

（3）在加强生态建设的同时应该充分关注城市自身自然环境的特点，通过对特点的挖掘，使之与生态充分结合，以形成城市生态环境的特点，并最终形成城市的特点。

（4）规划布局要注意城市在发展过程中的合理，而不要过分追求某一个确定时间的准确与合理。

固原、榆林与地处广东珠三角的博罗、鼎湖城市最大的不同是经济水平和生态条件的差异。由于生态条件的差异，使得城市在发展过程中不仅要注意对新区城市生态环境的保护和改善，而且要加大力度对原有区域的生态环境进行治理和改善，并且由于生态条件的脆弱，因此还需要包括规划部门在内的各个有关部门共同制定、实施能够使生态得到改善的切实可行的措施、办法，并从资金上给予倾斜，落实到位。

固原和榆林这两座城市的最大相同点是都处于西北干旱地区，生态脆弱，经济发展落后。而主要的不同之处是榆林有着丰富的矿藏资源，是国家的能源重化工基地，固原是宁夏南部的中心城市，回民聚居区，处于银川、西安、兰州三座省会城市的中心地带。因此，对这两座城市所作的规划，都要强调因地制宜地进行生态治理，利用环境形成生态与景观特色，使其与各自不同的文化背景形成一个统一体，一个整体。此外，应特别注意城市发展的过程中对生态的保护，使城市发展与生态保护互相促进，形成良性循环。第三是要注重城市发展过程的合理，使城市能够与规划同步地滚动发展。

四个规划与目前的一般总体规划的最大不同，一是把生态作为城市中必不可少的系统、作为一种文化看待，强调城市的生态是城市有机体的一个重要的、必不可少的组成部分；二是对城市的发展依照对其所作的分析进行用地选择，进而进行“分期规划”。

由于经济水平与南方城市的差异，南方城市在发展过程中遇到的一些问题西北地区目前还不突出。一个明显的例子是与博罗、鼎湖相关的各级领导部门及专业人员对总体规划采用的“分期规划”方法十分感兴趣，而在固原、榆林却反应不够积极。究其原因，除了观念——即对规划的理解因素外，最主要的是南方毕竟经历了1990年代初开始的城市快速发展时期，城市建设管理中遇到的问题使人们有了亲身感受，而西北地区这个阶段只是即将到来，人们还没有相应的经验与教训来评价它。应该说这是符合认识论规律与城市规划学科特点的。只是，作为城市规划的专业人员，一定要有未雨绸缪的意识，并能够通过比较、借鉴，提出相应的解决问题的办法。

注释

[1] 陈彦光．自组织与自组织城市．城市规划．2003 (10)．

[2] 孙立．体现可持续发展思想的中小城市总体规划方法研究．西安建筑科技大学硕士学位论文，2002(5)：33～50.

[3] 惠州市规划局．博罗县县城总体规划评审意见．1998.8.

[4] 肇庆市规划局．肇庆市鼎湖城区总体规划评审意见．2002.7.

[5] 李建华．生态导向的西北地区东部中小城市总体布局研究．西安建筑科技大学硕士学位论文．2003.5：60～63.

[6] 顾朝林，甄峰，张京祥．集聚与扩散——城市空间结构新论．南京：东南大学出版社，2000.

7 “生长型规划布局”：适应于西北地区东部中小城市发展的总体布局方法

7.1 区域定位

从一般的意义上讲，城市是其所在区域的中心。这里所指的区域是指以该城市为核心的行政界域。这样说虽然很明确地指出了城市在这个区域中的地位，但从另一方面说就像解释城市不是农村一样，对概念的澄清没有更多的帮助。其实对于城市来说，它所面对的区域是各种各样的，可以按行政界域划分（行政界域本身也可以有小范围和大范围的不同），可以按地理环境划分，可以按经济区划划分，也可以按交通关系划分。对于不同的划分，其"区域"的界限是不同的，同时其在"区域"中的地位、作用也是不同的。从这个意义上说，对于大多数城市，它们在与其相关的所有"区域"当中，起从属地位的作用是绝对的，而起中心统领的作用是相对的。这一点对中小城市来说更是如此。在城市是其所在区域中心的概念中，区域一词只代表它所管辖的行政界域，是所有的区域概念中最小的一个概念。

因此，这里所谈到的区域定位，意为通过对与城市相关的所有区域的分析、研究，考察城市的现在及未来，在不同的区域中所处的和将处的地位，以及从现在到未来之间城市在区域当中的定位的演化。考察及分析、研究的目的，是将城市所在区域的各种资源及现状发展水平、未来发展潜力的整体状况进行整合，以取得未来区域发展的最大"地区合力"。[1] 地区合力强调城市所在区域的城市体系中各城市之间的优化组合、协调发展，避免分立的自我发展，强调区域中各城市发展的互补性（这里所说的互补包括了城市职能、产业、资源的互补），突出个性特征，城市职能共享，以使区域中的城市在激烈的市场竞争环境中发挥特色，各得其所，避免发展过程中的重复和浪费，从而将个体的城市的能力最大限度地发挥出来。西北地区的城市由于整体发展的落后，更应注意在未来发展中整体协调，避免发展过程中的恶性竞争、重复建设，以使城市所在的区域取得最大的地区合力。

7.2 城市性质

城市性质是指一个城市在其所在区域当中，在政治、经济、文化等方面所具有的地位和作用，它反映了城市从现在到未来某一阶段的个性和特点。

城市性质的确定从两个方面进行。一个是从区域角度考查城市在区域当中的定位（即上面所说的"区域定位"），以确定城市未来的发展，另一个是从城市自身所具有的资源、环境、发展现状，产业结构、人口结构以及发展潜力等方面进行分析研究。

按照生长型规划的理念，城市性质的形成，确定有以下三个特点：

（1）突出主要职能。这里所说的主要职能是指与其他城市形成明显差异的部分，以及城市的相对优势所在。以往的城市性质中对政治、经济、文化中心的定位似乎成了八股。既然大多数城市都是如此，又有什么必要再提呢？对于产业则普遍提及种类较多，造成了城市间性质的雷同。

(2) 凸显过程特点。城市的性质跟城市的布局一样，不可能一蹴而就，它是一个渐变的过程。城市发展的原因是由于经济的发展，而经济的发展对于一般的城市，尤其是西北地区的中小城市，肯定会显现出阶段的差异性，即每个阶段经济发展或曰城市的整体发展特点是不同的。像广东珠三角地区的城市目前就在经历从十年前以劳动密集型产业为主向现在的以资金、技术密集型产业为主转变的阶段。这是处在上升期、不成熟期的城市必然经历的发展过程。城市的性质应该体现这一过程，并与规划的阶段性布局相对应。

(3) 强调不宜类型。对于西北地区的中小城市，经济发展水平低、规模小，在发展过程中饥不择食是其显而易见的共同特征。从积极的意义上说，正是由于城市这些特征，使这些城市又具备了船小好掉头，一旦抓住机遇，就可以求得大的发展的另一特征。现实中并不缺乏这样的例子。但问题的关键是由于超出了规划的预料（或规划没有起到作用），一些城市发展了对其以及其周边环境并不适合甚至造成很大危害的项目，从长远看这些项目无异于饮鸩止渴。因此，本着规划应该为城市未来的发展提供尽可能多的选择的原则，规划只可能并应当通过对城市及其周边地区的分析、研究，指出城市未来不宜、不可发展的项目类型，对适宜发展的项目类型只做一个原则性的粗略的提示。

7.3 城市规模

7.3.1 人口规模

人口规模在城市的发展中有着特殊的地位，它对于城市化水平的提高、经济的发展、城市空间的扩张、以及公共设施、市政设施的设置等，都有着直接的影响。因此，从某种角度上说，人口规模及其变化的轨迹，左右并反映了城市的发展过程。

按照生长型规划布局的理念，对未来城市人口规模的确定应该淡化近期、远期等人为的时间对应下的人口规模概念，而强化以城市远景最终合理规模的研究。

在我国的城市规划中，对人口规模的重视是一以贯之的，它充分地反映在城市规划的编制体制以及规划编制过程中的专家评审会上。但应该说这完全是建立在近期规划、远期规划的基础上的。如果把城市的发展作为一个连续的过程来看，对人口规模就会产生新的认识。城市的发展是由于经济的发展，经济的发展一方面需要由人来完成，另一方面又直接或间接地服务于人，因此，经济发展与人口增长是直接相关的。而城市的发展、经济的发展是连续的，因此，人口的增长、变化也是连续的。既然规划都在强调过程，那么人口规模的“定时定量”又有什么意义呢？当然，这样说决不意味着人口规模不重要。人口规模的重要性不是针对时间，而是针对空间而言的。它应通过对城市及其区域的研究，以最终规模或合理规模的方式落到城市上。

城市的合理规模是指城市在其地域中所具有的自然资源能够对其提供足够的、持续的支持，以及城市在其相关的区域中自然、社会地位没有发生大的变化，按照常规能够达到的最佳规模。简言之，人口的合理规模指的是在没有大的外力作用的情况下城市环境对人口的最大承载能力。这是城市在没有大的外力推动的情况下自身所能跨越的门槛在人口上的体现。当然，这个体现是按照目前所占有的资料，对城市的认识以及科学技术发展水平所作出的结论。这个结论在空间上和时间上并不是一个完全精确的数值，它具有一定的弹性范围。

最终规模与合理规模不尽相同。最终规模更具有“完成时”的意味，它是指城市最终的实际人口规模。如果说“合理规模”强调的是理想，那么最终规模则强调的是现实，是未来的现实。西北地区由于城市发展的整体水平，很少有城市的发展达到饱和状态，因此就很少有最终规模的经历。但也有个别地区，由于极度缺水，或者地形过于破碎，因此不适于人类的居住生活，更不适合城市的发展。由于城市在发展过程中种种必然、偶然因素的影响，城市的最终规模可能大于、小于或等于合理规模。

目前，对城市人口规模预测计算的方法较有代表性的大致可分为四类。一类是传统的方法，即根据城市发展过程中对经济活动人口的增长要求以及这部分人口占总人口的合理比例确定城市人口，如劳动平衡法、带眷系数法、劳动比例法等。第二类是数学方法，这类方法是将城市人口的发展通过综合分析转化成数学曲线模型，以此来确定未来任意一年的人口规模，如回归分析法、人口发展方程等。第三类运用系统工程中的“可能—满意度法”通过对城市及其区域的社会、经济、生态等方面的需要和可能的分析，从定性和定量的综合角度来确定人口规模。第四类是土地承载能力分析法，土地承载能力（land carrying capacity）分析是指土地在不损失或不降低其生态质量的情况下，人类活动对其影响的可接受程度，即对人类活动的强度所能承受的限值。它认为一个地区的土地对增长量的适应能力是有限的，将生态环境质量和公众福利确定、保持在与社会所能承受的相适应的最高水平。

在土地承载能力评价中，两个主要的概念是“发展变量”和“限制因子”。“发展变量”包括人口和社会经济发展；“限制因子”是指限制一个地区人类活动进一步增长的各种因素，包括自然资源、生态条件、基础设施等，常见的限制因子可分为环境（如大气、水质、土壤侵蚀、生态系统的稳定性等）、物理（如供水系统、公路等）及心理三类。进行承载能力分析，就是要通过确定每个限制因子的最大值或最小值，尤其是对发展很可能起最强烈、最重要限制作用的因子，进而在限制因子与发展变量之间建立对应的定量关系，最后确定限制因子与发展变量的关系，计算出限制因子对发展变量的限制程度。通常，环境限制因子的最大值或最小值以国家或地方的标准来确定，物理限制因子以现有的基础工程能力来确定，心理限制因子通过专家判断或社会调查来确定。这种方法分析提出的允许人口发展量多作为城市人口合理规模的上限指标。它不仅是进行人口预测的有效方法，同时也是城市用地分析的方法之一。

7.3.2 用地规模

一般城市应严格遵守《城市用地分类与规划建设用地标准》将人均建设用地指标控制在100m^{2}左右。但在少数民族地区、地广人稀地区，用地指标可控制在130～150m^2。对于一些土地不适合种植、现有人口稀少且具有较大型（占地大）工业项目发展的城市，人均用地指标还可根据具体情况突破150m^2/人。

7.4 用地发展分析

城市用地发展分析不但要考虑现状及未来城市可能发展用地的工程地质状况，而且要考虑城市发展后内部及周边自然生态环境的变化。因此，为实现城市建设与自然生态保护（改善）的双赢、在实现地尽其用的同时使城市具有一个好的生态环境，以体现可持续发展的思想，是城市用地发展分析的根本目标。

城市用地发展分析的常用方法有上面提到的土地承载能力分析法、土地适宜度分析法以及土地敏感性分析法等。

7.4.1 土地适宜度分析法

土地适宜度（Land use suitability）又称"土地生态适宜度"，指在城市可能发展范围内土地的利用方式对生态要素的影响程度（适宜程度），或是生态要素对给定的土地利用方式的适宜状况、程度。这里所说的土地，包括了水文、地理、地形、地质、生物、人文等要素，而利用方式指的是对特定地块的持续长久的用途。土地适宜度分析对保证恰当地利用土地、提高土地的社会价值具有重要的意义。

分析土地对某种用途的适宜度一般有以下三种方法：

(1) 直接叠加法。又可分为地图叠加法和因子求权法两种。地图叠加法的优点是形象直观，可以将社会、自然等不同量纲的因素进行综合分析，缺点是它的实质为等权相加方法，分不清多个要素的轻重，并且当因子增加后不断重叠显得繁琐。地图叠加法的基本步骤可归纳为：首先，确定规划目标及规划中所涉及的因子；其次，调查每个因子在区域中的状况及分布（即建立生态目标），并根据对其目标（即某种特定的用地）的适宜性进行分级，然后用不同的深浅颜色将各个因子的适宜性分级分别绘制在不同的单要素地图上；第三，将两张及两张以上的单要素图进行叠加得到复合图；最后，分析复合图，并由此制定土地利用的规划方案。

因子等权求和法实质上是把地图叠加法中的因子分级定量化以后，

直接相加求和而得到综合评价值，以数值的大小（而不是地图叠加法中颜色的深浅）来表示适宜度。它的适用条件是各生态因子对土地的特定利用方式的影响程度基本相近且彼此独立。

(2) 因子加权评分法。这种方法的基本原理与因子等权求和法的原理相似，所不同的是由于各个因子对土地的特定利用方式的影响程度差异明显，因此要确定各因子的相对重要性，即权重，对影响大的因子赋予较大的权值。在此基础上，对各个单因子的评价结果进行加权求和，得到相应地块或对特定土地利用方式的总评分。通常分数越高表示适宜的范围越大。这种方法克服了直接叠加法中等权、繁琐、识别困难等缺点，与此同时将图形网格化、等级化和数量化，适宜计算机的应用。

(3) 生态因子组合法。在前两种方法中，从数学上讲要求各个因子必须是独立的。而在实际中，许多因子是相互联系、相互影响的。生态因子组合法认为，对于某种特定的土地利用来说，相互联系的各个因子的不同组合决定了对这种特定土地利用的适宜性。生态因子组合法可以分为层次组合法和非层次组合法。层次组合法首先用一组组合因子去判断土地的适宜度等级，然后将这组因子看作一个单独的新因子与其他因子进行组合，判断土地的适宜性。而非层次组合法是将所有的因子一起组合去判断土地的适宜度等级。一般说来，非层次组合法适用于因子较少的情况，而当因子较多时，采用层次组合要方便得多。但两种方法都需要首先建立一套完整且复杂的组合因子和判断准则。这是生态因子组合法的关键一步，也是最困难的一步。

7.4.2 生态敏感性分析法

生态敏感性是指在不损失或不降低环境质量的情况下，生态因子对外界压力或外界干扰的适应能力。不同的土地条件对人类干扰的反应结果是不同的。有的对干扰具有较强的抵抗能力；有的尽管在结构和功能方面会产生偏离，但恢复能力很强；有的抗干扰能力很弱，受到干扰后产生损坏且很难恢复。生态敏感性分析的目的就是分析与评价地域内各系统对人类活动的反应。根据生态敏感性进行区域划分，进而进行规划布局，可以最大限度地协调开发与保护之间的关系，保证自然资源的永续利用。

生态敏感性分析的方法与土地适宜度分析的方法、步骤大致相同，是土地适宜度分析法中的一种特殊情况，是为了对生态环境予以特殊保护而单独提出的。它的单因子评定标准与土地适宜度评定标准相反，一般常选用对城市开发建设影响较大的生态因子，相当于土地不适宜建设的评定。

7.5 城市发展综合评价

通过以上方面的分析、评价、定位，再采用以往规划中对城市所在区域中对地质、用水、用地（指自然地形对城市发展范围的限制等）的分析方法，同时考

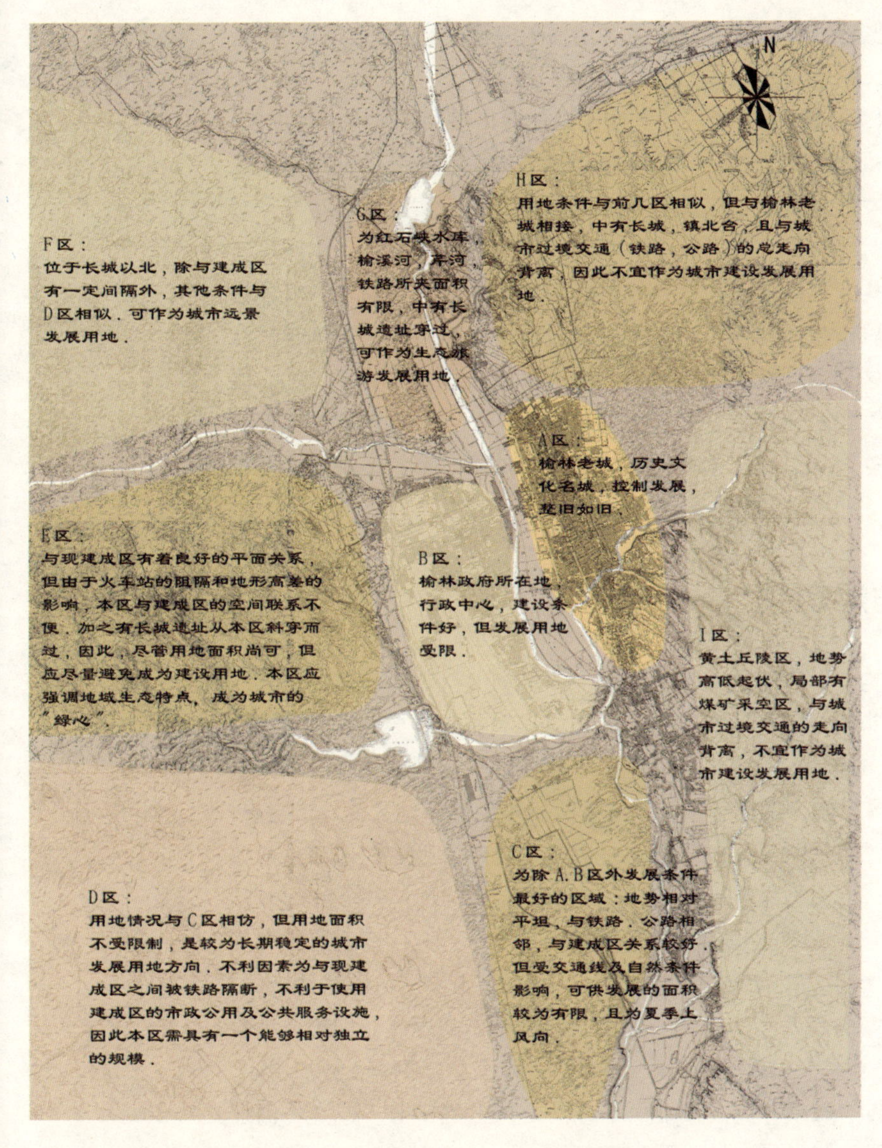

图 7–1　榆林城市总体规划——城市发展用地分析图
（资料来源：西安建大城市规划设计研究院．榆林城市总体规划（2000～2020年）．2000）

虑国家宏观发展政策对城市发展的影响以及当地政府对城市发展的设想，最后就可以确定城市远景土地使用的方向、范围以及发展的时序（图 7–1）。

这里特别强调两点，第一是当地政府对城市发展的设想。城市规划作为一门专业与其他工程技术专业有很多不同，其中一点就是它的政治意味（这一点在西方国家也是如此）。政治不是规划技术人员的擅长，但却恰恰是各级政府的擅长所在。因此，可以这样说，地方政府对于城市发展的意见在规划编制过程中是不可或缺的。这也应该成为现代城市规划理念以及城市规划本体理论中的重要一点。曾经有一句令规划师具有使命感、自豪感的名言："向权力讲述真理"，这句话把规划师当作真理的化身，而权力代表的政府则被推到了规划师的对立面，且不具备"真理"（因此需要被"讲述"）。实际上，规划师也好，政府也好，对于它们所关注的未来的城市来说，认识、把握都是不完整的，规划师所擅长的是技术、理性与规范性；而政治家（政府）则擅长的是政策、全局、社会敏感性，因此两者应该互被“讲述”，互相尊重，才能形成共识，形成一个完整的“真理”，以使城市按照规划健康地发展。

第二是发展时序。规划对用地的选择不光体现在方向、范围上，从某种角度来说，衡量一个城市的发展及其规划布局是否合理的关键所在实际上是布局形成过程中的秩序问题，即时序问题。对以远景为着眼点的规划更是如此。由于城市发展是连续的，它的结构、形态增长也是连续的，但每一个阶段又有其自身的发展重点，因此，在保证城市布局结构形态在发展的过程中保持持续相对的合理状态就是十分重要的，而这种合理状态是以用地发展时序的合理安排为前提的。因为一个合理的发展时序不仅对于城市在发展过程中布局结构、形态的完整，而且对于提高城市的综合效益，降低城市的基础设施及运行成本，节约土地资源等都具有十分重要的意义。

7.6 总体结构与形态

规划布局的总体结构与形态应把握以下几点：

（1）紧凑发展。城市布局的最紧凑的结构形态是摊大饼式布局。对于西北地区东部的大多数中小城市来说，这应该是它们未来发展的一个基本选择。当然这样说绝不意味着这种选择是唯一的。事实上，笔者所接触到的该地区的城市当中，由于地形的限制，带形、组团式布局的城市也是时常可见的。但这类城市也应该注意在发展过程中保持一个相对紧凑的布局结构与形态。

（2）单核中心区。首先，这里指的中心区是包括了城市行政、商业购物等内容在内的，被城市居民所感知并接受的“城市中心”，这个中心区可能是片状的，也可能是线状的，但更多的是两者的结合；其次，随着城市的发展，城市用地规模的扩张，中心区被进一步拉长；或者形成第三种情况，即设立分中心（或次中心、片区中心）。从中小城市的规模考虑，设置两个或两个以上的中心，或是将商业中心、行政中心分开设置无此必要，且效果不好。

（3）圈层式发展。城市由小到大，由内到外逐渐扩大，道路以方格网式为主，居住与工业、与中心区保持一个良好的关系。这也应该是西北地区东部大多数中小城市总体布局结构中的基本选择。但这里要注意两点：一是“圈层”、“逐渐扩大”是指城市的总的发展过程，而不是指某一个局部时段的发展，因为在局部的时段内，城市的发展是非均质的、非均衡的，即城市在局部的发展时段中是有重点的，作用力度和实施效果各不相同；二是与1类似，具体的发展要随环境而变，“因地制宜”。体现出来的不一定是“圈层式”而是组团或带形。

（4）对地形地物的充分利用。城市的布局结构与形态，应建立在对所处环境的尊重与体现上，这样一方面可以节省建设投资，另一方面容易形成城市的布局特色，第三方面它体现了一种现代的自然观、生态观及文化观，即在城市中，人与自然也应该保持一种良好的关系；城市虽然是人工的，但它应该是一种“人化的自然”，城市应该是从自然中生长出来的；城市所在地原有的环境，应该是城市的生命之源。因此，城市应该体现出它的生长载体对于它作为有机体的作用的生命印记。

（5）土地的混合使用。城市布局在重视功能分区划分的同时，对于各类用地尤其是生产性用地不应过于集中，而是相对集中，充分考虑城市发展过程中各类用地的相对均衡性。城市用地一方面要考虑集聚效益，另一方面要考虑综合的使用效率，因此，在对于城市的整体结构以及城市环境没有实质影响的情况下，土地的混合使用是使城市保持生气、可持续发展的重要一点。

7.7 结构要素

7.7.1 道路系统

西北地区东部中小城市的道路系统的布局除遵循一般城市道路系统规划原则外，还应注意以下几点（图 7–2）：

（1）在与环境、地形保持一个好的关系的同时，路网应尽可能简洁，以使道路发挥尽可能高的效率。

（2）道路红线不宜过宽。这里主要强调的是交通部分应保持一个合理的宽度。即在主要道路上机动车道一般为 4 车道，最多不超过 6 车道，在主要道路上再加上 6 条非机动车道构成行车部分。另外，考虑到为未来的发展预留充足的余地，道路中的绿地部分可适当加宽（可考虑主干路以不超过机动车单向 4 车道为宜）。

（3）路网密度应达到规范要求。在目前的大多数城市中这是一个通病，即城市中的道路间距普遍过大，低等级的道路普遍不够，而高等级的道路则一味追求红线宽度。这种通病反映出两个问题，一是城市的主管部门甚至某些规划师还

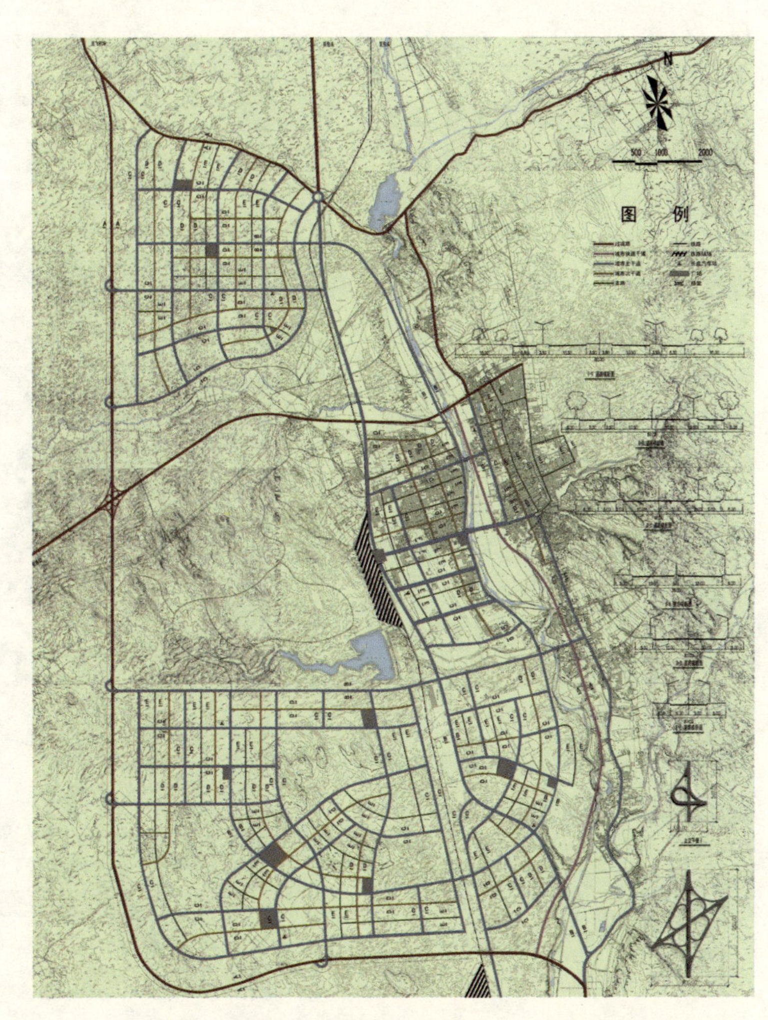

图 7–2 榆林城市总体规划——道路交通规划图
（资料来源：同图 7–1）

没有认识到，在城市相同道路面积的情况下，较高的路网密度比较宽的道路更能解决交通问题；二是投资渠道问题，城市干道是由政府出资或是在开发商开发征地时连带必征的，而开发地段内部的道路则“可有可无”、“可宽可窄”；毕竟道路是不能直接产生效益的。

（4）加强对停车场地的考虑。随着城市的发展、人们生活水平的提高，私人汽车的普及在西北地区东部的中小城市中也会在不远的将来得到体现。因此，停车场地对于城市居民经常使用的场所，如市中心、休闲娱乐设施、居住区等等，都是必不可少且需求量较大的。

（5）西北地区东部的城市大多干旱，因此，道路的布局应尽可能避免城市中有限水分的流失，以改善城市内部的小气候以及城市局部地段的微气候。具体来说，像控制道路的宽度，尤其是与主导风向平行的道路宽度，增加道路中的乔木（遮荫树），以及尽量减少硬质铺地以使雨水能更好地渗入地下而不是蒸发（当然这并不意味着黄土裸露）等等，都是城市道路系统中应该加以注意的。

7.7.2 绿地系统

对于西北地区东部的中小城市来说，城市绿地系统有着极为重要的意义。它不但可以美化环境，提高城市品位，而且能够增加城市的供氧量，改善城市的空气质量。更重要的是，由于城市所处的整体环境与南方地区相比具有较大差距，因此城市绿化系统作为城市中生态状况的重要体现，又起着对城市周边自然生态进行改善的示范作用。因此，如果说南方的中小城市，由于与周边良好的自然环境联系密切，城市的绿化系统或许可以不加强调的话，那么对于西北地区的城市，绿化系统就是体现城市品质的最重要的因素之一（图7-3）。

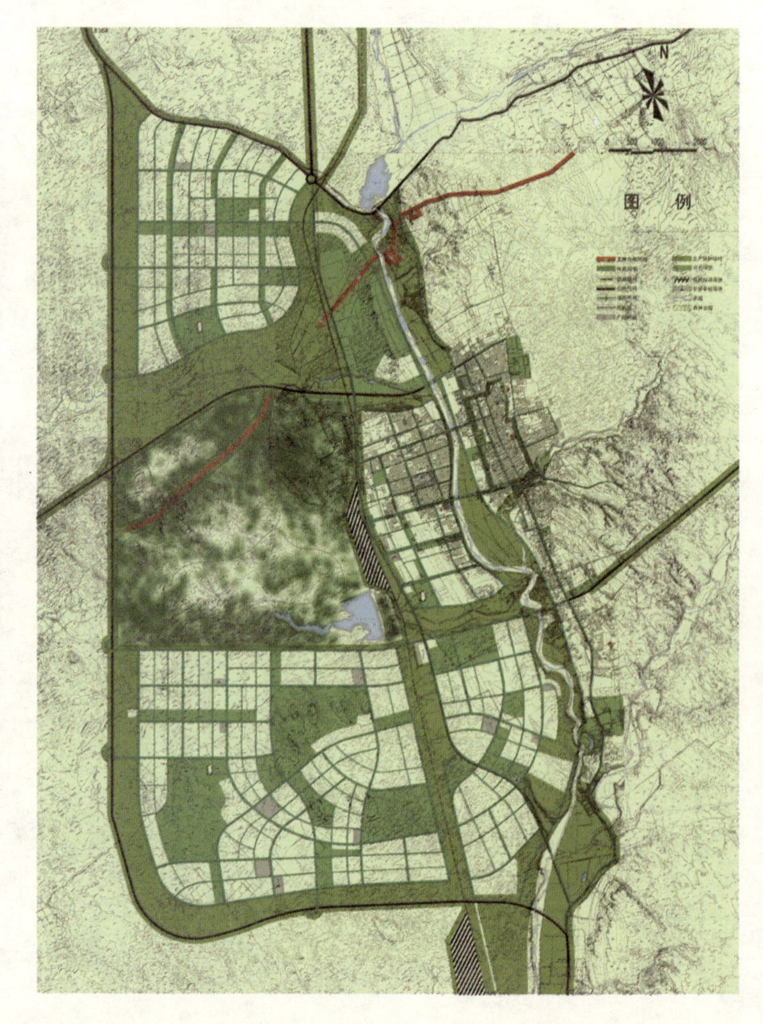

图 7-3 榆林城市总体规划——绿化系统图
（资料来源：同图 7-1）

绿地系统应强调以下几点：

（1）系统性。在城市的布局中，不同的布局方式、不同的绿化种类要齐全，形成一个与城市的布局结构联系密切且自身相对完整的“绿化结构”。

(2) 均衡性。各类绿地的布局根据不同的用地性质，以不同的方式“均衡”地散布在城市的各种用地上。这里，均衡是一个相对的概念，它是针对不同性质的用地对绿化（绿地）的需求方式而言的。

(3) 宜人性。绿地系统应以满足城市居民（及外来人口）日常的不同方式的使用为根本宗旨，采用各种技术手段、管理手段保证不同年龄、不同职业、不同收入的人群对于绿化的使用、观赏的不同需求。

(4)“因地制宜”。除了与城市整体结构有一个良好的关系，城市绿地系统更应强调与自然环境密切结合，即通过充分把握城市自然环境的特点来形成具有自身特点的、结合了原有山水的绿化系统，并从这个角度形成城市的布局特色。

7.7.3 工业用地

在绝大多数城市的发展过程中，工业的发展起着举足轻重的作用，对于西北地区的城市来说尤为如此，一些发展较快的城市是由于工业发展的较快，而发展落后的城市是由于没有合适的、足够的工业发展项目。然而，正是由于整体发展水平的落后，这些城市对于工业项目大都无从选择，或是饥不择食。这固然不是一个好现象，但这却是城市发展初期的共同现象，从某种角度上来说是不可避免的现象。因此，对于城市规划，除了要从宏观上确定城市工业的“不适宜发展”类型之外，重要的是要对城市的工业用地有一个合适的安排。

首先，对于污染性项目要严加控制。这里所说的严加控制，并不意味着不允许其发展。而是在确定此类项目适合于城市的前提下，一是选择一个合适的发展用地区域，使其对城市居民的日常生活带来尽可能小的影响；二是要求其做大做强，不允许其单打独斗、零星地发展，使其在产生规模效益的同时完善环保设施，最终把污染控制在有关规范的允许范围之内。

其次，工业用地的布置要有利于城市的生长。按照集聚原则，工业区应当适当地集中（起码相同或相近产业应该集中），但这种集中又应该是符合城市的生长规律的，即当城市处在较小规模时，工业区相对完整且与生活居住有一个良好的位置关系、交通关系。当城市发展到较大规模时，虽然工业区扩大了，但仍然保持着与扩大了的生活居住的良好关系。使城市在有序生长的同时良性生长，而不是使这个阶段的城市发展成为下个阶段城市要解决的问题。

第三，工业的布局在适度集中的同时还应考虑适当地分散。对于不同类型的工业、没有污染的工业、以及零星的小型工业项目应采取不同的布局原则。不同类型的工业可考虑分散布置，因为它们在一起不会产生集聚效益，只会增加污染工业对非污染工业的影响，且使交通的"钟摆现象"过于强烈，分散布局可避免这些现象。对于没有污染的一类工业及高科技产业，可以不考虑风向的因素，只从交通区位及与生活居住的关系方面作出合适的安排，无污染的、零星的小型工业项目则可以散布在城市的生活居住用地之中，使之与居民的生活保持密切的联系。

7.7.4 居住用地

城市中的居住用地由于与普通居民日常生活关系十分密切，因此是城市各类用地中居民最为关心，且感受最直接、最真切的部分。

在西北地区东部的中小城市中，居住用地的布局应该注意以下几个方面的问题。

（1）居住用地与城市中心（或分中心）、工业用地之间保持良好的关系。所谓良好关系，意为：①与中心区及工业区有较大、较宽的接触面；②有一个合适的距离，最好能在步行范围内；③位于城市边缘的居民到达中心区或工业区有至少一条比较便捷、通达的交通线路；④居住区不会由于与工业区的位置关系产生环境问题。

（2）居住用地的均衡分布。这一点是结合工业区的分布提出的，这样做有利于城市由小到大的圈层式发展。

（3）不同职业、不同经济能力居民的适当混合居住区域。这里需要注意两个问题：一是应从原则上保证居住区域、居住环境对不同经济能力的城市居民的公平，避免由于规划的不当产生社会的不公平；二是与此同时还应充分考虑由于职业不同、工作性质、特点不同以及经济能力不同所造成的需求不同、居住与工作地点关系的要求不同所带来的布局中的实际问题。对于一个发展相对成熟的城市，各得其所，各取所需是城市得以正常运转的必要条件。

（4）要特别重视由于城市扩展、占用农田而被被动地吸纳到城市的农转非人口的居住的安置、改造规划。在这一点上，中小城市，尤其是西北地区的中小城市与大城市、特大城市有着很明显的不同。一方面，由于对现代城市的感受相对较少，这部分农转非的城市居民的生活方式与大城市居民相比，对城市生活的适应过程需要花费更长的时间，而失去了土地又使他们不得不在很短的时间里完成这一从观念到行为上的转变。这种转变过程在时间上的矛盾对于他们，对城市以及城市原有的居民都是一个严峻、痛苦的过程。另一方面，由于受经济实力的局限，在大城市里都很棘手的城中村改造问题，在中小城市会更加复杂、更加力不从心。因此，当这部分中小城市的大量农转非、城中村问题尚处于初始阶段的时候，规划（及实施）痛下决心，定出切实可行的方案是十分重要的。

7.7.5 公共设施用地

公用设施用地中对城市布局影响较大的有商业服务设施用地和行政办公用地两类（图 7-4）。

对于商业服务设施用地来说，针对服务对象的不同而在不同的位置进行不同内容的布局，以使其达到布局的均衡、层级的清晰、规模的适度是规划的关键所在。这里要强调两点。一点是位于中心区的市级商业服务应以片状布局为主，由此通过街道形成几条商业带；第二点是在城市的工业集中区按照一定服务半径设置为工业区职工服务的“快速服务区”，内容以餐饮及休息绿地为主，将以往的以工厂、企业为单位解决职工生活问题的做法（有的企业不为职工解决问题）转变为社会化服务。

行政办公用地又可分为两类。一类是政府性质的办公用地，这类办公通常布置在城市的中心区。或者也可反过来说，由于政府的工作性质、特点，其所在的区域一般都程度不同地成为城市的中心。另一类是非政府的企业、社团的办公用地。这类办公用地不追求是否位于市中心，只追求是否具有好的形象以及是否具有高的效率，时尚、新潮、引人注目是它们的形象特点，因此大都沿主要街道布置。

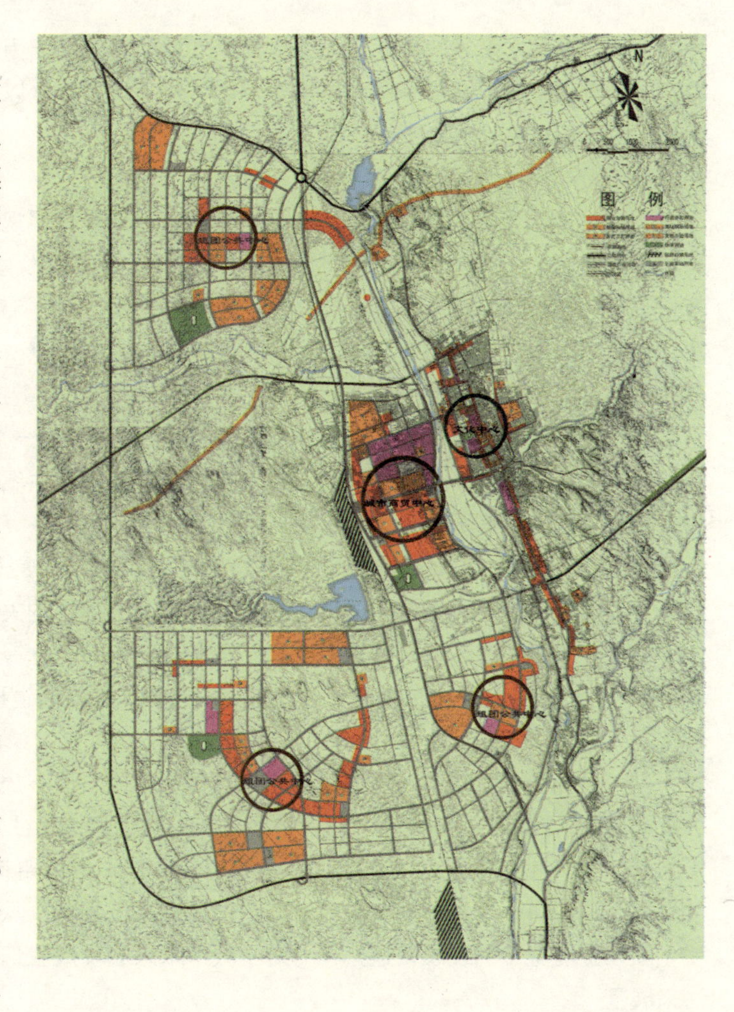

图 7-4　榆林城市总体规划——公建体系规划图
(资料来源：同图 7-1)

7.7.6　过境交通

城市的过境交通除按照常规进行规划外，这里要特别强调一点，即由于规划布局是从远景角度考虑的，因此城市的过境交通（包括铁路、公路等）在考虑远景合理的同时更应注意从现状开始的城市生长过程的布局的合理，尽可能做到既与城市的发展密切结合，又能一劳永逸（以往规划中的一个突出特点就是每轮规划过境公路几乎都要改线）。

7.8　分阶段布局

分阶段布局是城市生长型规划中的一个核心内容，它是与城市的生长相对应的规划的生长在图面上的具体体现。分阶段布局有一个基本前提，即城市从用地规模上看具有较大的发展可能。这里的发展可能包括了两个含意，一个是城市发展的可能，一个是用地发展的可能，因为对于西北地区东部的中小城市，确实存在着一些城市需要发展，但用地紧张，以及一些城市用地富足但却发展不起来的现象。

分阶段布局中需要重点把握以下几点：

（1）以现状为依据，以远景为目标，将城市在远景发展规模下的地域空间发展过程按照空间发展的相对阶段性、完整性划分为若干个阶段。这里的"远景"意为在现时情况下所能预测的城市的合理规模或终极规模；"若干阶段"不是固定的，它应该根据未来城市发展的幅度、不同时期的发展重点、地域空间发展所具有的相对完整性等来确定。

（2）每个阶段的布局结构应保持合理、有机，使城市具有一个较高的运转效率。

（3）城市的布局形态应保持阶段性的完整，避免出现拼图式的规划布局，即在完成之后是一幅美丽图画，而在完成之前却残缺不全。

（4）每个阶段的布局结构、形态既具有相对的完整性，又具有良好的衔接关系。这是分阶段布局的至关重要的一点，是体现城市生长过程的关键所在。通过这样的一种衔接，使城市在发展过程中布局结构形态的变化充分展现出城市作为一个有机体、生命体由小到大的变化过程，保持城市布局在发展过程中的合理、高效、可持续。

（5）前面生长型规划布局方法所谈七点体现在分阶段布局的不同阶段，分阶段布局包含了前面的所有内容，它所展示的布局更强调结构性、原则性。

（6）作为生长型规划的重要内容的分阶段布局，最后要特别强调的一点是，就象当人们回顾一个城市的过去时可以用一系列从无到有、从小到大的城市发展变化图来说明城市的发展轨迹一样，对于城市未来的发展我们也可以用同样的方法来展望。

注释

[1] 白世荣．可持续发展的中小城镇建设研究．哈尔滨建筑大学硕士学位论文．1997。

结　语

西北地区东部中小城市的生长型规划布局是本书研究关注的核心问题。

西北地区东部指的是陕西、宁夏两省区的全部和甘肃兰州以东的区域。这个区域人口相对稠密，城市相对集中，矿产资源较为丰富，但经济发展的总体水准较低，且生态总体状况较差。国家西部大开发战略为这个区域城市未来的快速发展提供了宏观意义上的支持，但在发展的过程中如何根据具体的城市、尤其是为数众多的中小城市制定针对性强、切实有用的城市总体规划，这是地处西部的每一个规划人共同考虑、关注的问题。本研究以大量的规划实践为基础，以国内外的相关规划理论为支撑，从与城市布局相关的不同角度展开研究，希望总结出既具有先进的理念，又具有较强的可操作性，同时能够与西北地区的"区情"密切结合，与现行的规划编制办法密切结合的具有生长特点的规划布局方法。

研究认为目前的城市规划和建设存在以下主要问题：

(1) 多学科的融合不够；

(2)"终极蓝图"式的规划方式不适应城市动态发展；

(3) 缺乏对于环境的重视，生态受到破坏；

(4) 城市用地盲目扩大，土地资源浪费严重，城市设施利用效率低；

(5) 城市建设缺乏具有指导意义的规划。

研究认为，虽然造成这些问题的原因较为复杂，但规划布局的不合理、不合适却是不争之事实。为了从实质上弄清规划布局与这些问题的相互关系，研究从两个方面展开。这两个方面一个是现实层面，即西北地区城市的生长环境；一个是理论层面，即与生长型规划布局相关的城市规划布局结构理论、形态理论、生态理论和动态理论。

通过对西北地区的自然、经济、社会基本状况进行研究之后，可以发现，西北地区由于经济水平与东部地区存在巨大差距，以及其整体恶劣的生态环境和水资源的缺乏，因此未来的社会经济和城市发展之路任重而道远。因此，西北地区未来的城镇体系发展应摆清位置，抓住关键，突出特色，注重平衡，扬长避短，抓大不放中小，从而实现以点带线，以线及面，最终在形成完整城镇体系的同时，使经济发展和生态的恢复与改善实现双赢，进入良性循环。在这个过程中，中小城市的发展是形成未来西北地区东部城镇体系的重中之重；对于即将面临快速发展的中小城市来说，城市规划是保证其健康、平衡、合理发展的关键所在；因此，针对不同条件、不同特点的城市，为其制定既易于操作实施，又能把握关键、体现差异的城市总体布局方法是十分紧迫的。

通过对与生长型规划布局相关规划理论的研究可以看出，对于城市的布局来说，结构和形态是其关注的重点；而对于城市及其规划布局的生长来说，有关于动态和生态的理论是它们研究的核心问题。尽管发展到今天，这些理论都建立起了各自完善的研究范围，但在其发展的过程中以及内在的关系上，它们都是彼此联系、相辅相通的：结构是形态的生成之核，形态是结构的表现形式；在城市的发展过程中，结构和形态是在持续地动态变化着的；而生态，则是保证城市有机、健康地运转、发展、生长的重要因素。

根据以上的结论和认识，研究提出了“生长型规划布局”理念。研究认为城市的生长型总体布局最终体现在形态上，这个形态不但充分反映了布局的结构，而且体现出结构及其形态自身由小到大的发展变化过程。而无论是形态、结构，还是它们的发展变化过程，都应该体现出生态对它们的作用，即生态应该贯穿到城市的整个发展过程。“生长型规划布局”应该具有结构规划的特点，即它在把握原则性的同时，应该给城市未来的发展留有充足的余地；与此同时强调空间、淡化时间，具有跨越时空、区域的整体意识。

研究认为，西北地区由于经济和城市发展整体水平的落后以及地域空间的广阔，因此具有较大的发展潜力，而国家西部大开发战略的实施将使这个地区的城市在不远的将来得到快速的发展。在发展过程中，城市总体规划一方面要为城市社会、经济、环境及布局指明发展方向，另一方面又应为未来的发展提供尽可能多的选择，而不是对未来限制得过死；一方面要确定未来某个时限的发展目标，另一方面还应更加重视目标的实现过程；一方面要关注城市的人工环境，另一方面更应关注城市及其周边的整体生态状况。对于西北地区东部的中小城市来说，城市发展应该走紧凑式布局道路。

在提出了生长型规划布局理念之后，研究通过大量的实例对中小城市发展、规划的基本状况进行剖析、研究，并得出结论：

在社会经济基本状况方面，①陕甘宁三省区的地区一级城市整体发展水平很低，很不理想；②尽管三省区的城市经济发展水平很低，但它们与三省区的整体经济水平相比还是具有明显优势；③三省区经济发展水准较高的城市，它们“高”的原因各有不同：一些城市体现在产业类型和产业结构上，另一些则是典型的传统资源型工业城市；④在西北地区的绝大部分城市中，其城市经济水平并不像城市所在的行政区域经济水平表现得那么悬殊，而是整体水平相当。这说明西北地区城市的整体经济水平除极少数城市以外，大都处在一个较低的发展水平上；这同时也进一步说明了城市发展与经济发展的关系，从而折射出提高城市化水平的迫切性。

在城市发展建设状况方面，三省区的人均城市建设用地与全国平均值相比较，陕西省低于全国平均值，而甘肃、宁夏则明显高于全国平均值，与此同时三省区的中小城市人均建设用地却几乎都明显高于全国平均水平。这种情况与三省区的自然环境、经济结构以及人的观念有着直接的关系；而绿化覆盖率，除极个别城市接近全国平均水平以外，其他绝大多数城市都与全国平均水平相去甚远。

通过深入到陕甘宁三省区具有代表性的个体城市内部对它们与规划建设相关的一些方面进行比较，对作者近年主持的珠三角地区及西北地区的几个中小城市总体规划当时情况的比较，研究认为西北地区城市的发展建设在学习借鉴沿海较发达地区经验的同时，还应注意避免发展过程中出现的一些问题，同时结合自身情况形成特色：①转变观念；②作为相对“后发”的西北地区城市发展与建设，要以南方城市发展的教训为鉴，使其社会、经济、环境健康均衡地发展；③注重发展劳动密集型产业，但不应以生态的破坏为代价；④应当充分重视规划对城市发展、尤其是快速发展阶段的指导作用；⑤在借鉴珠三角地区城市发展和建设经验的同时注重创新；⑥注意对城市内外部生态环境的保持、改善、创造。通过比较，研究认为，一方面，三省区中小城市发展建设明显低于全国平均水平，而绝大部分城市经济增长率缓慢，也未达到全国平均水平；另一方面，经济发达的珠三角某些地区在1990年代初期其人均GDP也只大致相当于1990年代末的西北三省区的中小城市，其快速发展也只是近十年的事。而西北地区由于发展缓慢，城市周边的农田、林木等自然生态得以保存，尚未遭到破坏，这为未来城市的生长、可持续发展提供了一个良好的前提条件，也为西北地区中小城市的城市发展规划布局带来了“后发”优势。

研究通过规划实例深入分析研究了规划中的城市“生长”。这些实例以作者近年主持完成的总体规划为主，包括珠三角地区的博罗、鼎湖和西北地区的固原、榆林等城市，内容上包括了城市布局的自组织生长与规划干预、规划中的布局结构生长、规划的城市布局形态变化、规划布局的动态生长、规划布局生长过程中的生态导向以及对城市规划实施效果的调查六个方面。四个规划与目前的一般总体规划的最大不同，一是把生态作为城市中必不可少的系统、作为一种文化看待，强调城市的生态是城市有机体的一个重要的、必不可少的组成部分；二是对城市的发展依照对其所作的分析进行用地选择，进而进行分期布局。

通过分析研究，本书得出以下结论：

(1) 城市性质的规定一定要量力而行，因地制宜，“不因善小而不为”。

(2) 城市的用地规模要适度，使之在发展过程中不断地保持“紧凑”的特点，摊子不要铺得太大，战线不要拉得过长。

(3) 在加强生态建设的同时应该充分关注城市自身自然环境的特点，通过对特点的挖掘，使之与生态充分结合，以形成城市生态环境的特点，并最终形成城市的特点。

(4) 规划布局要注意城市在发展过程中的合理，而不要过分追求某一个确定时间的准确与合理。

在经过问题展示、理论回顾、理念提出、实践剖析之后，本书提出了适应于西北地区中小城市现状及发展的“生长型规划布局”方法。研究从八个方面总结了西北地区中小城市生长型规划布局的基本方法。这8个方面是：

(1) 区域定位。通过对与城市相关的所有区域的分析、研究，考查城市在现在及未来，在不同的区域中所处的和将处的地位，以及从现在到未来之间，城市在区域当中的定位的演化。

(2) 城市性质。应强调以下三个方面：①突出主要职能；②凸显过程特点；③强调不宜类型。

(3) 城市规模。包括：①人口规模应强调远景的合理规模，而合理规模的确定除应用以往的方法之外，土地承载能力分析法是很重要的一种方法；②用地规模可考虑与当地的实际情况紧密结合适当扩大，原则是节约耕地、有利于生态环境的保护和改善。

(4) 用地发展分析。不但要考虑现状及未来城市可能发展用地的工程地质状况，而且要考虑城市发展后内部及周边自然生态环境的变化。常用方法有土地承载能力分析法以及土地适宜度分析法、土地敏感性分析法等。

(5) 城市发展综合评价。通过以上方面的分析、评价、定位，再采用以往规划中对城市所在区域中对地质、用水、用地的分析方法，同时考虑国家宏观发展政策对城市的发展影响以及当地政府对城市的发展设想，最后确定城市远景土地使用的方向、范围以及发展的时序。

(6) 总体结构与形态。应强调以下几点：①紧凑发展；②单核中心区；③圈层式发展；④对地形地物的充分利用；⑤土地的混合使用。

(7) 结构要素：

1) 道路系统：除遵循一般城市道路系统规划原则外注意以下几点：①路网应尽可能简洁；②道路红线不宜过宽；③路网密度应达到规范要求；④加强对停车场地的考虑；⑤布局应尽可能避免城市中有限水分的流失，以改善城市内部的小气候以及城市局部地段的微气候。

2) 绿地系统：强调以下几点，即：①系统性；②均衡性；③宜人性；④因地制宜。

3) 工业用地：从宏观上确定城市工业的“不适宜发展”类型的同时，对城市的工业用地有一个合适的安排。①对于污染性项目要严加控制；②工业用地的布置要有利于城市的生长；③工业的布局在适度集中的同时应考虑适当地分散。

4) 居住用地：应该注意以下几个方面问题：①居住用地与城市中心（分中心）、与工业用地之间保持良好的关系；②居住用地的均衡分布；③不同职业、经济能力居民的适当混合居住区域；④要特别重视对于由于城市扩展、占用农田而被被动地吸纳到城市的农转非人口的居住的安置、改造规划。

5) 公共设施用地：商业服务设施用地应针对服务对象的不同而在不同的位置进行不同内容的布局，以使其达到布局的均衡、层级的清晰、规模的适度；行政办公用地中政府办公用地由于其工作性质、特点，所在的区域一般都程度不同地成为城市的中心；非政府的企业、社团的办公通常沿主要街道布置。

6) 过境交通：城市的过境交通要特别强调在考虑远景合理的同时注意从现状开始的城市生长过程的布局的合理，做到既与城市的发展密切结合，又尽可能一劳永逸。

(8) 分阶段布局。需要重点把握以下几点：①以现状为依据，以远景为目标，将城市地域空间发展过程划分为若干个阶段；②每个阶段的布局结构应保持合理、有机，使城市具有一个较高的运转效率；③城市的布局形态应保持阶段性的完整；④每个阶段的布局结构、形态既具有相对的完整性，又具有良好的衔接关系；⑤分阶段布局包含了前面7方面的所有内容，它所展示的布局更强调结构性、原则性；⑥用系列图来体现城市由小到大的连续发展变化过程。

本书的创新点包括以下三个方面：

首先，在对现实及相关理论进行分析研究的基础上，提出了“生长型”规划布局理念。这个理念强调城市的布局结构及形态应该充分体现出城市由小到大的动态发展变化过程，而无论是形态、结构，还是它们的发展变化过程，都应该体现出生态对它们的作用；“生长型规划布局”在把握原则性的同时，应该给城市未来的发展留有充足的余地；与此同时强调空间、淡化时间，具有跨越时空、区域的整体意识。

其次，在笔者所经历的四十来个城市总体规划的基础上，通过典型实例的研究及调查，从不同方面分析论证了“生长型规划布局”在城市规划实践中的应用，以及其对城市发展建设的重要性。这些方面包括了规划时对布局结构、形态、生态、动态以及城市的自组织等问题的考虑、构思，规划中与甲方的研讨，甲方和专家对规划的评价，以及对规划实施效果的回访、问卷调查等。研究同时指出了西北地区的城市及其规划在发展过程中应该注意的问题。

第三，通过理念的提出和一定的实践检验，研究总结归纳出了具有生长特点的西北地区中小城市“生长型规划布局”的方法。这个方法包括了8个方面，贯穿了与规划布局相关的整个过程，即区域定位、城市性质、城市规模、用地发展分析、城市发展综合评价、总体结构与形态、结构要素、分阶段布局。这个方法强调以下几点，它们为：规划布局的整体性、跨时空性、可操作性、动态特征、生态特征以及与现行规划编制体系的结合。

后　记

经过了近两年的资料收集，一年的选题和书稿构思，十一个月的初稿写作，又经过了四个月的五轮修改，这本以自己二十多年的工作实践为基础、充满了许许多多老师、朋友的关爱和智慧的书稿方才告一段落。现在，一年多的时间又已过去，这篇书稿总算修改完成了。

本书的学习和写作过程是我体验、感受所有美好感情的过程。我常常被各种不同的、来自各个方面的情谊感动着。老师、学长的关怀之情，同事、朋友的关心之情，妻儿、家人的关爱之情，是我能够下定决心、鼓足勇气完成学习的动力之源。没有他们的无私帮助，光靠我的一己之力，完成本书是不可想像的。因此，这本书要献给他们，这些关怀、关心、关爱我的所有的人。除此之外，我还要深深地向他们表示感谢。

首先要感谢的是我的导师周若祁先生和刘临安先生。在四年的读博过程中，周老师那自信、睿智、谦虚、冷静、深刻的学者风范和脚踏实地、严谨严格、刻苦认真的治学态度深深地感染、影响着我，无论是从平常的学习，还是书稿选题，抑或是书稿的写作，周老师都给了我巨大的帮助。而刘临安教授作为老师和朋友，则在我遇到困难时给了我无私的帮助。广博、敏锐、规范、逻辑严密、勤奋好学是我从刘老师身上学到的优秀品质。

特别感谢我永远的老师董鉴泓先生、陶松龄先生、陈秉钊先生。三位老师对我这本书的选题以及全文的构思给予了亲切的指导和帮助，董先生和陶先生还数次在电话里与我探讨有关问题。他们的教诲使我茅塞顿开。与几位先生的讨论使我仿佛回到了二十多年前的大学时光，我的身心沐浴着巨大的暖流。二十多年后再次聆听几位老师的教诲使我感受到了巨大的幸福和感动。我不知道用怎样的话语才能表达我的感激之情。

感谢黄光宇教授。黄老师的指导、教诲和他的不断追求、他的执著使我深受启发，他的著作、他指导的学生论文使我受益匪浅。

刘加平、李志民、王竹、杨豪中几位我的好朋友、博导，没有他们的热情、无私、真诚帮助，我可能甚至不会有读博的想法，当然就更谈不上完成学业了。刘加平像一位智者，他的每一次忠告都使我在疑路重重之时看到柳暗花明，我为有这样的兄长感到极大的满足。李志民、王竹是我二十多年前的大学同学，他们对我的帮助总是尽其所能、倾其所有。我常在想，有什么东西能比二十几年的友谊更珍贵呢？而杨豪中的严谨、真诚、友好则常常使我为有这样学者风范十足的朋友感到自豪。

感谢郭明业、周庆华两位同事和朋友。学习期间，郭老师以兄长的胸怀和真诚给了我极大的帮助。而周庆华作为我工作二十多年以来的朋友、搭档、对手，我们之间早已形成的默契使得我们之间的讨论总是能碰撞出火花，使我们能共同进步提高。

感谢我的大学同学吴志强、宋晓冬、夏南凯，通过与他们的交谈使我开敞了思路，他们的热情、真诚使我深受感动。

十分感谢各地的朋友，他们在百忙中为我提供了各种资料、信息，对我的书稿的完成提出了很好的建议。这些朋友是：西安建筑科技大学的张勃教授，东南大学的段进教授、王欣平副教授，西北大学的刘科伟教授，广东建设厅的蔡瀛先生，广东肇庆的黎小文先生，广东博罗的肖伟榕先生，宁夏建设厅的范兆常先生，宁夏固原的蒲万谊先生，甘肃建设厅的吕哲军先生，陕西建设厅的张孝成先生，还有其他很多我不很熟悉的先生、女士。

在这里，我还要感谢的是我的妻子凌亚文。没有她从精神上对我的鼓励、支持，日常生活中对我无微不至的关心，以及对所有家务的承担，我不可能完成这本书。

最后，我要特别感谢深圳大学的王鲁民教授、西北大学的尹怀庭教授、中国城市规划院的李晓江院长、西安建筑科技大学的王军教授。本书稿前身作为博士论文，于2004年11月4日通过答辩。在答辩及答辩前的一段时间里，专家们为我的论文付出了心血，在充分肯定论文的同时还为论文的进一步完善提出了真知灼见。专家们对论文作出了高度评价，一致认为这篇论文“具有很大的理论意义和科学价值”、“具有深厚的学术积淀”，“在具有中国特色的规划编制方法的形成上具有重要价值”，并“希望作者对规划编制技术和方法方面展开进一步的研究，从而形成具有自身特色的理论体系”。我感谢专家们的评价，将把他们的肯定和鼓励看作是对我的鞭策，并化作未来继续努力的动力。

参考文献

[1] 王如松著．高效·和谐·城市生态调控原则与方法．长沙：湖南教育出版社，1988.
[2] 沈玉麟编．外国城市建设史．北京：中国建筑工业出版社，1989.
[3] 董鉴泓主编．中国城市建设史（第二版）．北京：中国建筑工业出版，1989.
[4] 夏征农主编．辞海（缩印本）．上海：上海辞书出版社，1989.
[5] 武进著．中国城市形态：结构、特征及其演变．南京：江苏科学技术出版社，1990.
[6] 牛文元编著．理论地理学．北京：商务印书馆，1992.
[7] 安树青主编．生态学词典．哈尔滨：东北林业大学出版社，1994.
[8] 曲格平主编．环境科学词典．上海：上海辞书出版社，1994.
[9] 胡俊著．中国城市：模式与演进．北京：中国建筑工业出版社，1995.
[10] 郝娟著．西欧城市规划理论与实践．天津：天津大学出版社，1997.
[11] 孙施文著．城市规划哲学．北京：中国建筑工业出版社，1997.
[12] 张沛著．城市发展的空间经济分析．西安：陕西师范大学出版社，1997.
[13] 张兵著．城市规划实效论．北京：中国人民大学出版社，1998.
[14] 李敏著．城市绿地系统与人居环境规划．北京：中国建筑工业出版社，1998.
[15] 沈清基编著．城市生态与城市环境．上海：同济大学出版社，1998.
[16] 王建主编．区域与发展．中国发展报告．杭州：浙江人民出版社，1998.
[17] 牛文元，毛志锋著．可持续发展理论的系统解析．武汉：湖北科学技术出版社，1998.
[18] 毛志峰著．区域可持续发展的理论与对策．武汉：湖北科学技术出版社，1999.
[19] 周晓峰主编．中国森林与生态环境．北京：中国林业出版社，1999.
[20] 鲍世行，顾孟潮主编．杰出科学家钱学森论山水城市与建筑科学．北京：中国建筑工业出版社，1999.
[21] 刘耀林，刘艳芳，梁勤欧编著．城市环境分析．武汉：武汉测绘科技大学出版社，1999.
[22] 赵和生著．城市规划与城市发展．南京：东南大学出版社，1999.
[23] 周毅著．中国东西均点——中国治贫反困新思路．广州：广东经济出版社，1999.
[24] 段进著．城市空间发展论．南京：江苏科学技术出版社，1999.
[25] 尹怀庭，刘科伟著．陕西城市化发展研究．西安：西安地图出版社，1999.
[26] 顾朝林等著．经济全球化与中国城市发展．北京：商务印书馆，1999.
[27] 王伟中主编．地方可持续发展导论．北京：商务印书馆，1999.
[28] 刘耀林等编著．城市环境分析．武汉：武汉测绘科技大学出版社，1999.
[29] 白光主编．西部大开发．北京：中国建材工业出版社，2000.
[30] 顾朝林，甄峰，张京祥著．集聚与扩散——城市空间结构新论．南京：东南大学出版社，2000.
[31] 陈友华，赵明主编．城市规划概论．上海：上海科学技术文献出版社，2000.
[32] 国家计委国土开发与地区经济研究所课题组杜平，肖金成，王青云等著．西部开发论（中国西部大开发战略研究）．重庆：重庆出版社，2000.
[33] 郝晓辉著．中国西部地区可持续发展研究（中国西部经济发展研究丛书）．北京：经济管理出版社，2000.

[34] 李振基，陈小麟，郑海雷，连玉武编著．生态学．北京：科学出版社，2000.
[35] 全国城市规划执业制度管理委员会．城市规划原理．北京：中国建筑工业出版社，2000.
[36] 陕西省迎接西部大开发研究小组办公室编．世纪伟业——陕西省实施西部大开发战略的理论与实践．西安：陕西省人民出版社，2000.
[37] 王如松，周启星，胡聃著．城市生态调控方法．北京：气象出版社，2000.
[38] 魏后凯著．中国西部工业与城市发展（中国西部经济发展研究丛书）．北京：经济管理出版社，2000.
[39] 李其荣著．对立与统一——城市发展历史逻辑新论．南京：东南大学出版社，2000.
[40] 杨士弘等编著．城市生态环境学．北京：科学出版社，2000.
[41] 俞孔坚著．景观：文化、生态与感知．北京：科学出版社，2000.
[42] 王祥荣．生态迁缓境——城市可持续发展与生态环境调控新论．南京：东南大学出版社，2000.
[43] 林广，张鸿雁著．成功与代价——中外城市化比较新论．南京：东南大学出版社，2000.
[44] 姚建华主编．西部资源潜力与可持续发展．武汉：湖北科学技术出版社，2000.
[45] 叶晓军，温一慧著．控制与系统——城市系统控制新论．南京：东南大学出版社，2000.
[46] 雷毅著．生态伦理学．西安：陕西人民教育出版社，2000.
[47] 徐恒醇著．生态美学．西安：陕西人民教育出版社，2000.
[48] 王松霈著．生态经济学．西安：陕西人民教育出版社，2000.
[49] 余谋昌著．生态哲学．西安：陕西人民教育出版社，2000.
[50] 李振基等编著．生态学．北京：科学出版社，2000.
[51] 王放著．中国城市化与可持续发展．北京：科学出版社，2000.
[52] 刘培哲等著．可持续发展理论与中国21世纪议程．北京：气象出版社，2001.
[53] 刘燕华，李秀彬主编．脆弱生态环境与可持续发展．北京：商务印书馆，2001.
[54] 刘兴全等著．中国西部开发史话．北京：民族出版社，2001.
[55] 姚士谋等著．中国城市群．北京：中国科学技术大学出版社，2001.
[56] 黄明华著．绿色城市与规划实践．西安：西安地图出版社，2001.
[57] 鲜祖德主编．小城镇建设与农村劳动力转移．北京：中国统计出版社，2001.
[58] 冯云廷等著．城市聚集经济．大连：东北财经大学出版社，2001.
[59] 陆大道等著．2000中国区域发展报告——西部开发的基础、政策与态势分析．北京：商务印书馆，2001.
[60] 范剑平主编．中国城乡居民消费结构的变化趋势．北京：人民出版社，2001.
[61] 张钟汝等著．城市社会学．上海：上海大学出版社，2001.
[62] 李德华主编．城市规划原理．北京：中国建筑工业出版，2001.
[63] 段进，季松，王海宁著．城镇空间分析，太湖流域古镇空间结构与形态．北京：中国建筑工业出版社，2002.
[64] 国家统计局城市社会经济调查总队编．中国城市统计年鉴（2001）．北京：中国统计出版社，2002.
[65] 朱喜刚著．城市空间集中与分散论．北京：中国建筑工业出版社，2002.
[66] 纪晓岚著．论城市本质．北京：中国社会科学出版社，2002.

[67] 许英编著．城市社会学．济南：齐鲁出版社，2002.
[68] 董宪军著．生态城市论．北京：中国社会科学出版社，2002.
[69] 郑杭生主编．社会学概论新修（第三版）．北京：中国人民大学出版社，2003.
[70] 耿红，杨惜敏．中国当代小城镇规划精品集——探索篇．北京：中国建筑工业出版，2003.
[71] 连玉明主编．中国数学黄皮书．北京：中国时代经出版社，2003.
[72] 张坤民，温宗国，杜斌，宋国君等编著．生态城市评估与指标体系．北京：化学工业出版社，2003.
[73] 中国科学院可持续发展研究组．中国可持续发展战略报告（2003）．北京：科学出版社，2003.
[74] 黄光宇，陈勇著．生态城市理论与规划设计方法．北京：科学出版社，2003.
[75] 吴志强．城市规划思想方法的变革．城市规划汇刊，1986（5）．
[76] 黄明华．变革：观念与方法．城市规划汇刊，1987（4）．
[77] 陈运帷．城市规划程序的回顾与完善．城市规划汇刊，1991（5）．
[78] 孙施文．城市空间运行机制研究的方法论．城市规划汇刊，1992（6）．
[79] 王文彤．我国生态城市建设探索．城市规划汇刊，1993（5）．
[80] 吴良镛．迎接新世纪的来临——论中国城市规划的学术发展．城市规划,1994（1）．
[81] 张宇星．城市形态生长的要素与过程．新建筑，1995（1）．
[82] 刘青昊．城市形象的生态机制．城市规划，1995（2）．
[83] 张宇星．城镇生态空间理论初探．城市规划，1995（2）．
[84] 胡兆量．对生态城市的探索——深圳华侨城的启示．华中建筑，1995（3）．
[85] 张宇星．城镇生态空间发展与规划理论．华中建筑，1995（3）．
[86] 杨保军．城市远景规划刍议．城市规划，1995 年（4）．
[87] 张文奇．城市总体规划中的三个脱节问题．城市规划，1995（5）．
[88] 韩波．城市规划的若干理论问题．城市规划汇刊，1995（5）．
[89] 王祥荣．上海浦东新区持续发展的环境评价及生态规划．城市规划汇刊，1995（5）.
[90] 文国玮．新形势下城市发展与规划的新思路．城市规划汇刊，1995（5）．
[91] 冯向东．论城市持续发展机理与对策．城市规划汇刊，1996（1）．
[92] 沈德熙．关于城市总体规划修编的思考．城市规划汇刊，1996（1）．
[93] 姚凯，吴鲁平．可持续发展之路——中国古代哲学的生态启示．城市规划汇刊，1996（1）．
[94] 周俭．可持续发展人类住区的认识及其发展战略．城市规划汇刊，1996（1）．
[95] 华晨．兰斯塔德的城市发展和规划．城市规划汇刊，1996（6）．
[96] 刘萃，刘菁．城市生态系统与可持续发展．新建筑，1996（6）．
[97] 林秋华．可持续城市与环境．国外城市规划，1997（1）．
[98] 王发曾．城市生态系统基本理论问题辩析．城市规划汇刊，1997（1）．
[99] 时匡，张应鹏．开放的、可持续发展的城市规划．新建筑，1997（1）．
[100] 赵晨．城市发展的空间竞争机制．新建筑，1997（1）．
[101] 沈清基．城市生态系统基本特征探讨．华中建筑，1997（1）．
[102] 何兴华．可持续发展论的内在矛盾以及规划理论的困惑——谨以此文纪念布隆特兰德报告《我们共同的未来》发展 10 周年．城市规划，1997（3）．

[103] 王静霞．迈向21世纪的城市规划战略思考．城市规划汇刊，1997（3）．
[104] 周建军．论多重变革与制约条件下的中国城镇可持续发展——寻求一种新的城市增长与发展方式．城市规划汇刊，1997（4）．
[105] 黄明华．分期规划：持续与接轨——市场经济体制下城市规划观念与对策．城市规划汇刊，1997（5）．
[106] 林炳耀．21世纪城市规划研究的前沿课题．城市规划汇刊，1997（5）．
[107] 刘健．转变认识观念，促进人居环境的可持续发展——可持续发展战略对城乡规划建设的新启示．城市规划，1997（5）．
[108] 周庆华．预测长远，决策近期——市场经济条件下动态规划方法探讨．城市规划，1997（5）．
[109] 谈新一轮总体规划．城市规划，1997（5）．
[110] 谈新一轮总体规划．城市规划，1997（6）．
[111] 黄光宇，陈勇．生态城市概念及其规划设计方法研究．城市规划，1997（6）．
[112] 童明．现代城市发展与环境保护：走向一种生态观念．城市规划汇刊，1997（6）．
[113] 梁鹤年．城市理想与理想城市．城市规划，1997（7）．
[114] 陈秉钊．21世纪的城市与中国的城市规划．城市规划，1998（1）．
[115] 杨建觉．城市规划的可持续性——以加拿大温哥华规划师的最新尝试为例．城市规划，1998（1）．
[116] 周干峙．城市化和可持续发展．城市规划，1998（3）．
[117] 吴人韦．国外城市绿地的发展历程．城市规划，1998（6）．
[118] 宁越敏．新城市化进程——90年代中国城市化动力机制和特点探讨．地理学报，1998（8）．
[119] 童明．动态规划与动态管理——市场经济条件下规划管理概念的新思维．规划师，1998（4）．
[120] 蔡红．城市人群关系的生态分层理论研究．华中建筑，1999（2）．
[121] 陈勇．城市生态化发展与生态城市建设．华中建筑，1999（2）．
[122] 李长君．关于发展具有可持续发展观的中国城乡一体化理论的几点思考．华中建筑，1999（2）．
[123] 彭珂珊．中国国土资源与生态环境建设问题．城市规划汇刊，1999（2）．
[124] 耿宏兵．未来城市发展——一种生态观的阐释．规划师，1999（2）．
[125] 顾永清．可持续发展与动态规划．城市规划汇刊，1999（3）．
[126] 段进．关于我国城市规划体系结构的思考．规划师，1999（4）．
[127] 王凯．我国城市规划五十年指导思想的变迁及影响．规划师，1999（4）．
[128] 林炳耀．知识经济与城市规划思想变革．规划师，1999（4）．
[129] 刘颂，刘滨谊．城市人居环境可持续发展评价指标体系研究．城市规划汇刊，1999（5）．
[130] 柴锡贤．可持续发展城市规划初探——绿色城市规划与创新．城市规划汇刊,1999（5）．
[131] 黄亚平．城市可持续性规划决策准则与方法．城市规划，1999（7）．
[132] 沈清基．论城市规划的生态学化——兼论城市规划与城市生态规划的关系．规划师，2000（3）．
[133] 李海波，杨岚，归红，陶英军．城市绿色空间系统规划设计研究——实施“园林城市”

建设工程新探索．城市规划，1999（8）．
[134] 黄肇义，杨东援．国内外生态城市理论研究综述．城市规划，2001（1）．
[135] 张庭伟．1990 年代中国城市空间结构的变化及其动力机制．城市规划，2001（7）．
[136] 郑莘，林琳．1990 年以来国内城市形态研究述评．城市规划，2002（7）．
[137] 邹兵．由“战略规划”到“近期建设规划”——对总体规划变革趋势的判断．城市规划，2003（5）．
[138] 韦亚平，赵民．关于城市规划的理想主义与理性主义理念——对“近期建设规划”讨论的思考．城市规划，2003（8）．
[139] 陈彦光．自组织与自组织城市．城市规划，2003（10）．
[140] 吴良镛，武延海．从战略规划到行动规划——中国城市规划体制初论．城市规划，2003（12）．
[141] 詹敏等．当前城市总体规划趋势与探索．城市规划汇刊，2004（1）．
[142] 于立．城市规划的不确定性分析与规划效能理论．城市规划汇刊，2004（2）．
[143] 甘肃省城乡规划设计研究院．天水市城市总体规划文本、说明书（1995 ~ 2020 年）．1996．
[144] 博罗县城总体规划说明书（2002 ~ 2020 年）．
[145] 宁夏水资源公报．
[146] 宁夏土地利用总体规划．
[147] 宁夏城镇化发展规划．
[148] 宁夏国土资源．
[149] 固原地区志．
[150] 固原县志．
[151] 广东城市化发展规划概要．
[152] 可持续发展：跨世纪广东省的重大战略抉择．
[153] 肇庆市总体规划说明书、文本．
[154] 珠三角经济区规划研究．
[155] 肇庆市志．
[156] 肇庆市地名志．
[157] 肇庆年鉴．
[158] 肇庆市环境质量状况．
[159] 鼎湖山志．
[160] 西安建大城市规划设计研究院．博罗县县城总体规划．1998.
[161] 中国城市规划设计研究院．白银市城市总体规划（2001 ~ 2020 年）．2000.
[162] 西安建大城市规划设计研究院．固原城市总体规划文本．2000.
[163] 西安建大城市规划设计研究院．榆林城市总体规划（2000 ~ 2020 年）．2000.
[164] 西安建大城市规划设计研究院．隆德县县城总体规划（2000 ~ 2020 年）．2001.
[165] 甘肃省城乡规划设计研究院．甘肃省城镇体系规划纲要（2001 ~ 2020 年）（讨论稿）．2001.
[166] 西北大学城市建设与区域规划研究中心、陕西省城乡规划设计研究院．陕西省城镇体系规划（2000 ~ 2020 年）．2001.
[167] 西安建大城市规划设计研究院．肇庆市鼎湖城区总体规划（2002 ~ 2020 年）．

2002.
[168] 陕西省城乡规划设计研究院．宁夏回族自治区城镇体系规划（2002 ~ 2020 年）．2002.
[169] 博罗县城总体规划说明书（2002 ~ 2020 年）.
[170] 中国城市规划设计研究院，博罗县人民政府．博罗县县城总体规划修编说明书（2003 ~ 2020 年）.
[171] 中国城市规划设计研究院惠州分院，博罗县规划局．博罗县县城近期建设规划（2003 ~ 2005 年）文本、说明、图集．
[172] 陈勇．生态城市新概念及其规划设计方法研究．重庆建筑大学研究生论文，1995.
[173] 邢忠．“边缘效应”——一个广阔的城乡规划与设计生态视域．重庆建筑大学研究生论文，2000.
[174] 桑东升．珠江三角洲地区乡村——城市转型研究．同济大学研究生论文，2000.
[175] 余颖．城市结构化理论及其方法研究．重庆大学研究生论文，2002.
[176] 邹丽东．经济快速增长地区城市空间扩展影响因素的研究．同济大学研究生论文，1996.
[177] 王鹰翅．城市空间拓展与控制．同济大学研究生论文，1997.
[178] 孙立．体现可持续发展思想的中小城市总体规划方法研究．西安建筑科技大学研究生论文，2002.
[179] 蔚芳．中国人居可持续发展评价指标体系建构与评价方法研究．同济大学研究生论文，2002.
[180] 李建华．生态导向的西北地区东部中小城市总体布局研究．西安建筑科技大学研究生论文，2003.
[181] J · Jacobs. The Death and Life of Great American Cities. NEW YORK: RANDOM HOUSE, 1961.
[182] J · B · Collingworth. Town And Country Planning In Britain. GEORGE ALLEN &UNWIN,1985.
[183] D · Gordon. Green Cities. BLACK ROSE BOOKS, 1990.
[184] M · Luccarelli. Louis Munford and the Ecological Region. THE GUILFORD PRESS,1995.
[185] S · E · Clarke, G · L · Gaile. The work of cities. The University of Minnesota Press, 1998.
[186] J · Leitmann. Sustaining cities. Mcgraw-Hill, 1998.
[187] J · Farbstein, R · Werner, E · Axelrod. Visions of Urban Excellence: 1997 Rudy Bruner Award for Urban Excellence. Bruner Foundation, Inc,1998.
[188] J · Farbstein, etc. Sustaining Urban Excellence: Learning from the Rudy Bruner Award for Urban Excellence 1987-1993. Bruner Foundation, Inc,1998.
[189] H · Frey. Designing the city: Towards a more sustainable urban form. E&FN Spon ,1999.
[190] M · Jenks & R · Burgers. Compact cities: Sustainable Urban Forms for Developing Countries. Spon Press,2000.

[191] K · Williams, E · Burton & M · Jenks. Achieving Sustainable Urban Form. E&FN Spon,2000.
[192] J · A · Dutton. New American Urbanism. Skira editore, 2000.
[193] R · Freestone. Urban Planning in a Changing World. E&FN Spon,2000.
[194] CONGRESS FOR THE NEW URBANISM. CHARTER OF THE NEW URBANISM. The McGraw-Hill Companies,Inc,2000.
[195] T · Beatley. Green Urbanism:Learnning from European Cities. Island Press,2000.
[196] M · Michael and W · M · Adams. Working the Sahle: enviroment and society in northern Nigeria. New Work: Routledge,1999.
[197] F · Atash. New Towns and future urbanization in Iran. THIRD WORLD PLANNING REVIEW, LIVERPOOL UNIVERSITY PRESS, F,2000.
[198] T · Kitchen, E · D · Whitney. The utility of development plans in urban regeneration: three city challenge case studies. TOWN PLANNING REVIEW, LIVERPOOL UNIVERSITY PRSS, J,2001.
[199] G · Baeten. Clinches of Urban Doom: The Dystopian Politics of Metaphors for the Unequal city-A View from Brussels. international Journal of Urban and Regional Research,2001(1).
[200] V · W · Maclaren. 罗希译．城市可持续性的评估与报告(Journal of The Armerican Planning Association)。1996, 62 (2).
[201] W，鲍尔著．城市的发展过程．倪文彦译．北京：中国建筑工业出版社，1981.
[202] B · A · 拉夫洛夫主编．大城市改建．李康译．北京：中国建筑工业出版社，1982.
[203] J，M，汤姆逊著．倪文彦，陶吴馨译．城市布局与交通规划．北京：中国建筑工业出版社，1982.
[204] P · 霍尔著．世界大城市．中国科学院地理研究所译．北京：中国建筑工业出版社，1982.
[205] 北京市城市规划管理局科技处情报组．外国新城镇规划(城市规划译文集 2)．北京：中国建筑工业出版社，1983.
[206] P · 霍尔著．邹德慈，金经元译．城市区域规划．北京：中国建筑工业出版社，1985.
[207] I · L · 麦克哈格著．芮经纬译．设计结合自然．北京：中国建筑工业出版社，1992.
[208] 联合国人居中心编著．沈建国，于立，董立等译．城市化的世界．北京：中国建筑工业出版社，1999.
[209] G · 阿尔伯斯著．城市规划理论与实践概论．北京：科学出版社，2000.
[210] 凯文 · 林奇著．林庆怡，陈朝晖，邓华译．黄艳译审．城市形态．北京：华夏出版社，2001.
[211] 凯文 · 林奇著．方益萍，何晓军译．城市意象．北京：华夏出版社，2001.
[212] 约翰 · M · 利维著．孙景秋等译．杨吾扬校．现代城市规划．北京：中国人民大学出版社，2003.